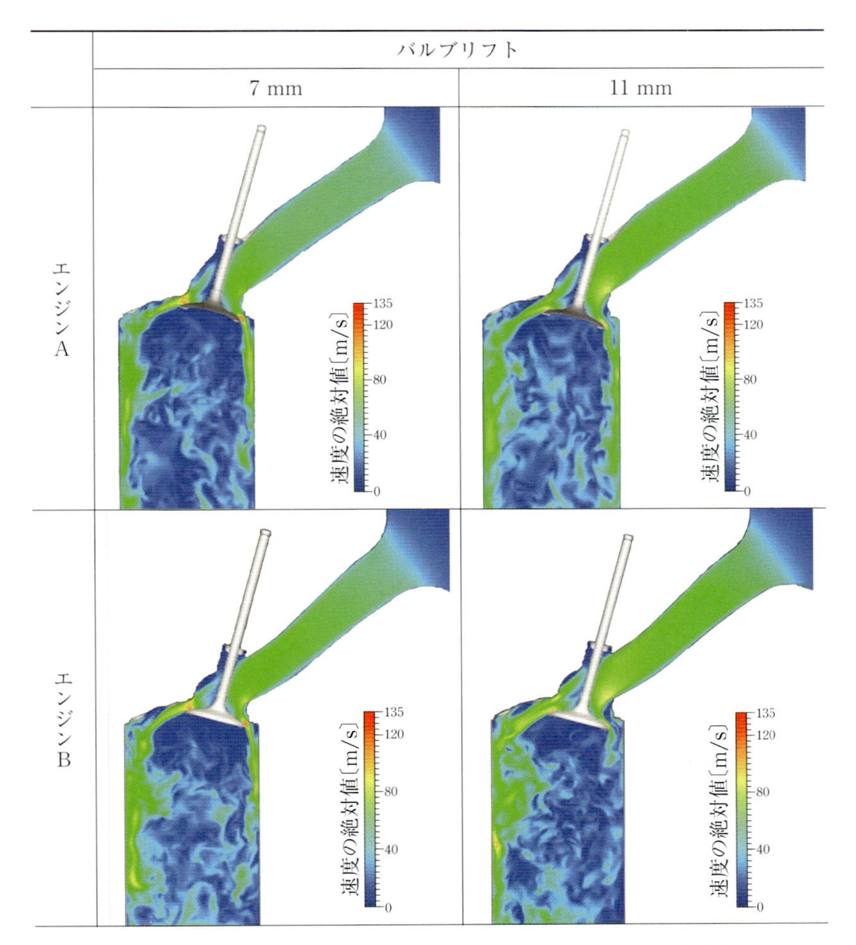

口絵 1　ポート形状の異なるアコードエンジンにおけるポート定常流の瞬時流れ場の様子 [46)]
(吸気バルブ中心を通る断面中の速度分布)(本文 87 ページ，表 2.2)
〔JAXA 提供〕

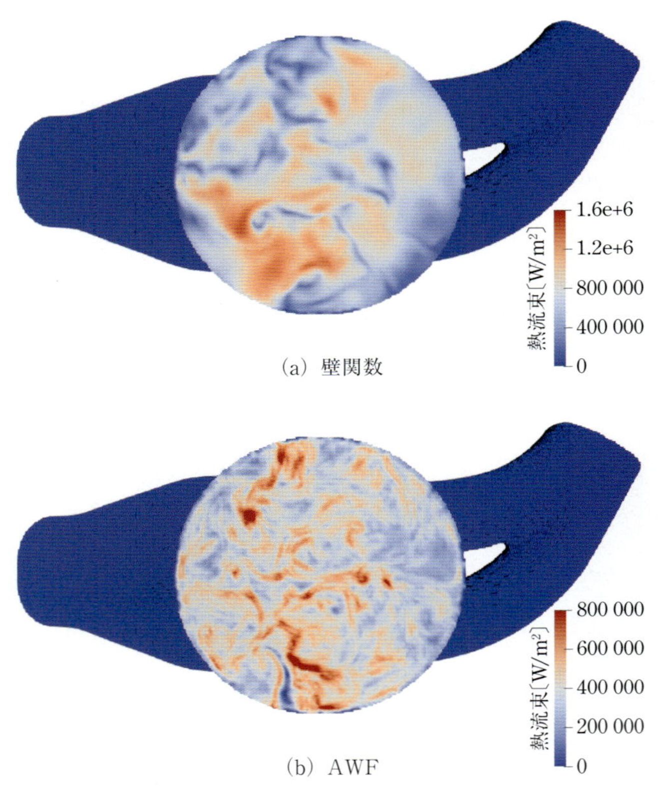

口絵２　クランク角度 357°（3° bTDC）におけるピストン底面の局所壁面熱流束分布の LES 計算例（本文 90 ページ，図 2.11）

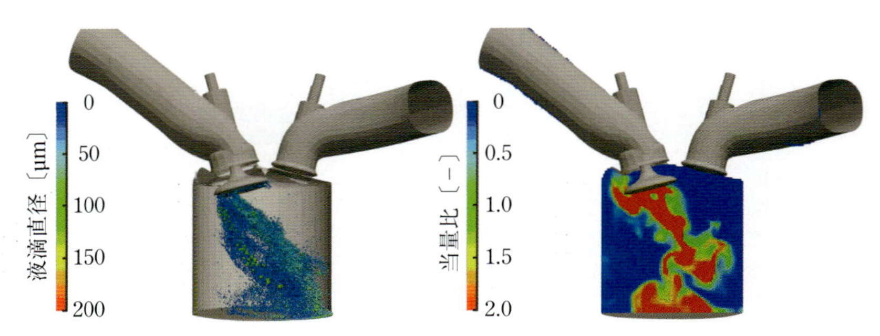

口絵３　エンジンシリンダ内燃料の液滴直径分布と当量比分布（−265° aTDC）（本文 142 ページ，図 3.26（b））

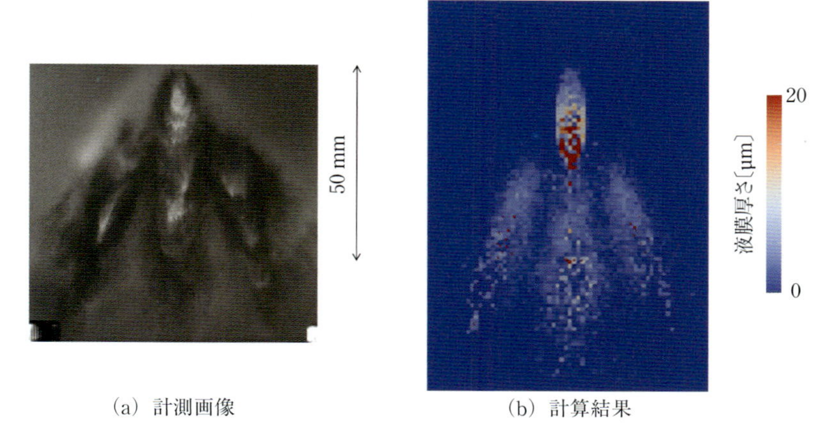

口絵 4　液膜分布の計測画像と計算結果の比較（燃料噴射圧力 13 MPa）
（計測画像：群馬大学 座間淑夫 准教授提供）（本文 144 ページ，図 3.28）

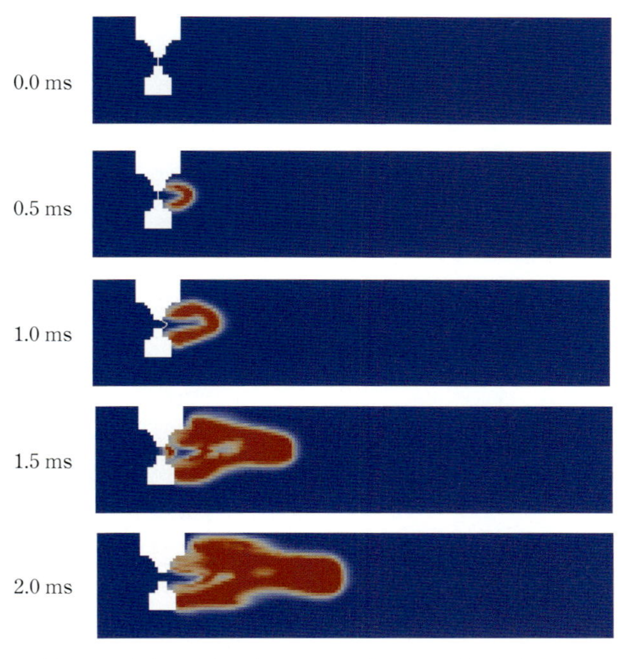

口絵 5　火花点火過程における中心断面の温度分布と放電粒子
（本文 168 ページ，図 4.16）

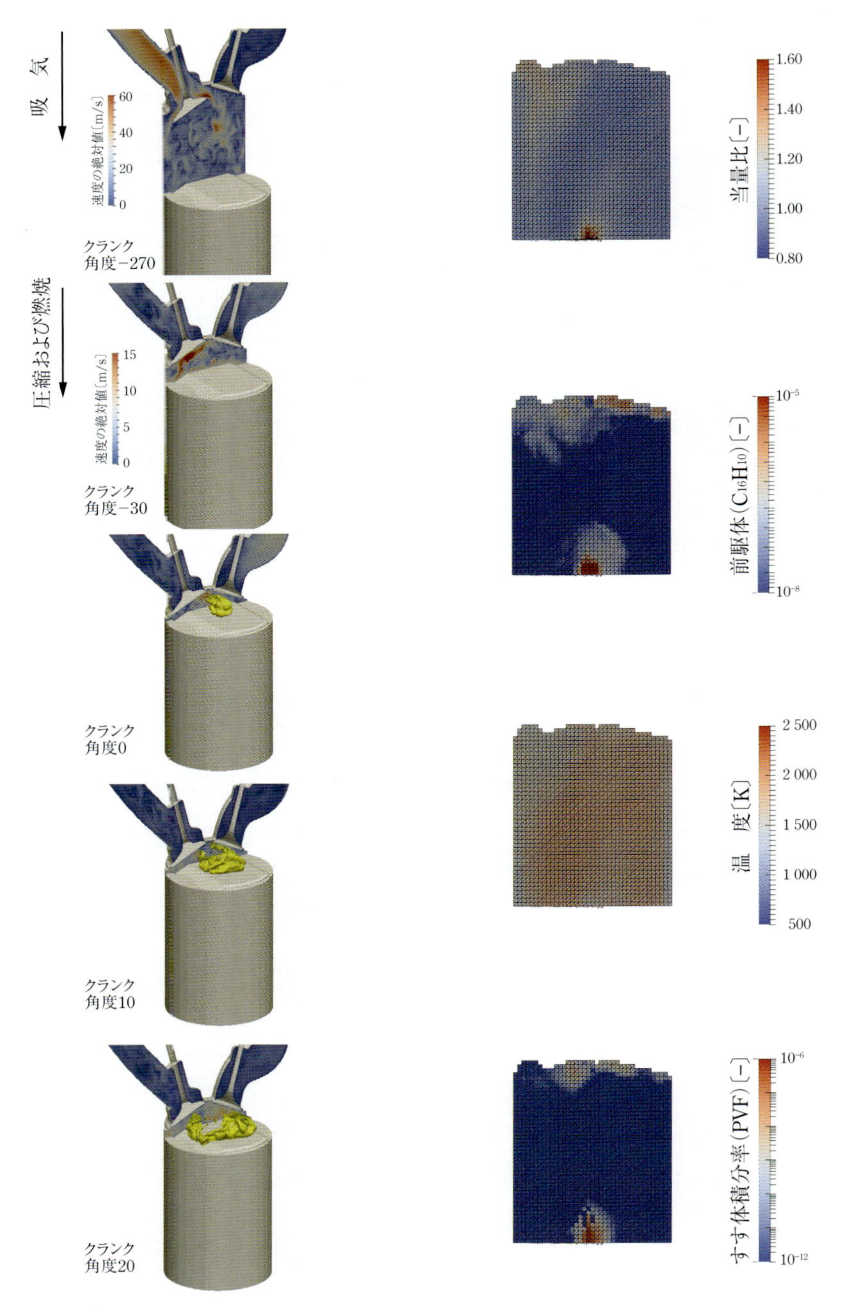

口絵 6　希薄条件の初期 3 サイクルにおける吸気行程時のシリンダ内流動と燃焼時の火炎面の分布（サイクル 3）（本文 207 ページ，図 5.17（c））

口絵 7　シリンダ内燃料液膜燃焼に伴う当量比，前駆体，温度，すす体積分率の空間分布（110.0° aTDC）（本文 239 ページ，図 6.17（e））

基礎からわかる
自動車エンジンの
シミュレーション

金子　成彦
監修

草鹿　　仁
編著

高林　　徹・溝渕　泰寛・南部　太介
尾形　陽一・高木　正英・川内　智詞
小橋　好充・周　　蓓霓・堀　　　司
神長　隆史・森井　雄飛・橋本　　淳
共著

コロナ社

監修のことば

監修者がチームリーダーを務めた，内閣府 SIP（Strategic Innovation Promotion Program）「革新的燃焼技術」（2014 ～ 2018 年度）の制御チームでは，革新的燃焼技術を具現化するモデリングと制御の研究開発に取り組んできた。その中で，エンジンのリアルタイム制御とエンジンのシリンダ内挙動の数値可視化に役立てることを目指したモデルの構築やシミュレーションツールが生み出された。このたび，その活動成果をモデルの解説や利用方法を中心に，2 冊の書籍の形にまとめることとした。

1 冊目は，自動車用エンジンの新たな制御アーキテクチャーとして提案した「RAICA（雷神）」において，次世代ディーゼルエンジンの制御を物理によって表現したモデルを用いるモデルベースト制御アルゴリズムに関する解説書で，2 冊目は，ガソリンエンジンを対象に開発されたエンジンシミュレーションコードの「HINOCA（火神）」の解説書である。

RAICA が提唱する制御アルゴリズムは，厳しい排出ガス規制を満たしつつ，高効率を狙う新しい燃焼方式の実現には欠かせないロバストな制御を可能にする。これは，従来の制御 MAP に代わる，オンボード実装可能な計算負荷の軽い物理モデルに基づくアルゴリズムで，過渡状態を含む実走行にも適用できるリアルタイム制御を可能にしている。また，RAICA では，このモデルベースの制御アルゴリズムを基盤に，IoT や AI 技術と組み合わせてドライバの特性までも考慮した制御への発展を描いている。

一方，HINOCA は，ガソリンエンジンのシリンダ内挙動の数値可視化のための統合シミュレーションソフトである。このソフトでは，吸排気バルブやピストンの移動境界に加え，吸気行程の乱流現象から液体燃料の噴射，分裂，蒸発，さらには混合気の燃焼・化学平衡，既燃ガスの膨張，燃焼過程における壁面からの熱損失，さらには排気バルブからの排気という複雑な過程から，ノッキング，PM 生成までを扱うことができる。

この 2 冊の書籍に共通する特徴は，実際にアルゴリズムやソフトの開発に従事された産学の多くの研究者によって執筆されたもので，実体験に基づいて書かれた類まれな書籍であるという点である。

本書が，自動車業界でエンジンの開発に携わっておられる方に限ることなく，広くエンジン技術者や内燃機関を学ぶ大学院の学生が，最前線のエンジン制御やエンジン CAE を学ぶ際の参考となることを大いに期待している。

2019 年 1 月

金子　成彦
内閣府 SIP 革新的燃焼技術制御チームリーダー

ま　え　が　き

最近では，自動車を購入する際，カタログに記載された燃費の値で車種を決める消費者も多いであろう。電気自動車（battery electric vehicle，EV）も温暖化に対する一対策ではあるものの，現状の火力，水力，原子力，再生エネルギーの発電構成，および新興国を中心に市場が伸びていく事情を考慮すると，今後30年以上にわたり，エンジンの高効率化がCO_2の排出を抑制する実効力の高い現実解の一つであることは間違いない。一方で，乗用車の後部ガラスに貼られた三つ星や四つ星マークのステッカ以外にユーザの目にとまることはあまりないが，ガソリン自動車からの排出ガスは1965年以前の未規制時と比べ総じて1/50～1/33程度まで削減されてきた。今後も，さまざまな国や地域の規制に適合するため，多くのエンジン機種に対してより一層のクリーン化を実施しなくてはならない。

幸いにして現在，わが国の乗用車産業は厳しい国際競争を勝ち抜き欧州の自動車メーカと肩を並べている。しかしながら，つねに強化しつづけなければ，一瞬にして弱体化することはスポーツなどの真剣勝負の世界では常識である。このような中で，コンピュータを援用したシミュレーションによる設計支援は，試作に依存した開発に比べて，開発期間や開発費用を大幅に削減しうる可能性を秘めている。コンピュータ上では，図面を描けば加工，製造プロセスを経ずに，ただちにさまざまな形状の部品を創出でき，疲れを知らないコンピュータは，与えられたコマンドを休むことなく黙々と実行しつづけることができるからである。そして，人工知能が，人間が考えるよりも的確なコマンドを与える時代が目前に迫っている。

動力性能を向上させながら，環境およびエネルギー問題に対する社会的要請にも応えつづけてきたエンジンは非常に複雑化しており，要素部品の設計変更は，思わぬ形でさまざまなほかの部品へ波及する。もし，シミュレーションでバーチャルエンジンを作ることができれば，エンジンの開発工程の最終段階まで試作する必要はなくなるであろう。

本書は，エンジン本体の心臓部である熱エネルギー変換をつかさどる熱流体現象を対象としている。この中には，バルブやピストンの移動境界付近の作動ガスの挙動，乱流，液体燃料の物理過程・相変化，火花放電，混合気の化学反応といった複雑な現象が含まれ，熱力学，流体力学はもとより，物理化学，化学工学といった広範囲の知識と経験が必要となる。

吸気，圧縮，燃焼・膨張，排気の全行程に含まれる各種現象のモデリングについて記述された書籍としては，Gunnar Stiesch 教授の『Modeling Engine Spray and Combustion Processes』（Springer, 2003 年）が挙げられる。同書は広範囲な内容を比較的コンパクトに 1 冊の書籍にまとめられており，エンジンのシミュレーションに携わる研究者にはとても役立つ本となっている。その後に出版された Rolf Reitz 教授らによる『Modeling Diesel Combustion』（Springer, 2010 年）は，ディーゼルエンジンの噴霧燃焼のシミュレーションについてまとめており，同グループは，コンピュータを援用したエンジンの最適化について『Computational Optimization of Internal Combustion Engines』（Springer, 2011 年）として発刊されているが，すでに 8 年の歳月が経過している。

そこで本書では，自動車エンジンの研究，開発という視点に立ち，最新の内容を基礎から系統的にまとめ，エンジン内部の熱と流れのミュレーションの全体像が理解できるように工夫した。エンジンモデリングに携わる者はもちろんのこと，熱流体，燃焼，化学反応のシミュレーションに取り組む大学院生，初級および中級の研究者，技術者の座右の書となれば幸いである。

最後に，本書を出版するにあたり，SIP の活動の中で貴重なご助言をいただいた，東京工業大学 店橋 護 教授，九州大学 安倍賢一 教授，大阪府立大学 須賀一彦 教授，名古屋工業大学 服部博文 氏，慶應義塾大学 深潟康二 教授，東京農工大学 岩本 薫 教授，日本大学 秋濱一弘 教授，徳島大学 名田 譲 准教授，東京工業大学 源 勇気 助教には厚く御礼申し上げる。また，コロナ社には本書の構想段階から原稿執筆，印刷まで貴重なアドバイスと激励をいただき心より謝意を表する次第である。

2019 年 5 月

草 鹿　仁
内閣府 SIP 革新的燃焼技術制御チームサブリーダー

目　　次

1. 概　　要

2. 熱・流動のモデリング

3.　燃料噴霧のモデリング

4.　火花点火のモデリング

5．火炎伝播モデル

6．PM モ デ ル

7. 今後のモデリングの展望

執　筆　分　担

金子　成彦（かねこ しげひこ）	（早稲田大学）	：監修
草鹿　仁（くさか じん）	（早稲田大学）	：1章，6章，コラム2.1，コラム4.1
高林　徹（たかばやし とおる）	（本田技術研究所）	：1章，コラム1.1
溝渕　泰寛（みぞぶち やすひろ）	（宇宙航空研究開発機構）	：2章，5章，7章
南部　太介（なんぶ たいすけ）	（宇宙航空研究開発機構）	：2章，5章，7章
尾形　陽一（おがた よういち）	（広島大学）	：2章
高木　正英（たかぎ まさひで）	（海上技術安全研究所）	：3章
川内　智詞（かわうち さとし）	（海上技術安全研究所）	：3章
小橋　好充（こばし よしみつ）	（北海道大学）	：3章
周　蓓霓（しゅう べいに）	（早稲田大学）	：3章，5章，コラム2.1，コラム4.1
堀　司（ほり つかさ）	（大阪大学）	：4章，コラム5.1
神長　隆史（かみなが たかし）	（早稲田大学）	：5章
森井　雄飛（もりい ゆうひ）	（東北大学）	：5章
橋本　淳（はしもと じゅん）	（大分大学）	：6章

（2019年6月現在）

1 序　　　　論

1.1 高度化する自動車エンジン

1.1.1 排出ガス規制，燃費規制の状況

エンジンは，ガソリンや軽油の持つ化学エネルギーを動力エネルギーに変換し，生物では発生することができない大きなトルクや出力を長時間にわたり出しつづけることが大きな魅力である。これによって，自動車は馬車では到達することができないような速度で何時間も休むこともなく走行することができる。このように人間の生活をより豊かなものにするエンジンのパワーは，複雑な形状を有するシリンダ内で，燃料と空気の混合気が燃焼することにより生み出される。一方で，シリンダ内は数 MPa に及ぶ圧力，1 800℃を超えるような高温度となるので，一酸化炭素（CO），窒素酸化物（NOx），および未燃燃料や未燃燃料の一部が熱分解をしたものが**未燃炭化水素**（unburned hydrocarbons, HC）として排出される。

CO は，生物にとって有害であることはもちろんであるが，NOx と HC が夏期のような気温の高い大気中で光化学反応を起こし，光化学スモッグに代表されるような局所的な大気汚染の一因となる。1970 年代から自動車の台数増加に伴い，エンジンからの排出ガスが社会問題となったため，わが国では自動車の**排出ガス規制**（exhaust gas emission regulations）を定め，この排出ガス性能規制値を満たさない車両は新車として登録することができないこととした。**図 1.1** に，わが国におけるガソリンエンジンの排出ガス規制値の推移を示す。

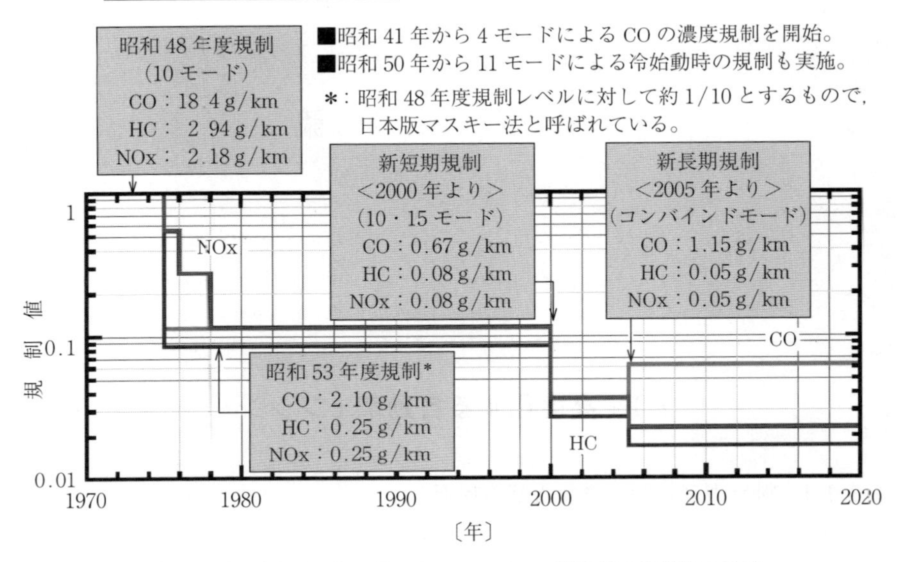

図1.1　わが国におけるガソリンエンジンの排出ガス規制値の推移
（1973年のCO，HC，NOxの規制値を1としている）

1973（昭和48）年に施行された最初の規制値を1として，以降，CO（一酸化炭素），HC（未燃炭化水素），およびNOx（窒素酸化物）の排出ガス規制値の推移を示している。実際の排出ガス規制値は車両重量別に規制値が設定されているが，図は平均値で示している。段階的に規制が強化されるとともに，現代のエンジンは，NOxとHCは最初の規制値に対して1/50，COは1/33まで排出ガスが低減され，エンジンのクリーン化が図られている。

一般的には，エンジンからの排出ガスを抑制すると**燃料消費率**（specific fuel consumption）は悪化するが，昨今では運輸物流部門における温暖化対策としてエンジンの燃費向上が期待されていると同時に，人々の関心も集めている。2015年のCOP21パリ協定を受け，わが国は2013年度比で温暖化ガスを26%減，運輸部門においては2013年度の2億2 500万トンに対して27.4%の削減を実行することを閣議決定するとともに，自動車の**燃費基準値**（fuel economy standard）を定め，企業平均で燃費基準を達成できない場合，ペナルティーを課すこととしている。世界各国における乗用車の燃費基準（平均値）

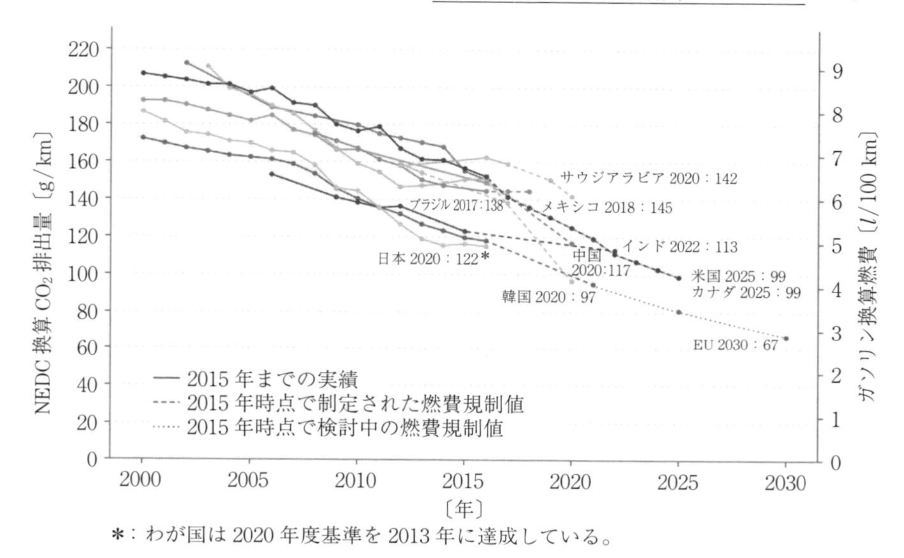

*：わが国は 2020 年度基準を 2013 年に達成している。

図 1.2　世界各国の乗用車の燃費基準（平均値）の推移[1)†]

の推移を**図 1.2** に示す。

図では，各国の試験走行モードが異なるので，**NEDC**（New European Driving Cycle，EU における走行試験モード）に換算し，この走行モード 1 km 当りに排出される CO_2 の重量で示している。また，右縦軸は 100 km 走行する際に消費するエネルギーをガソリンの量に換算して示している。自動車の平均燃費はしだいに減少しており，2020 年には，CO_2 の排出重量で韓国が 97 g/km，中国が 117 g/km，2022 年にはインドが 113 g/km，2025 年に米国が 99 g/km，2030 年に EU が 67 g/km を目指して開発を進めている。

自動車用エンジンは，運輸物流の主要動力源であるばかりか，人々の生活を豊かにしていることは周知の事実であろう。その一方で，「排出ガス」および「燃費」の二律背反する性能を同時に解決するという社会的要請にも応えながら，つねに進化している。

† 肩付き数字は，巻末の引用・参考文献の番号を表す。

1.1.2 パワートレインと今後の動向

以上，これまで**電子制御燃料噴射インジェクタ**（electric fuel injector），**三元触媒**（three way catalyst），**O_2 センサ**（oxygen sensor）により排出ガスのクリーン化を達成してきたガソリンエンジンのつぎなる課題として，燃費向上が挙げられる。また，仕向地により試験モード，排出ガス規制，燃費規制値が異なることは1.1.1項で示したとおりである。現在，世界の人口は76億人程度であるが，2050年にはアフリカ，アジアの人口増加により100億人近くに達するといわれている。また，新興国を中心とした経済成長により自動車の販売台数は現在の年間約1億台から倍増することが見込まれている。現在，**バッテリー**（battery）のエネルギー密度向上と価格低減が大幅に見込めないことに加えると，今後はマイルドからフルまで程度の差はあるもののハ**イブリッドシステム**（hybrid system）が主流になるものと予測している。この複雑なシステムのエネルギー変換をつかさどるエンジンについて，**CAE**（computer aided engineering，コンピュータを援用した開発）と実験を併用して，いろいろな国や地域に対し規制値，性能向上を同時に実施していくことが，わが国の基幹産業を支えていく観点からも必要である。

1.1.3 本書の扱う分野と目的

本書の対象は，1.1.2項で述べたように，動力性能と環境性能を両立させるため，高度な複雑なシステムに進化している自動車のパワートレインの心臓部であるガソリンエンジンである。そして，その中でも熱エネルギー変換をつかさどるエンジン内部の熱流体現象に焦点を当てている。高速で運動する吸排気バルブやピストンによる移動境界が存在する場での，気体の熱流動，気-固体の熱伝達，液体燃料の噴射，点火，燃焼，異常燃焼（ガソリンノック），さらには，**粒子状物質**（particulate matter，**PM**）の生成を取り扱っている。エンジンの作動流体の現象は，わずか1/100～1/25秒程度の極短時間の間に，常温から2 000℃を超える温度，0.5気圧程度から100気圧程度まで変化する高温・高圧力場で，かつ，高速非定常現象である。学問分野としては乱流，熱伝達，多成分液体の物性，分裂，蒸発，燃料の壁面との衝突や液膜の形成，点火，火炎伝播，相変化，化学反応，気-固相反応と，多岐にわたる知識と経験が求められる。

そこで，このような広範囲にわたる学術分野を包括する，いわば，機械工学における熱流体分野の学問の総合デパートメントストアともいえる，エンジンの熱エネルギー変換現象に取り組む初学者や中級者の「座右の書」となることが本書の目的である。

1章では背景と狙いを述べるとともに，現代の開発現場の最前線ではどのようにCAEが活用されているか，そして何が問題かを詳しく述べる。そして，2章以降では，実際のエンジンの作動流体に起きる現象の順序に沿って，モデル化の手法と支配方程式について述べる。

2章では，気体の流動現象に焦点を当て，移動境界，各種乱流モデル，化学反応，相変化を伴う熱流体モデル，さらには壁面近傍の熱，流れについて説明する。

3章では，多成分からなる液体燃料の噴射，分裂，壁面衝突や液膜の形成，さらには蒸発現象について解説する。

4章においては，電気回路モデルと火花点火，混合気の着火のモデル化手法について述べる。

5章では，点火後の火炎が高温，高圧の乱流場のシリンダ内をどのように伝播するか，さらには，未燃混合気が火炎伝播で燃焼する前に自己着火してしまう，いわゆるガソリンノックのモデル化手法について述べる。

6章では，排出ガスの中でもこれからますます重要になる粒子状物質（PM）の生成と酸化のモデルを取り扱う。

いずれの章も豊富な参考文献とともに，計算事例も数多く示した。本書では，圧縮性流体コードHINOCA（火神）を用いた計算事例を多く示したが，モデル化手法と理論の勘所を理解すれば，さまざまな計算コードに応用できるであろう。

7章では，エンジンシミュレーションの将来像を示すとともに，モデルの複雑化に伴って増加する計算コストについて，負荷平準化による高速化や化学反応ソルバの高速化といった本質的な展望を解説することとする。

1.2　複雑化するエンジンシステム全体の開発プロセス

1.2.1　自動車用エンジンの概要と燃焼技術

1.1節で述べたように，年々厳しくなる排出ガスや燃費の規制値をクリアするために，部品を改良したり追加したりするが，それをいち早く選び出し，しかも低コストで成立させるためには，時間的およびコスト的に無駄のない開発が必要となる。本節においては，そのための開発プロセスや，その中で実施される計算や計測の概要について説明するが，はじめにエンジンの燃焼に関わる技術の概要を説明する。

〔1〕 エンジンの吸排気系

エンジンの吸排気系部品を展開すると，**図1.3**のとおりである。吸気口から入った空気はエアクリーナでダストなどが取り払われ，吸気マニフォールド，

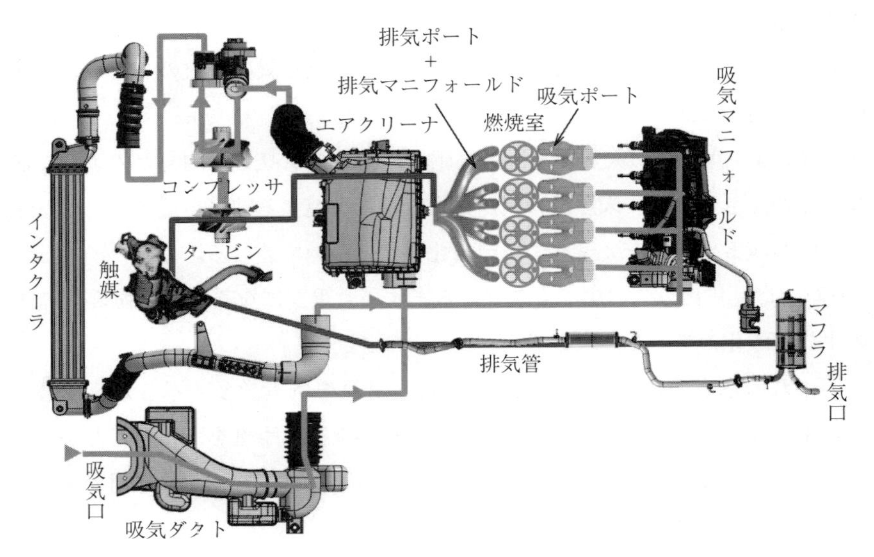

図1.3　エンジンの吸排気系部品の展開図

吸気ポートを通過し燃焼室に流入する。その後，燃焼室で空気は燃料と混ざり，混合気を形成し，点火プラグによって着火し，燃焼して膨張する。燃焼ガスは排気ポート，排気マニフォールドの通過後，触媒で浄化され，マフラで消音され，排気口から排出される。従来ならばこのようにガスを吸気口から排気口に流すだけのシステムであるが，最近のエンジンは，**図1.4**のように排気エネルギーをタービンで回収したものを動力とするコンプレッサにより吸気圧を高め，**体積効率**（volumetric efficiency）を向上させる過給機が付いていたり，ポンピングロスを低減するために排出ガスの一部を吸気に戻すための**EGR**（exhaust gas recirculation，排気再循環）通路が付いていたりする。このため，排気エネルギーや排出ガスそのものを再利用するシステムになっているなど，機能どうしがつながっていて相互に影響を及ぼし合うので，一つの部品の仕様を変えるとたくさんの部品への影響を考慮しなければならない。すなわち，部品ごとの単体性能だけを考えればよいのではなく，従来よりも一層エンジン全体のバランスを考慮した全体最適を施さなければならず，このことがエンジンの開発をより難しいものにしている。また，エンジンだけではなく，トランスミッションやハイブリッドシステムを含めたパワープラントシステム，さらには車両全体のシステムでも全体最適の考え方が必要となってくる。

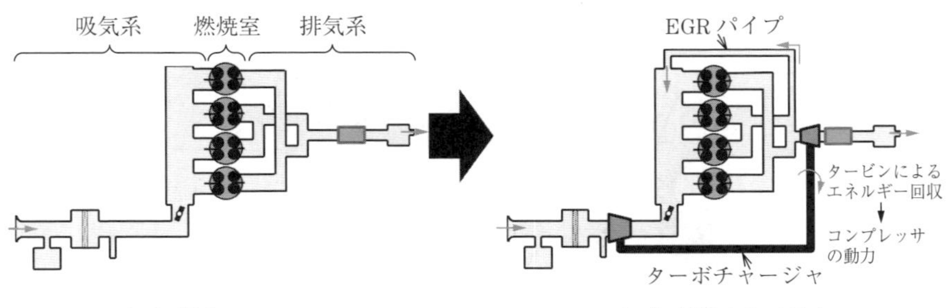

（a）従来のシステム　　（b）最近のシステム

図1.4　エンジンの従来のシステムと最近のシステム

〔2〕　ガソリンエンジンの熱効率向上のための技術

実際のエンジン開発の燃焼観点としては，1.1節で述べたとおり，下記のように（1）出力向上，燃量消費率低減と，（2）排出ガスの低減を考慮する必要がある。

（1）　単位総排気量当りの比出力，比トルクを向上させるために，① シリンダ内に空気をたくさん取り込む，② 熱発生率の重心を圧縮上死点付近とするため，上死点近傍で急速に燃焼させる。

（2）　有害物質（HC，NOx，PM）を排出しないために，① 燃料濃度を均質化する，② 燃焼温度を高くしない，③ 燃料の壁面への付着を低減する。

4 ストロークサイクルエンジンは，吸気，圧縮，膨張（燃焼），排気を，おのおの四つのストロークで行い，1 サイクルを形成する。熱効率に関わる物理的な挙動としては大きく分けて，強い乱れを伴う流動，燃料の噴霧挙動，点火，着火，消炎を含めた燃焼挙動，の三つが挙げられる。

近年のガソリンエンジンの燃焼に関する効率向上のための技術として，**図 1.5** に示すように，流動に関してはポート形状の変更によってタンブル流を形成し，燃料の混合を促進，均質化し，それによってサイクル変動の抑制や有害物質の排出を削減させ，また，**乱流エネルギー**（turbulent kinetic energy, TKE）を高め燃焼速度を向上させることにより燃焼期間を短縮させる。燃料噴霧に関してはシリンダ内直接噴射，いわゆる直噴により，シリンダ内の空気を冷却し，体積効率を向上させる。点火に関しては，混合気濃度が希薄であっても多

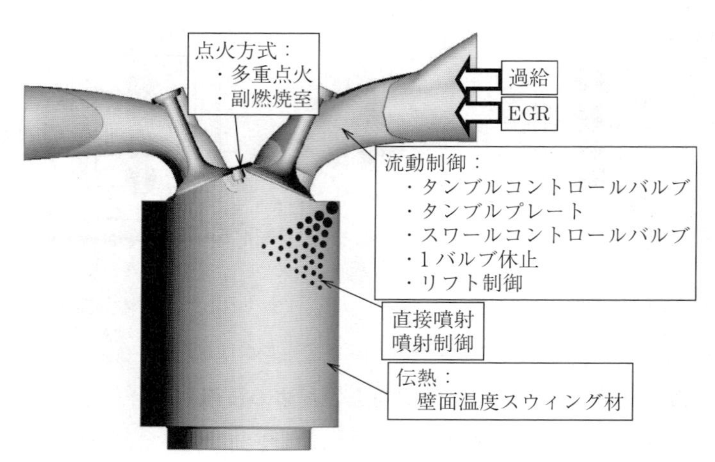

図 1.5　ガソリンエンジンの熱効率向上のための技術の例

重点火で着火の確率を高めることや，電極まわりに副燃焼室を設け，副燃焼室内で点火し，発生するジェットによって着火を促進させる手法などが挙げられる。さらに，燃焼室の一部の空間で自己着火燃焼をさせる研究や開発がなされている。

1.2.2　企業のエンジン開発における CFD† の役割

エンジンは燃費や有害排出物質低減のために技術的には精密化，複雑化している一方で，販売競争や規制値対応のために開発期間が短期間化している。このため，CAE やデータベースを活用し，部品試作前の検討を十分に行った手戻りのない開発が不可欠である。本項においては，初期検討の必要性と CAE を使った燃焼開発のワークフローの例を紹介する。

〔1〕　初期検討の必要性

「物事は最初が肝心」という言葉どおり，最初のコンセプト段階での判断や戦略が，最終的な品質や性能を大きく左右するため，開発の初期段階でエンジン全体を見渡すことができる CAE によるバーチャル開発が有効である。前述のように，問題が発生した際，当該の 1 ヶ所を直すだけではすまなくなってしまうので，最初に全体を俯瞰（ふかん）しておく必要がある。

図 1.6 が，各開発段階での仕様判断の分岐イメージであり，初期段階で悪い方向性を出してしまうと，その後頑張って改良してもなかなか挽回ができない。エンジンの素性に相当する基本仕様はとても大切で，いったん初期仕様を

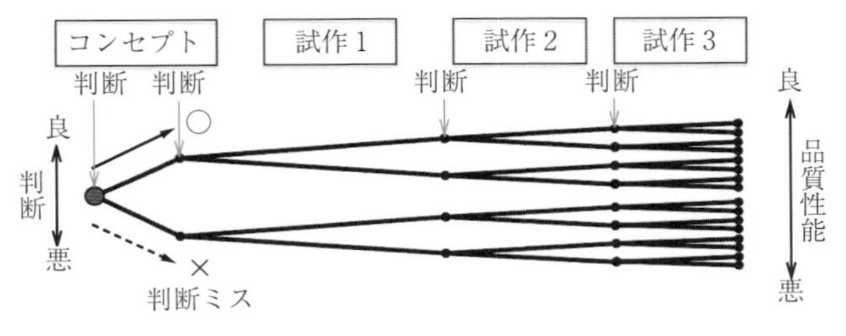

図 1.6　各開発段階での仕様判断の分岐イメージ

† CFD（computational fluid dynamics，計算流体力学）：2.1 節参照。

決めてエンジンを試作してしまうと，そのエンジンをベースとした小変更しかできず，それ以降はなかなか大きな変更ができない。逆に初期段階で比較的よい仕様を示しておけば，その後の検討で多少の判断ミスをしても，品質性能は初期の判断ミスをしたときよりはよい。

図 1.7 に，初期図面精度向上による製品完成度の向上と工数の削減効果を示す。初期図面精度を向上しようとすれば初期検討の工数は増加するが，開発全体の工数は減らすことができ，完成度も高めることができる。

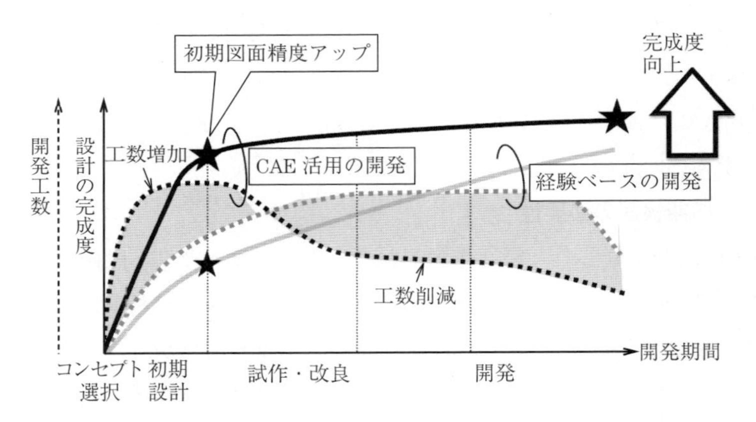

図 1.7　初期図面精度向上による製品完成度の向上と工数の削減効果

以前は過去の経験などを拠り所にしてエンジン部品を試作し完成させて試験を行い，問題箇所だけを改良すればよかったが，近年はエンジンがより精密になったため，実現象を把握したうえでのロジカルな組立てが必要となってきている。

〔2〕　燃焼開発ワークフロー

CAE を用いたガソリンエンジンの燃焼開発のワークフローの例は，**図 1.8** のとおりである。

まず 1 次元のシミュレーションで，吸排気系を含むエンジンシステム全体のコンセプト検討を行う。すなわち，エンジンの目標とする出力特性などに合うように，圧縮比，ポート流量係数，バルブ径，バルブリフトカーブ，吸排気系

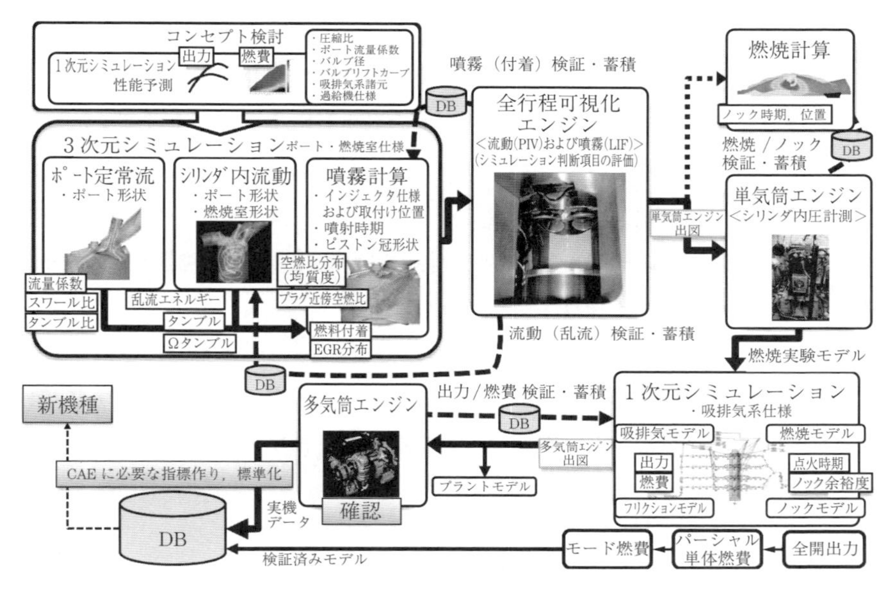

図1.8　CAEを用いたガソリンエンジンの燃焼開発ワークフローの例

配管の長さや径，過給機仕様などの基本的な諸元を決める。

つぎに，設計上の制約を考慮して**CAD**（computer aided design）でポートと燃焼室の形状を作成し，ポート定常流，シリンダ内流動，燃料噴霧，混合気の3次元計算を行い，計算から得られる物理量，例えば定常流計算ならば流量係数やタンブル比，シリンダ内流動計算ならば乱流エネルギー，混合気計算ならば均質度やプラグ近傍燃料濃度で評価する。良否判断する際は，過去の計算結果データを束ねたスキャッタバンドデータなども利用する。

一度，ポート形状やピストン形状，インジェクタ仕様，インジェクタ取付け位置，燃料噴射時期などを決めた後，その実物を短時間で試作し，全行程を可視化エンジンによって**PIV**（particle image velocimetry）計測による流動や，**LIF**（laser induced fluorescence）計測で燃料濃度の分布などの計測を**レーザ**（light amplification by stimulated excitation of radiation，LASER）を用いて行い，計算結果の評価や仕様決定の妥当性検証を行う。

その後，単気筒エンジンを可視化エンジンと同じ形状と仕様で試作し，燃焼運転した場合のシリンダ内圧などを計測する。

また，必要な場合は，火炎伝播計算や反応計算を実施し，燃焼室形状や点火タイミングを変化させた場合のノッキングの発生しやすさなどを確認する。

そして，計測や計算で得られたシリンダ内圧などをマップ化し，最初にエンジンシステム全体のコンセプト検討で使った1次元シミュレーションに反映させて，1次元シミュレーションの燃焼計算の高精度化を行い，制御設定のためのエンジンモデルとして使う。

なお，このフローを実際に行えば，シミュレーション結果との比較検証用のデータとして，可視化エンジンなどの計測結果の蓄積ができ，このようなデータを活用することで，エンジン開発をしながら計算精度を継続的に向上させることができる。

1.2.3　1次元シミュレーション

〔1〕 吸排気系1次元シミュレーションの概要

吸排気系1次元シミュレーションは，**図1.9**に示すように，吸排気管長，管径，容積，バルブ径，バルブタイミング，バルブリフト，有効開口面積，ボア径，ストローク長さ，空燃比，壁面温度，大気圧，大気温度などを準備し，これらを入力データとして，1次元の流体方程式や0次元の熱力学方程式を解く。

なお，ピストンの速さがゼロとなる点を**死点**（dead center）と呼び，ピストンがシリンダヘッドから最も離れた死点を**下死点**（bottom dead center，BDC），ピストンがシリンダヘッドに最も近づく死点を**上死点**（top dead center，TDC）と呼ぶ。下死点から上死点を経て再び下死点に戻る間にクランク軸は1回転（360°）する。図1.9に示したように，このクランク軸の回転角度（**クランク角度**（crank angle, CA））に対し，どのようにバルブリフト量やバルブの開閉のタイミングが変化するかを与えることにより，有効開口面積の変化の情報をシミュレーションコードに与えることが可能となる。以後，本書では，上死点前のクランク角度をゼロとした場合，上死点前の角度を〔°bTDC〕（crank angle degrees before top dead center），上死点後の角度を〔°aTDC〕（crank angle

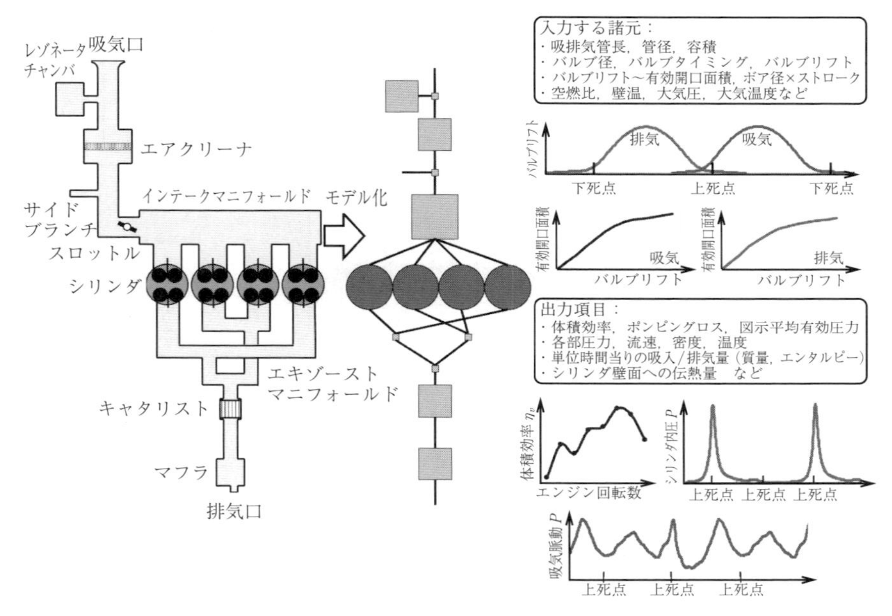

図 1.9　吸排気系 1 次元シミュレーションの概要

degrees after top dead center）と表記することとする。

例えば，30° bTDC は，クランク角度が上死点前 30° のタイミングを意味し，－30° aTDC と同じである。また，± 180° aTDC は下死点となるタイミングである。

1 次元シミュレーションの計算結果として，クランク角度ごとの各部圧力，流速，密度，温度，およびシリンダ壁面への伝熱量や，これらの値を使って計算されたサイクル単位での体積効率，ポンピングロス，**図示平均有効圧力**（indicated mean effective pressure）などが算出される。前述のとおり，複雑な 3 次元形状を 1 次元や 0 次元で表現しているため，物理量の空間分布を持たせることはできず平均化されるため，エンジン全体の大まかな把握はでき，また入力パラメータに対しては反応するが，局所的な形状差などによる違いは表現できない。また，期待どおりの結果を得るためのパラメータ設定には，エンジン内の物理現象に対する知見が必要となる。

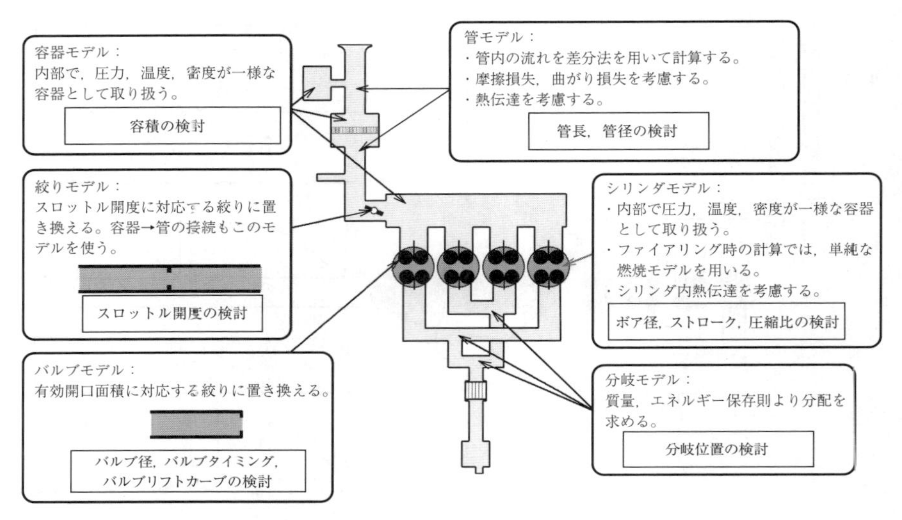

図 1.10　吸排気系 1 次元シミュレーションの主要モデル

吸排気系 1 次元シミュレーションの主要モデルは，**図 1.10** のとおりであり，これに個別部品の詳細なモデルが組み込まれている。以前は国内外の大学で開発したソフトを各社で導入し使っていたが，各社ごとにソフトの保守や進化をさせていくのは負担が大きいため，最近では，もっぱら市販のソフトが使われている。

1 次元シミュレーションに関する定式化，エンジン開発へのシミュレーション応用に関しては，D.E.Winterbone 博士の著書[2),3)]に詳しく書かれている。

また，最新の部品を取り付けた際の性能向上効果などを早急に把握するために，完成車メーカと部品メーカとの間で，1 次元シミュレーションをベースとした部品のモデルをやり取りする取組みも進められている。

また，吸排気系の 1 次元のソフトをベースとし，冷却回路や潤滑回路に適用できるよう物性値やアルゴリズムを変更したものも使われるようになってきた。

〔2〕　モデルリダクション

〔1〕で述べたように，流体力学的な 1 次元の計算，あるいは熱力学的な 0 次元の計算では，燃焼室内の燃焼状態は正確に予測することができないため，

3次元の燃焼計算の結果を，0次元の燃焼計算の入力データとして使うことも行われている。例えば，ポートの3次元の定常流計算結果の流量係数を0次元計算のバルブまわりの流量係数として使う。また，エンジン回転数や負荷を変化させた3次元の燃焼計算から出力される熱発生率などをマップ化して0次元の燃焼計算で用いれば，より実際に近い計算になる。このような手法はモデルリダクションと呼ばれており，**図1.11**はその概念図である。

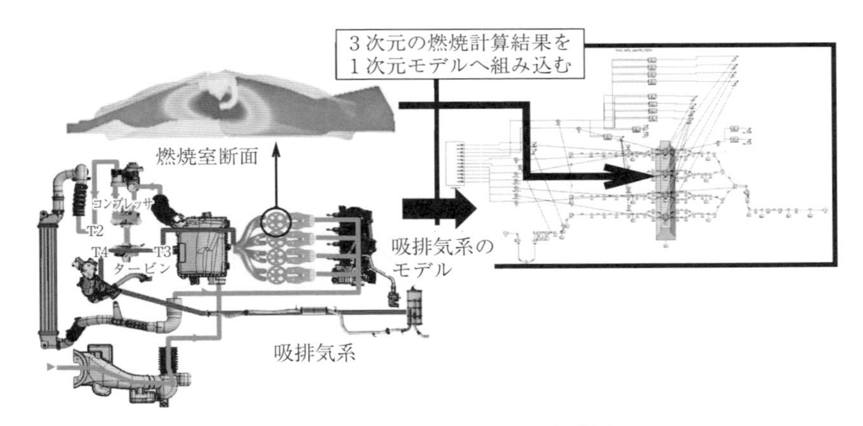

図1.11　モデルリダクションの概念図

従来，1次元シミュレーションは一定回転数，一定負荷での計算を行っていたが，コンピュータの高速化により，このような一定条件であれば，燃焼室も含めて吸排気系全体を3次元で計算でき，開発の中で取り組める計算時間となってきた。エンジンの吸排気の形状要素を含んだ形で3次元計算ができるので，そのまま設計の寸法決めに使うことができる。したがって，この場合はモデルのリダクションは不要であって，脈動が正確に計算できる圧縮性3次元ソフトがあればよいことになる。したがって，今後の1次元のシミュレーションの使い方としては，制御の設定で使うためにエンジン回転数や負荷を変化させた過渡計算や，完成者メーカと部品メーカとの間でモデルをやり取りすることにより，デバイス部品を取り付けた効果の確認の計算が主体になってくるであろう。

〔3〕 0次元の燃焼モデルの同定

〔2〕で述べたように，燃焼室内の燃焼挙動は空間平均された0次元燃焼モデルでは汎用性に限界がある。したがって，このモデルを使う際は，過去の実験データなどを使って，モデルの中で定義されている変数を同定する作業を行う。

例えば，エンジン燃焼の燃焼質量割合を**図1.12**内の式のように仮定した場合，エンジン実験でシリンダ内圧力を計測し，着火時期 θ_{ign} と燃焼期間 θ_b を決める。これを，各エンジン回転数や負荷に対して θ_{ign} と θ_b で同定しマップ化することにより，熱発生率が予測できる1次元モデルとなり，制御モデルなどとして活用できる。

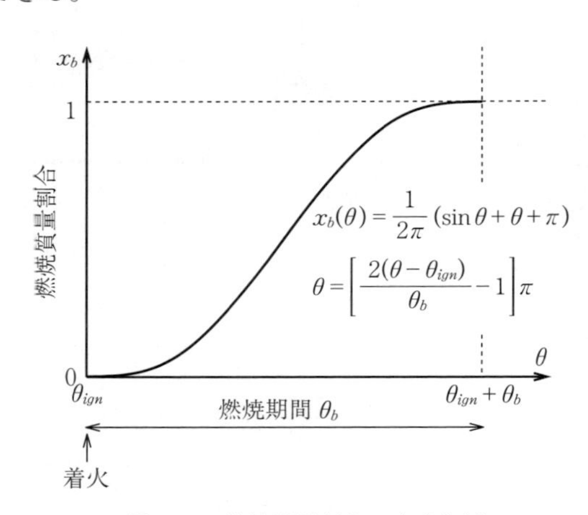

図1.12　燃焼質量割合の定式化例

〔4〕 まとめ：1次元シミュレーションで何を決めるか

1次元シミュレーションでは，体積効率，各部圧力などを計算して，圧縮比，ポート（バルブ）有効開口面積，バルブ径，バルブリフトカーブ，吸排気系諸元，過給機仕様を決めることになる。

1.2.4　3次元シミュレーション

〔1〕 3次元シミュレーションの種類

表1.1は，3次元シミュレーションの種類と検討項目や判断指標を示したも

表 1.1　3次元シミュレーションの種類，検討項目，判断指標

	ポート定常流	シリンダ内流動	燃料噴霧	燃　焼
種類				
検討項目	・ポート形状 ・燃焼室形状	・ポート形状 ・燃焼室形状 ・ピストン冠形状	・ピストン冠形状 ・燃焼室形状 ・噴霧特性 ・噴射時期 ・インジェクタ取付け位置	・ピストン冠形状 ・燃焼室形状 ・点火時期
判断指標	・流量係数 ・タンブル比 ・スワール比	・乱流エネルギー ・タンブル比(非定常) ・スワール比(非定常) ・タンブル渦中心	・混合気の均質度 ・プラグ近傍燃料濃度 ・壁面への燃料付着量	・ノック発生時期 ・ノック発生位置

のである。ピストン形状や燃焼室形状などは，最後の燃焼計算まで変更する可能性があり，定常流やシリンダ内流動の段階では仮決めの位置付けである。

〔2〕　燃焼シミュレーションの計算要素

図 1.13 は，ガソリンエンジンの燃焼シミュレーションの計算要素を示したものである。燃焼過程までは，多くの物理現象を伴うため，それらを表現する

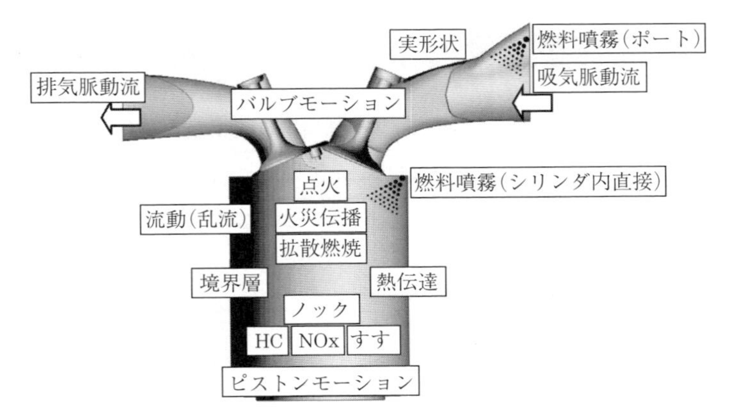

図 1.13　ガソリンエンジンの燃焼シミュレーションの計算要素

モデルが必要となる。

図 1.14 は，これらの計算要素を含んだエンジン燃焼シミュレーションのプログラム構造の概念図であり，ピストンやバルブが動く流動計算のプラットフォームの上に燃料噴霧，点火，火炎伝播などのサブモデルが載る形となる。サブモデルは差し替えが容易にできるが，プラットフォームは土台となるものなので，変更するとサブモデルに影響を及ぼすため，変更をしないで済むように精度，安定性，汎用性などの面でしっかりしたものを作っておく必要がある。

図 1.15 は，表 1.1 や図 1.13 と重なるところもあるが，エンジン燃焼に関わ

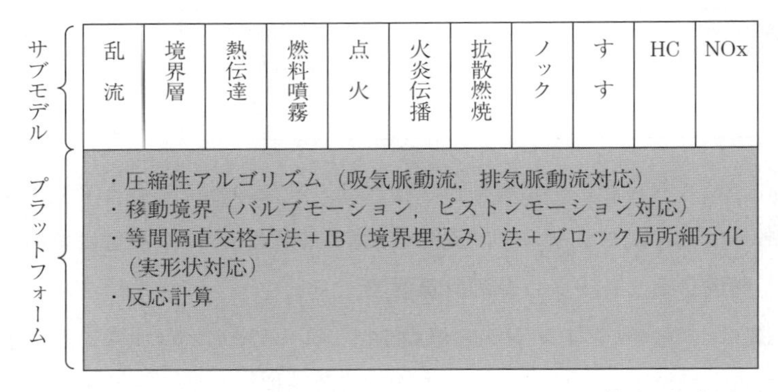

図 1.14　エンジン燃焼シミュレーションのプログラム構造の概念図

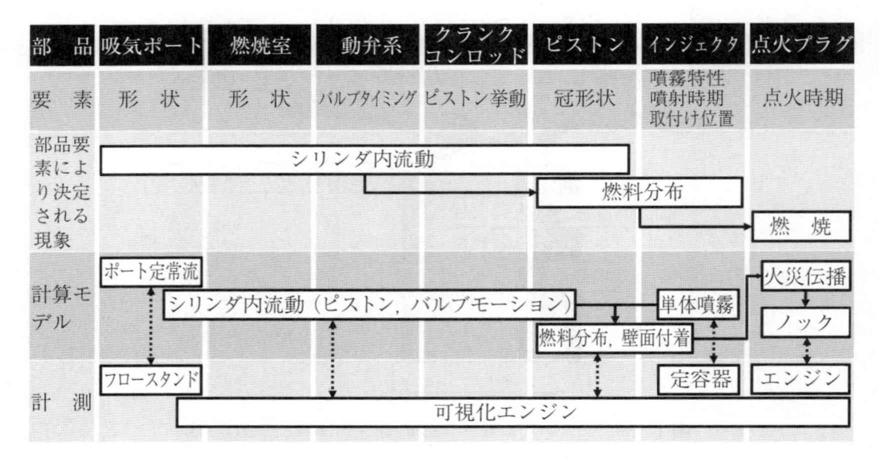

図 1.15　エンジン燃焼に関わる部品要素と現象，モデル，計測の関連性

る部品要素と現象，モデル，計測の関連性を示したものである。本章の中では，この図1.15で示されている計算モデルや計測法について説明する。

1.2.5　ポート定常流計算

〔1〕　スワール比とタンブル比の計測

従来のエンジン開発では，エンジン内の流動を制御する吸気ポート部分の実物を試作し，それを**フロースタンド**（flow stand）に設置して，吸気の体積効率に影響を及ぼす流量係数や燃焼速度に影響する**スワール（横渦）比**（swirl ratio），**タンブル（縦渦）比**（tumble ratio）などを計測し，ポート形状を決定してきた。スワールおよびタンブルの計測に対して，広く使われている装置は**図1.16**（c）のようなスワールメータである。図のように試作したポートをセッティングして空気を流し，ハニカムを回転させようとするトルクを計測して，その値をスワールトルクやタンブルトルクとして出力する。

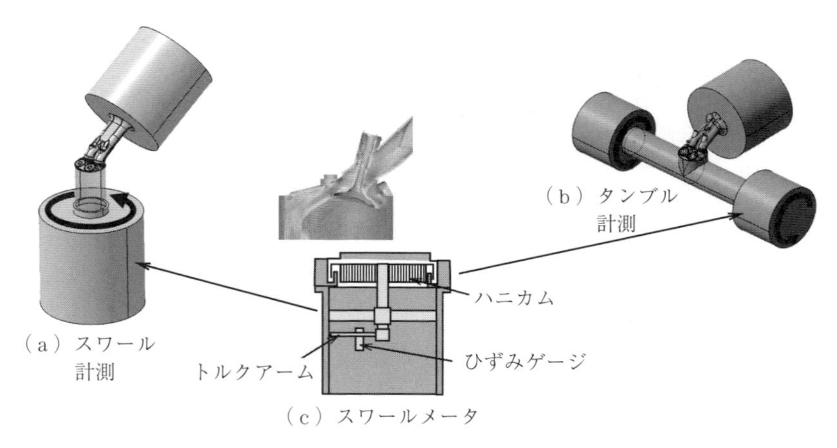

図1.16　スワールメータを用いたスワール計測とタンブル計測

〔2〕　新しいタンブル計測装置

従来からのタンブル比は，例えば図（b）の装置のようにシリンダに垂直な向きに長い管を設置し，その端でスワールメータによって計測したトルクを使ったものである。しかしながら，最近のエンジンのトレンドとなっている強いタンブルに対しては，この方法で計測したタンブル比では燃焼速度との相関が得られにくくなっている。そのため，直接的にシリンダ内の流速を計測し，タンブル比を定義する方法も行われるようになってきた。

図 1.17 は，AVL 社製の PIV を使った新しいタンブル計測装置である。これは，シリンダとシリンダヘッドの間のガスケット面からボア径の半分（$D/2$）の距離の位置にレーザをシート状に照射し，下から 2 台のカメラで流動の中に含まれる粒子を撮ることによって，空間 3 方向の流速を計測する。その流速成分のうち垂直方向の流速を取り出し，直径軸まわりに角運動量を積分し平均化して導いたものをタンブル角速度として定義するものである。この装置で得られたタンブル比と，実際のエンジンでの燃焼速度との相関は高いことが確認されている。詳しくはつぎの〔3〕，〔4〕で述べる。

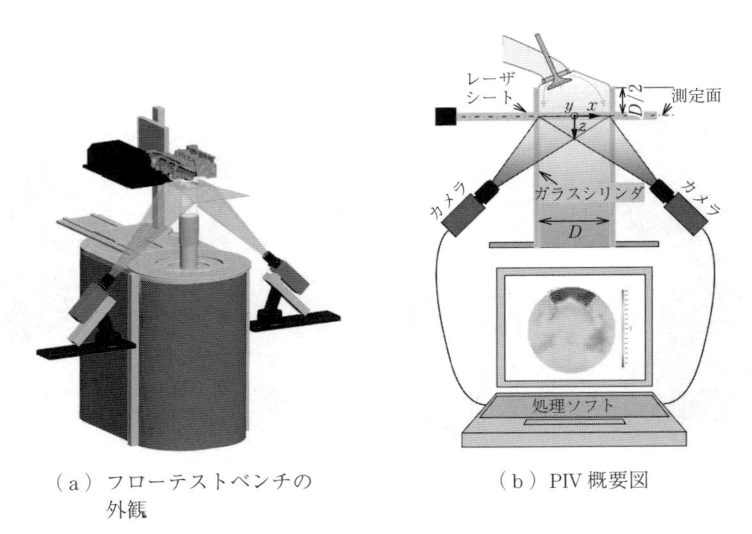

（a）フローテストベンチの外観　（b）PIV 概要図

図 1.17　PIV によるタンブル計測装置

〔3〕 タンブル比の計算式

計測も計算も，入口と出口に対して一定差圧を与えて流量を測定し，下記の式で有効開口面積 A を算出する。ここで，Q は吸気バルブ部を通過する流量で，Δp は吸気バルブ前後の圧力差，ρ は密度であり，これはバルブ部前後で一定としている。

$$A=\frac{Q}{\sqrt{2\rho\Delta p}}$$

したがって，流量係数 c を下記の式で定義し，吸気バルブの特性値として1次元の計算などで利用する。ここで，D はバルブ傘部の径である。

$$c=\frac{4A}{\pi D^2}$$

スワールメータから出力されるトルク値は，CFD では下記の式から求めたトルク値 T と比較する。

$$T=\sum\rho A u_a r\, u_t$$

ここで，A は軸方向のセル面積で，u_a は軸方向の速度成分である。また，r は軸からセル中心までの放射方向の距離であり，u_t は接線速度成分である。

図 1.17 で示したステレオ PIV で計測された流速からタンブル比を算出する場合は，気体の密度は一定であることから下記 ① ～ ⑤ の式を用いる。ここで，$\overline{W}$ を計測断面鉛直成分平均流速〔m/s〕，S をエンジンストローク〔mm〕，$WPIV_i$ を計測流速の鉛直成分〔m/s〕，r_i を計測格子点の中心軸からの距離〔mm〕，A_i を計測格子の面積〔mm^2〕とする。

① 基準角速度：

$$\omega_{mot}=\frac{\pi\overline{W}}{S}\times10^3\ \text{〔rad/s〕}$$

② 各計測格子点における回転成分：

$$W_i=WPIV_i-\overline{W}\ \text{〔m/s〕}$$

③ 各計測点における角速度：

$$\omega_i=\frac{W_i}{r_i}\times10^3\ \text{〔rad/s〕}$$

④ 各バルブリフトにおける全体角速度：

$$\omega_{lift}=\frac{\sum\omega_i r_i^2 A_i}{\sum r_i^2 A_i}\ \text{〔rad/s〕}$$

⑤ 各バルブリフトにおけるタンブル比：

$$Tumble\ Ratio_{lift} = \frac{\omega_{lift}}{\omega_{mot}}$$

〔4〕 タンブル比の計算と計測の比較

図 1.18 は，計算と計測の比較で用いたポート形状である。エンジン A は，標準的な形状であるが，エンジン B は，バルブシート近くの下部をエッジ形

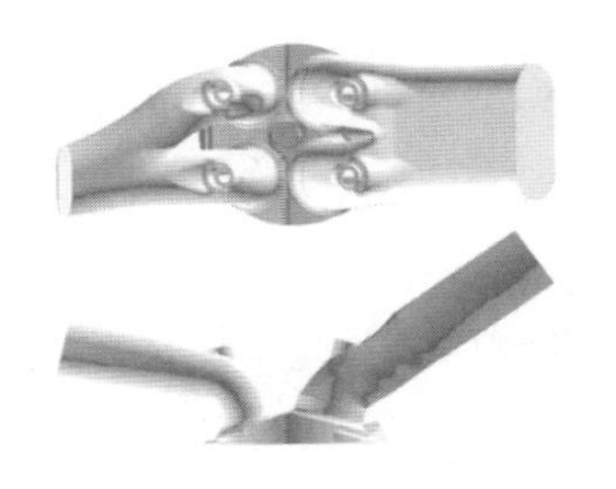

（a）エンジンA

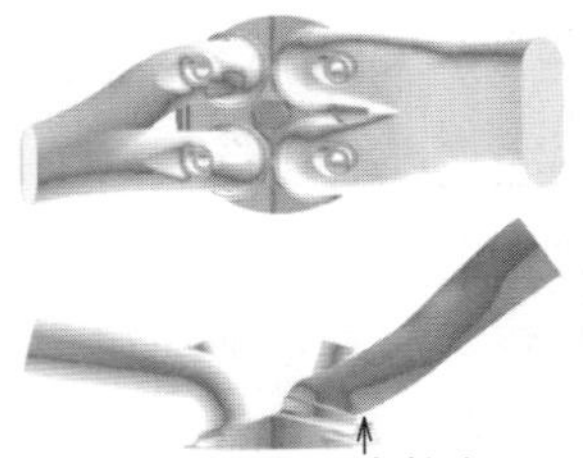

エッジを付けて
タンブルを強化

（b）エンジンB

図 1.18　計算と計測の比較で用いたポート形状

表 1.2　シリンダ断面の垂直方向の流速の分布と，PIV の計測結果との比較

	エンジンA		エンジンB	
	排気側　吸気側		排気側　吸気側	
バルブリフト	計算	PIV 計測	計算	PIV 計測
5 mm				
7 mm				
9 mm				
11 mm				
13 mm				

状にして，流れを上向きにし，タンブル流を強化している。

表 1.2 は，HINOCA で定常流の計算をしたシリンダ断面の垂直方向の流速分布と，PIV の計測結果との比較である。エンジン A の計算結果はおおむね計測結果を表現できている。一方，エンジン B は，計測ではバルブリフトが大きくなるにつれ吸気バルブ近傍のシリンダ壁面付近の流速が徐々に低下し，排気バルブに向かう流速が高くなってきているが，計算ではその変化が早めに現れてきている。

しかしながら，**図 1.19** に示す定常流の流量係数とタンブル比の計算結果と計測結果の比較を見ると，ポートの形状違いで優劣が表現できていることから，計算による流動予測は十分にエンジンの開発に活用できると判断できる。

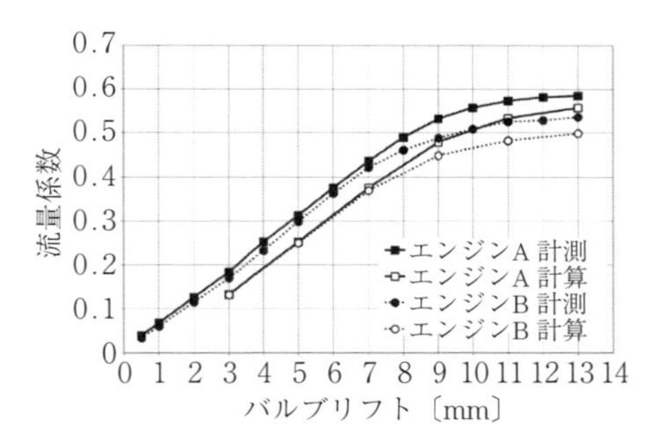

（a）流 量 係 数

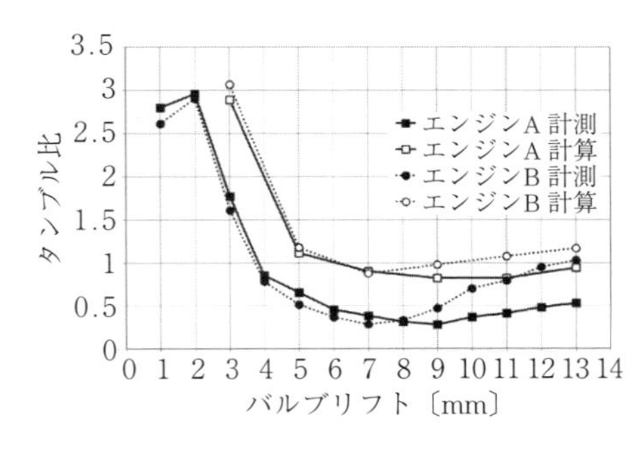

（b）タンブル比

図 1.19　定常流の流量係数とタンブル比の計算結果と計測結果の比較

〔5〕 スワール比の計算

二つある吸気バルブの片方を閉じるとスワールが形成される。**図 1.20** は定常流のスワール計算の計算結果と計測結果の比較である。絶対値としては 5% 程度の差になる。このように，片方のポートから流入してシリンダ内で旋回流が形成されるいわゆるタンジェンシャルなスワール流の計算精度は十分である。

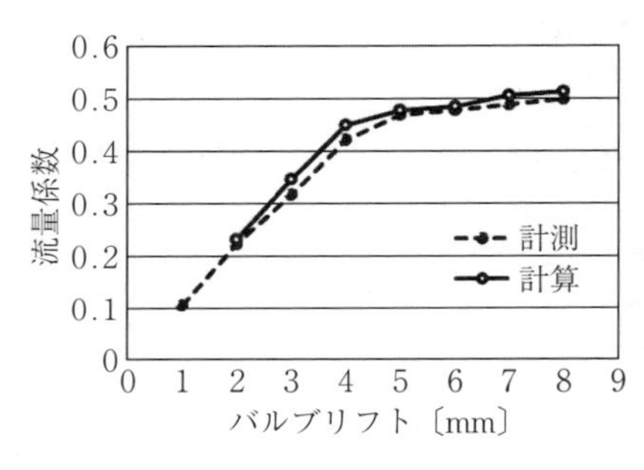

（a）流 量 係 数

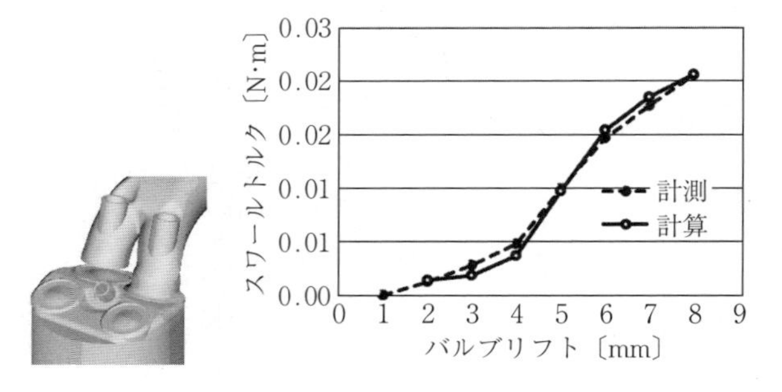

（b）スワール比

図 1.20　定常流のスワール計算の計算結果と計測結果の比較

〔6〕 ポート形状検討の適用例

定常流計算のエンジン開発への応用例を示す。

形状データを構成している曲線や曲面をパラメータで変化させると，**図 1.21** のようなポート形状が作成される。これらの自動生成された形状データに対して，自動で計算格子を生成し自動で流動計算を行う。この結果，算出された流量係数とタンブル比を 2 次元上にプロットすると，**図 1.22** のような点

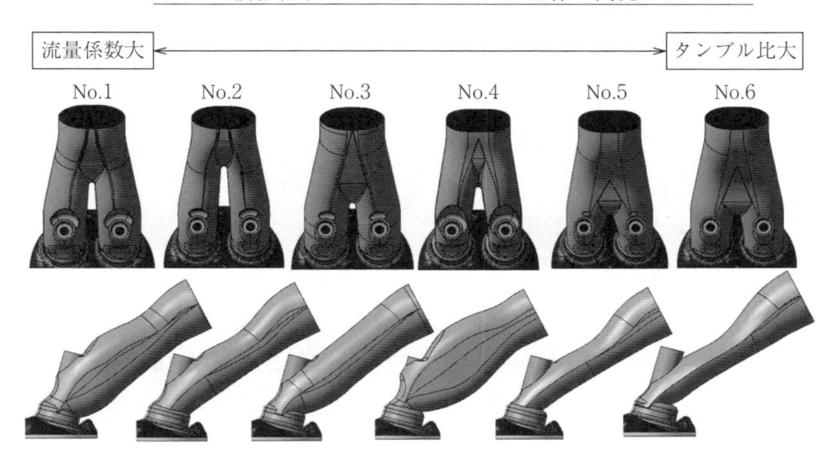

図 1.21　CAD で形状パラメータを変化させた場合に形成されるポートの形状

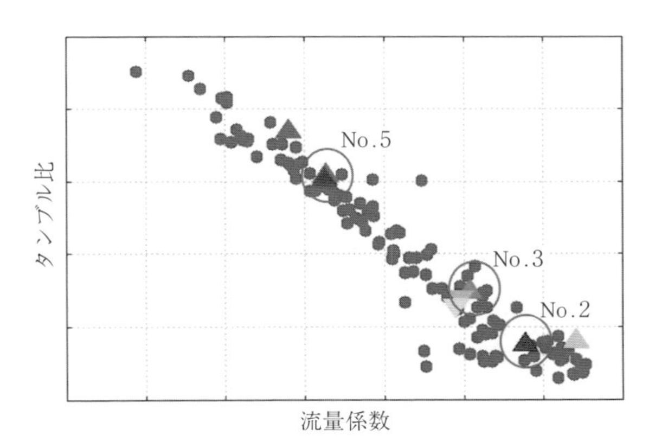

図 1.22　パラメトリックに作成された形状で計算した流量係数とタンブル比

群ができるので，出力や燃費の目標に応じてこの中から最適点を選ぶ。内閣府の **SIP**（Cross-ministerial Strategic Innovation Promotion Program）**革新的燃焼技術**（innovative combustion technology）における標準エンジンの吸気ポート形状もこのようにして決定した。ここで注意しなければならないことは，形状自由度の制約内では流量係数とタンブル比はトレードオフの関係があるということであり，片方をよくすれば，片方が悪くなるということである。両方ともによくなるためには，設計上の制約を外さなければならない場合が多い。

〔7〕 **まとめ：ポート定常流計算で何を決めるか**

ポート定常流の計算を行い，流量係数，タンブル比，スワール比を計算して，ポート形状，燃焼室形状を決める。

1.2.6 シリンダ内流動計算

〔1〕 **計算の概要**

移動境界としてバルブとピストンを動かし，吸排気ポートの流動とシリンダ，燃焼室の流動を計算したものを，ここでは**シリンダ内流動**（in-cylinder flow）**計算**と呼ぶ。シリンダ内流動計算は，バルブ，ピストンの移動を考慮した計算格子の作成に膨大な工数を要するため，エンジン開発の現場では使いものにならないことが多かった。また，バルブ，ピストンと流動空間との境界面の平行移動は，エンジン以外にはあまりなく特殊な動きである。このため，CFD ソフトのユーザ層はレシプロエンジン領域に携わる研究者，技術者と限定的なため，ソフトの進化も積極的に行われてこなかった。しかしながら，最近では移動境界や複雑形状のメッシュを自動に作成できるカットセルなどの手法が採用されはじめ，あまりメッシュ作成に工数をかけずにシリンダ内流動計算ができるようになったため，エンジン開発で使われるようになってきた。

計算は通常，エンジン静止状態から開始するため，定常運転状態の結果を得るためには，数サイクルの計算を要する。また，壁面やポート流入部の境界条件の設定方法は各自動車会社のノウハウとなっている。

図 1.23 はエンジンのシリンダ内流動の計算結果例で，シリンダ中心断面の流速ベクトルを表示している。

〔2〕 **流動コンセプト**

ガソリンエンジンの流動の特徴的なものとしては，スワール（横渦）とタンブル（縦渦）があり，それぞれの長所と短所は，**表 1.3** のようになる。

スワール流を採用するとポートで噴射された燃料をプラグ近傍に集めやすいことから，従来はリーンバンエンジンの混合気の成層化に使われてきた。

最近のトレンドはタンブル流である。強タンブル流動の中に燃料を噴射させ

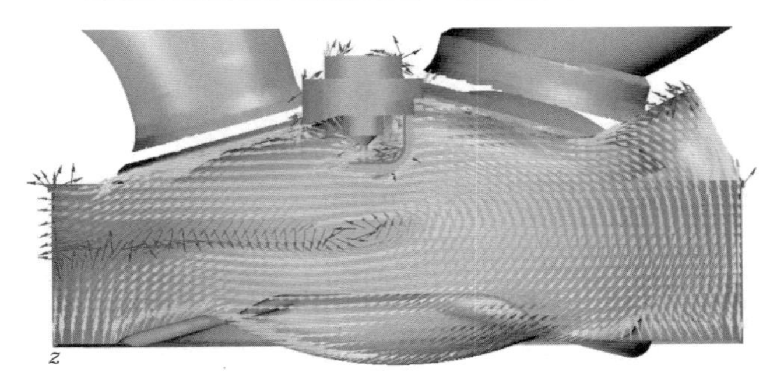

図 1.23　エンジンのシリンダ内流動の計算結果例（流速ベクトル）

表 1.3　スワール（横渦）とタンブル（縦渦）の長所と短所

	ス　ワ　ー　ル	タ　ン　ブ　ル
	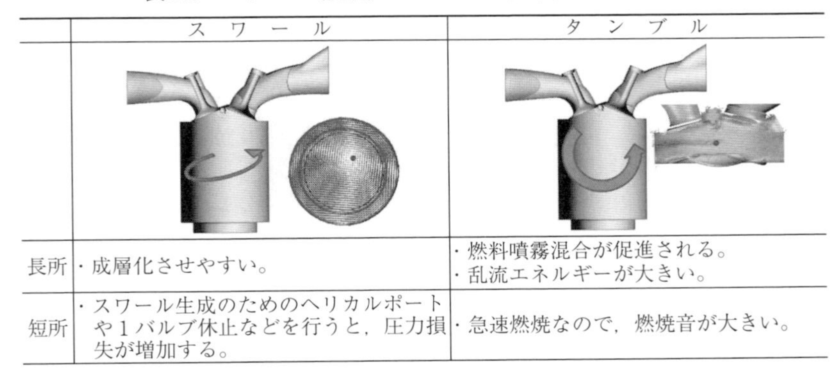	
長所	・成層化させやすい。	・燃料噴霧混合が促進される。 ・乱流エネルギーが大きい。
短所	・スワール生成のためのヘリカルポートや 1 バルブ休止などを行うと，圧力損失が増加する。	・急速燃焼なので，燃焼音が大きい。

ることで微粒化を促進させることができ，また同時に乱流エネルギーを高めることができるため燃焼速度を上げることができる。

ただし，スワールでもタンブルでも，流動場を形成させるためにはポート形状を曲げたり絞ったりするため圧力損失が増える。このため，スワール比やタンブル比と体積効率はトレードオフの関係になる。

〔3〕　乱流のモデル化

シリンダ内流動計算においても，通常**ナヴィエ・ストークス**（Navier–Stokes, **NS**）**方程式**にレイノルズ平均を施した **RANS**（Reynolds averaged Navier–Stokes）[†]が用いられる。このとき用いられる乱流モデルは，直管などの主流の

† 2.2.1 項参照。

流速が一定である定常的な流れに対する微小変動をモデル化した場合が多い。しかしながら，エンジン流動の場合は主流自体が時間ごとに変化をするので，**図 1.24** のように，微小時間 Δt の間では流速一定の定常流れで，主流の変化はその定常流をつなぎ合わせたものと考える。

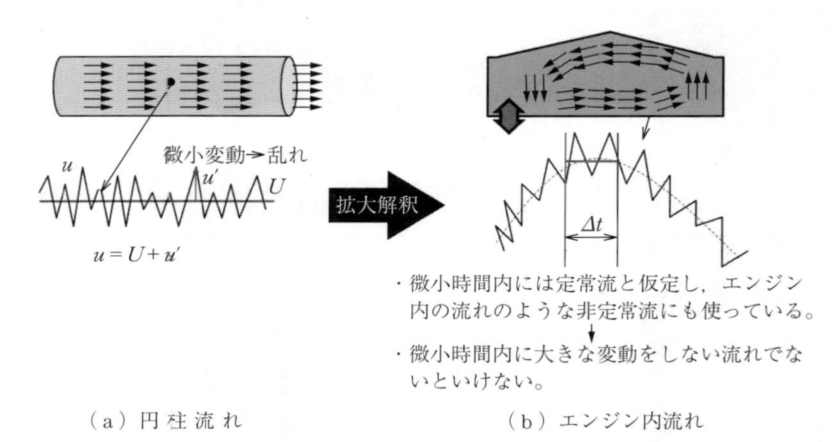

（a）円 柱 流 れ　　　　（b）エンジン内流れ

図 1.24　シリンダ内流動計算への乱流モデル（定常流の流速の時間平均と変動分を分離する）の拡大適用

壁面近傍の流速分布や温度分布をモデル化する**壁関数**（wall function）に関しては，平板の壁面近傍の流速や温度プロファイルをモデル化する。これを曲がり管に適用する場合は，**図 1.25** のように，局所的には平板であると考えて同じ壁関数を使用することになっている。

以上のように，シンプルな場で作られたモデルを拡大解釈しエンジンに適用するので，物理モデルはモデル化をする際に想定された条件を超え，さまざまな形状や現象に適用され，適用限界を超えてしまう場合があるので，検証が欠かせない。

RANS においては，平均流動を扱っているので，2～3サイクル後の初期条件の影響がなくなると，その後のサイクルではほぼ同じ計算結果が得られる。すなわち，入口の流入境界条件にサイクル変動的な条件を与えないかぎり，計算から得られる流動のサイクル変動は過小となってしまう。

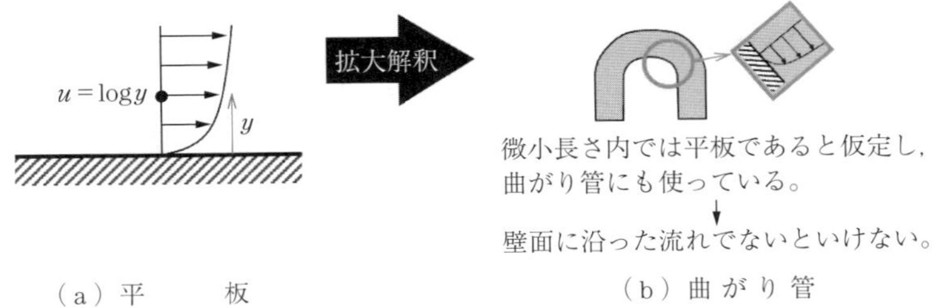

図 1.25　壁関数（平板の場合の壁面の流速を壁面近傍メッシュに適用する）の拡大適用

〔4〕 タンブル比と乱流エネルギー

効率向上の一手法として，乱流エネルギーを高め火炎伝播速度を速くすることも行われており，乱流エネルギーを高めるためにタンブルを強化させている。すなわち，**図 1.26** のように，吸入行程の吸気バルブからの流入によりタンブル流を形成し，ピストンによる圧縮で流動空間の高さ方向が狭くなることでタンブル流が維持できなくなり，タンブル流のエネルギーが乱れ成分となって乱流エネルギーを高めるともいわれている。

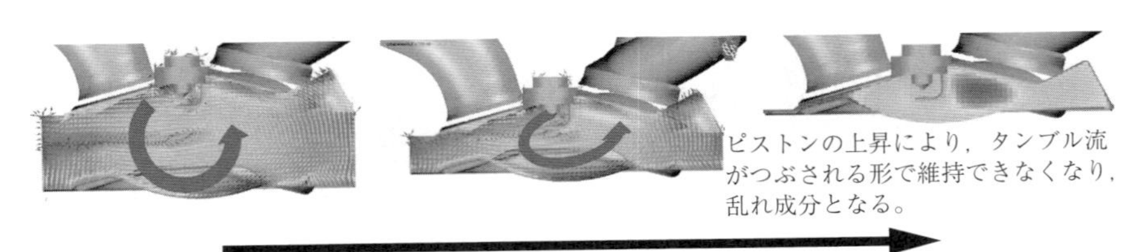

図 1.26　タンブル流が乱流エネルギーに変換される概念図

図 1.27 は，ポート形状が異なる 3 種類のエンジンのクランク角度に対するタンブル比と乱流エネルギーの推移を示している。図（b）より，エンジン③ の吸気行程中のタンブル比が最も高く，図（a）に注目すると，燃焼速度に影響する圧縮上死点付近の乱流エネルギーもエンジン ③ が大きい。このことから，吸気行程中のタンブル比と圧縮上死点付近の乱流エネルギーは，おおむね相関があるといえる。

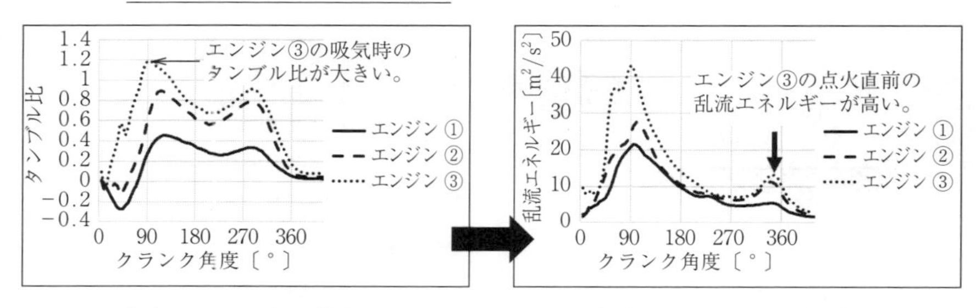

（a）タンブル比の推移　　（b）乱流エネルギーの推移

図 1.27　3 種類のエンジンのクランク角度に対するタンブル比と乱流エネルギーの推移

〔5〕 ω タンブル，ω スワール

最近では，スワールやタンブルのほかに，ω タンブルや ω スワールなど，シリンダ内流動に関するいろいろな判断指標が提案され使われている。例え

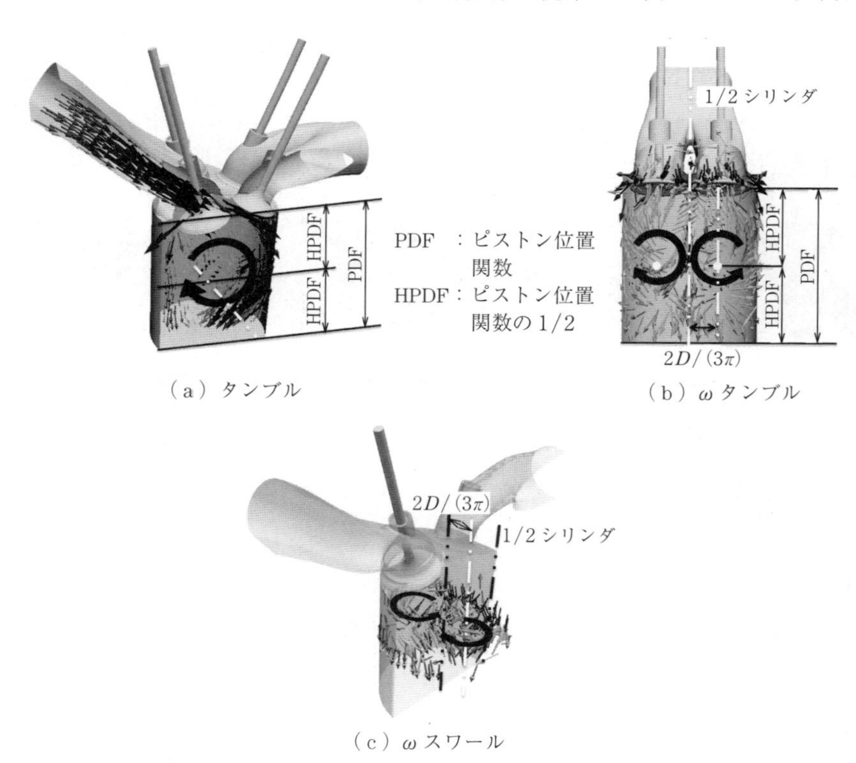

（a）タンブル　　（b）ω タンブル

（c）ω スワール

図 1.28　シリンダ内流動のタンブル，ω タンブル，ω スワール

ば，ωタンブルは**図 1.28**（b）のように，シリンダ内流動において，前面から見たときに矢印の渦の強さを表す。実際の計算は，シリンダを半分ずつに分けて，おのおののタンブル比を計算する。もし，ωタンブルの強さとサイクル変動の大きさと間に相関関係があるということが確認できれば，RANS の計算結果からサイクル変動の大小の予測が可能になる。また，ωスワールはノックとの相関があるとされているが，利用にあたっては十分な検証が必要である。

〔6〕　スキャッタバンド

「シミュレーションは実験の置き換えであり，実験と同じ結果を出すべきである」といった従来からの考え方と一線を画すものに**スキャッタバンド**（scatter band）を使った判断というものがある。

初期の机上検討段階で，主要な検討項目に対してシミュレーションを実施し決定した仕様が，いままで量産化されたエンジンから大きく外れた仕様になる項目が一つでもあるかどうかを確認する。**図 1.29** は，乱流エネルギーの推移とクランク角度を示している。灰色の領域がスキャッタバンドと呼ばれているもので，破線はこれまでに開発に成功したエンジンの計算結果を重ね書きしたものである。例えば，実線のグラフが今回の開発エンジンの計算結果である場合，スキャッタバンド内に収まっているので，乱流エネルギーに関しては問題なしという判断になる。

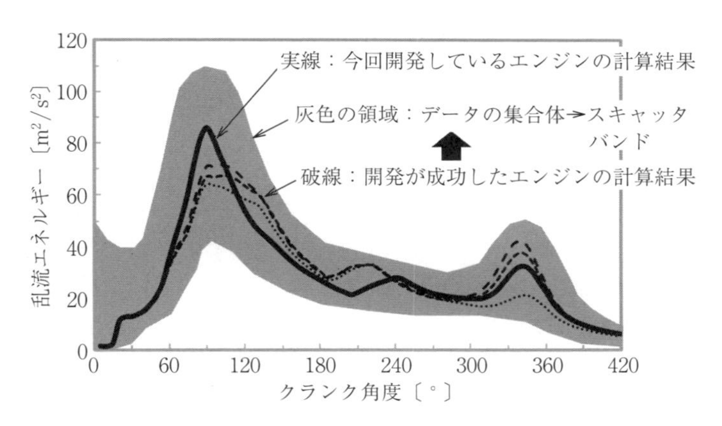

図 1.29　乱流エネルギーの推移とクランク角度

〔7〕 まとめ：シリンダ内流動計算で何を決めるか

シリンダ内流動計算で，乱流エネルギー，タンブル比，スワール比，およびタンブル渦中心を計算して，ポート形状，燃焼室形状，およびピストントップ形状を決める。

1.2.7 燃料噴霧計算

〔1〕 燃料噴射の方式

インジェクタによる燃料噴射は，**ポート内噴射**（port injection，PI）と**シリンダ内直接噴射**（direct injection，DI）に大別されるが，それぞれの長所と短所は，**表1.4** に示すとおりである。

表1.4　ポート内噴射とシリンダ内直接噴射の比較

	ポート内噴射（PI）	シリング内直接噴射（DI）
長所	・インジェクタ，ポンプが安価 ・均質化しやすい。	・冷却効果による体積効率向上 ・自由な噴射タイミングにより，さまざまな混合気分布を形成することができる。
短所	・燃料のポート壁面付着→すす生成	・インジェクタ，ポンプが高価 ・燃料のシリンダ壁面付着→オイル希釈 ・燃料のピストン冠面付着→すす生成

ポート内噴射は，噴射系のコストが安価で，DIに比べ蒸発や混合に使える時間が長いので，混合気が空間的に均質化しやすい。その反面，吸気ポートの壁面に燃料液滴が付着することで微粒化が悪化し，**すす**（soot）が生成されてしまう。シリンダ内直接噴射は，冷却効果による体積効率の向上や，噴射タイミングの自由度が高く，燃焼室内でさまざまな混合気分布を形成することができる。しかしながら，シリンダ壁面へ燃料液滴が付着する場合があり，クランクケース内に燃料が流れ込みオイルに燃料が混入する，いわゆる**オイル希釈**

(oil dilution) が発生したり，燃料液滴の**ピストン冠面** (piston crown) への付着により**プール燃焼** (pool fire) が発生し，すすが生成されたりするなどのデメリットがある。しかしながら，これらの直接噴射のデメリットは，燃料圧力の高圧化による噴霧の貫通距離の短縮化などによって，解消できるようになってきた。

オイル希釈やすすの発生を直接計算し予測することは難しいが，**図 1.30** に示すように，液滴噴霧の壁面付着までは計算で得られるので，計算でのシリンダ壁面の燃料付着量と実験のオイル希釈との相関や，計算でのピストン冠面の燃料付着量と実験のすすの発生量との相関を取っておけば，エンジン開発の現場でもオイル希釈や，すすの予測ツールとして活用できる。

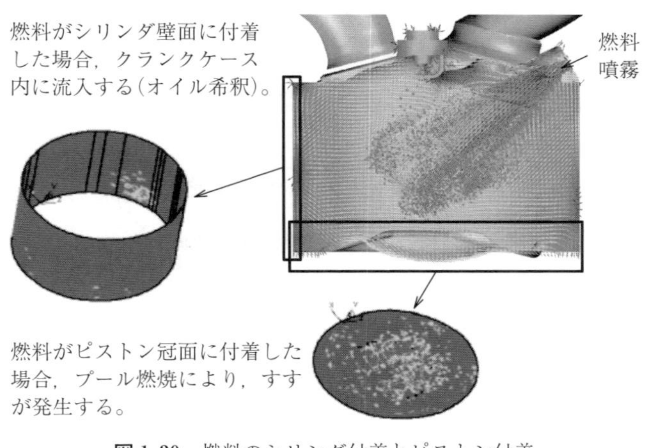

図 1.30　燃料のシリンダ付着とピストン付着

〔2〕 噴霧のモデル化

燃料はインジェクタのノズルからは液柱の状態で噴射されるが，それが液糸と呼ばれる細長い液滴になる変化を**1 次分裂** (primary breakup) といい，その後，その液糸がさらに二つ以上の液滴に再分裂する現象を**2 次分裂** (secondary breakup) と呼ばれている。**図 1.31** に燃料噴射の分裂モデルを示す。実際の噴霧液滴の一つひとつについて計算することは不可能なので，パーセルと呼ばれる疑似的な液滴群の挙動を解く**離散液滴モデル** (discrete droplet

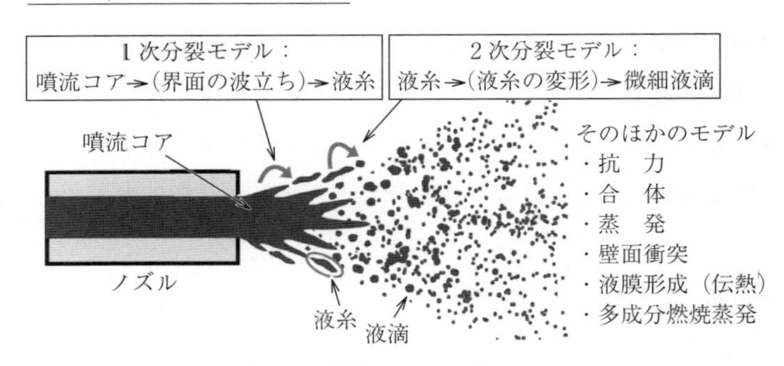

図 1.31　燃料噴霧の分裂モデル

model, **DDM**）が一般に用いられる。

1次分裂が噴霧全体のフォームや**貫通距離**（penetration）を決める大きな因子であるため，最近ではキャビテーションを含んだノズル内部の流れを気液二相流計算で行い，ノズル出口の液滴径，液滴の速度などの情報を DDM の初期条件として与えることで，噴霧計算の精度向上が図られている。

〔3〕　噴霧単体モデルの合せ込み

実際のエンジンで燃料噴霧の計算を行う前に，燃料噴射時のエンジンのシリンダ内に近い圧力，温度に保たれた**定容器**（constant volume chamber）などを用いた可視化試験を行い，噴霧モデルの入力データを変化させ，計算と計測の結果を近いものにする同定作業を行うことが多い。

従来はペネトレーションや噴霧画像を用いて同定をしていたが，**表 1.5** に示すように，最近は噴射方向を**パタネータ**（pataneta）で計測したり，粒径分布をレーザによって計測したりするなど，噴霧モデルの高精度を図っている。

〔4〕　単体付着検証

燃料が壁面に付着して液膜を形成する挙動も，ガソリンエンジンのシミュレーションでは重要である。**表 1.6** に，蒸発係数を変化させた場合の噴霧付着の計算結果と計測結果の比較を示す。液膜の計測は，ブラックライト法という手法を用いており，液膜の蒸発係数をこの手法で得られた計測結果を用いて同定することになる。

表 1.5 噴霧モデルのパラメータ設定のための計測手法

計測機器	比較データ	データイメージ	以前	現在
噴射率計	噴射率		▲	●
高速ビデオカメラ	ペネトレーション	実測 計算 Time [ms]	●	●
	噴霧形状 噴霧角，噴射方向	Pf = 8MPa / Ti = 3ms	▲	●
パタネータ	分配率（噴孔別）		–	●
	質量分布	実測 計算	–	●
LDSA：laser diffraction spray analyzer	粒径分布（全体平均）		●	●
	粒径分布（時間変化）	粒径	–	●
PDA：phase Doppler anemometer （噴孔下 70 mm）	速度分布	速度 時間	–	–

新規の計測手法も取り入れ，
モデル合せ込みを実施

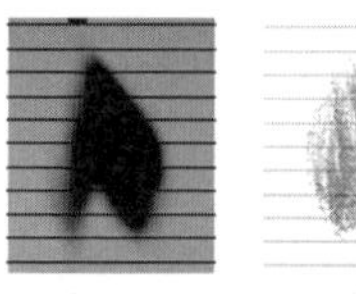
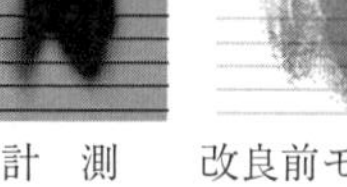

表 1.6　蒸発係数を変化させた場合の噴霧付着の計算結果と計測結果の比較

	計　　測	計　　算	
		蒸発係数：大	蒸発係数：小
0.1秒			
5秒			

〔5〕 燃料噴霧の計算例（1）

表 1.7 に，直噴エンジンにおけるピストン冠面と**シリンダライナ**（cylinder liner）への燃料付着の計算結果と計測結果の比較を示す。インジェクタの違いによる付着位置の傾向はつかめているが，ピストン表面への付着位置そのもの

表 1.7　直噴エンジンにおけるピストン冠面とシリンダライナへの燃料付着の計算結果と計測結果の比較

（a）ピストン冠面への燃料付着（燃料圧力 8 MPa，噴射開始時間 −40° bTDC，クランク角度 360°）

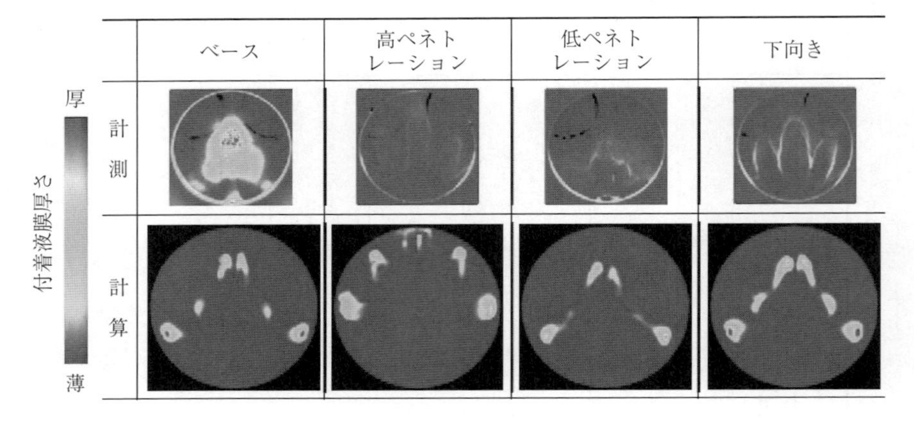

	ベース	高ペネトレーション	低ペネトレーション	下向き
計測				
計算				

表 1.7　（つづき）

（b）シリンダライナへの燃料付着（燃料圧力 8 MPa，噴射開始時間 − 110° bTDC，クランク角度 180°）

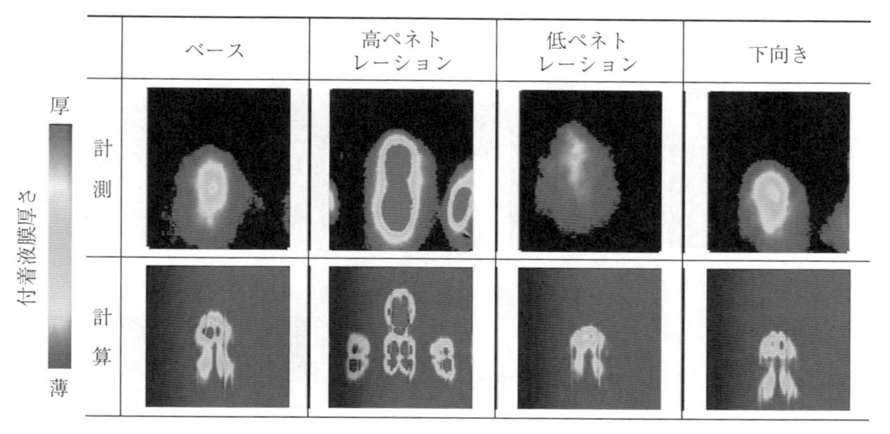

（注）運転条件：エンジン回転数 1 500 rpm，インマニ圧力 700 mmHg，シリンダ壁温 80℃

には，まだ乖離が認められる。実際のエンジン開発では，付着面積などを比較してインジェクタのタイプを選定する。

〔6〕 燃料噴霧の計算例（2）

表 1.8 は，直噴エンジンの燃料濃度分布の計算結果と計測結果の比較であり，噴射タイミングと燃料圧力が異なる場合の比較も同時に行っている。計測は LIF によるものである。

ベースに対して噴射開始時期が早いと，燃料の気化時間が長いため，同一のクランク角度においては燃料の気化が進み，流動に乗って燃料がより上方へ移動している。

ベースに対して燃料圧力を上げると，噴射速度が増加し燃料の微粒化が促進され，同一クランク角度においては，気化が速いため流動に乗り燃料がより上方へ移動している。いずれの場合も，計算結果は計測の状態をとらえている。

表 1.8　直噴エンジンの燃料濃度分布の計算結果と計測結果の比較
（実測の可視化範囲はボア径 73 mm に対して 45 mm）

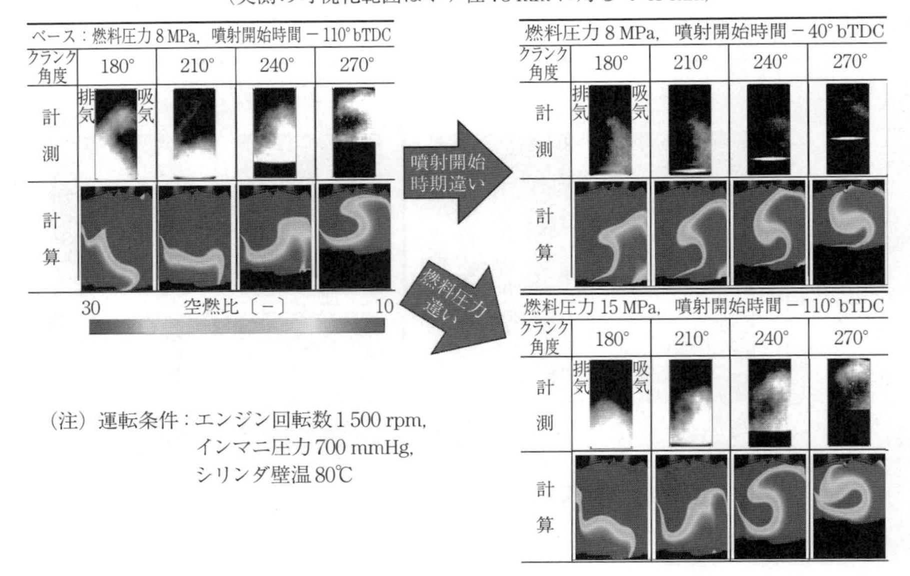

〔7〕　燃料噴霧の計算例（3）

図 1.32 は，直噴エンジンにおける圧縮上死点付近での燃料分布の計算結果例である。

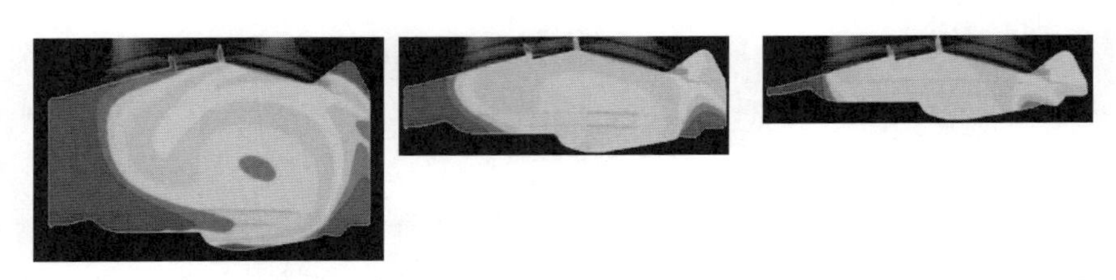

図 1.32　圧縮上死点付近での燃料分布の計算結果例

実際のエンジンでは，サイクル間で変動があるが RANS を用いた計算結果であるので，複数のサイクルの平均的な値と見なすことができる。プラグ近傍で燃料濃度の空間的な分布があると，サイクル変動により，プラグ電極付近で混合気濃度が濃くなったり薄くなったりして着火の成否に影響するため，圧縮上死点のタイミングでは，できるだけ空間的に均質な濃度となることが望ましい。

〔8〕 燃料噴霧計算のエンジン開発への適用例

直噴エンジンの開発において，燃焼変動が発生し，実車の振動として体感される場合があった。この対策を，燃料噴霧計算を使って行った例を述べる。

図 1.33 は，燃料噴射を 1 回（単段噴射）にした場合と，総燃料量は同じにして 2 回（2 段噴射）にした場合のプラグ近傍の燃料分布である。図の中の○で囲まれた範囲を見ると，1 回の噴射の場合，燃焼室全体で混合気濃度にムラがあるため，サイクルによってはプラグ近傍における燃料濃度が薄く着火が不安定になる可能性がある。一方で，2 段噴射の場合は燃焼室全体で混合気濃度がより均質化されているため，プラグ近傍の濃度変動も少なく，安定的に着火できると判断され，2 段噴射が採用されることになった。

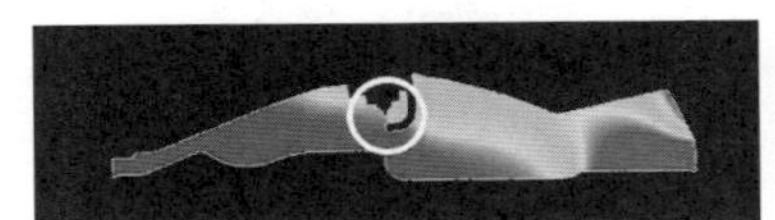

プラグまわり空燃比の濃淡が激しい

（a） 単段噴射

プラグまわり空燃比が均質

（b） 2 段噴射

図 1.33 単段噴射および 2 段噴射の場合の燃料濃度分布の計算結果

〔9〕 ポート噴射の場合の燃料噴霧の計算例

図 1.34 は，ホンダ社製の VTEC-E というタイプの吸気バルブの一つが休止するエンジンのポート噴射の様子であり，**表 1.9** と**表 1.10** はそれぞれ，スワールポートの流速分布と燃料分布について，計測結果と計算結果を比較したものである。

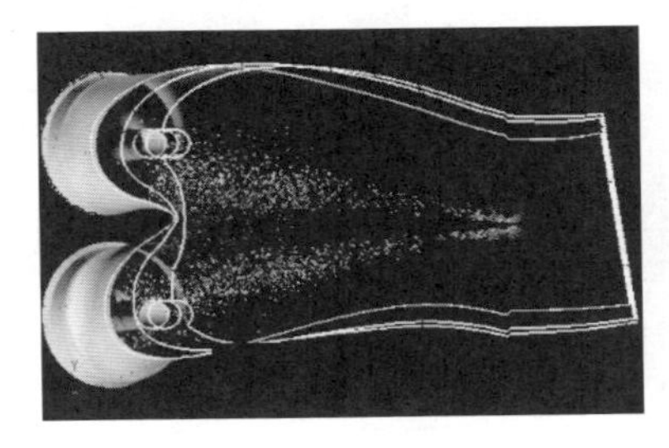

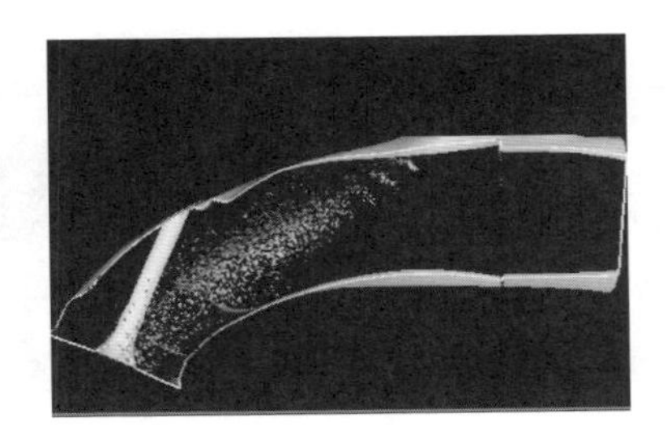

図 1.34 エンジンのポート噴射の様子

表 1.9　スワールポートの流速分布の計測結果と計算結果の比較

位　置	計測結果（PIV）	計算結果
水平断面： ヘッド合せ面下 55 mm	排気側　スワール中心 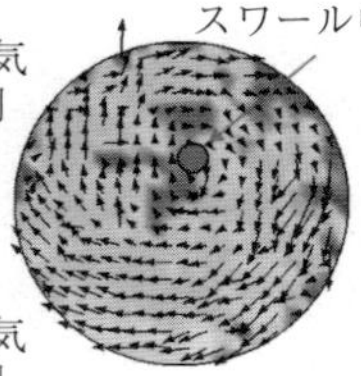 吸気側	排気側 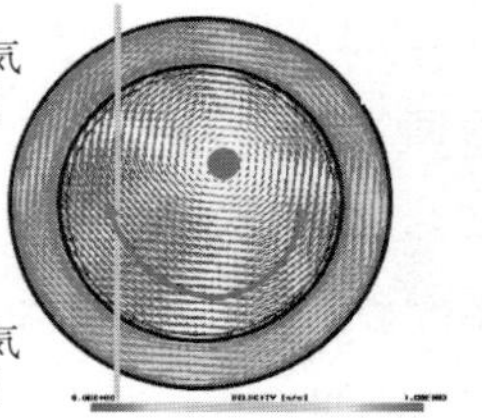 吸気側
垂直断面： プライマリー バルブセンタ	排気側 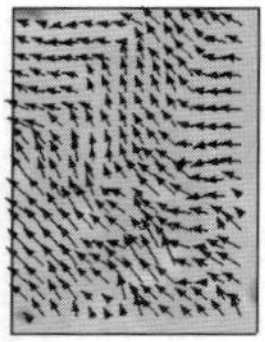　吸気側	排気側 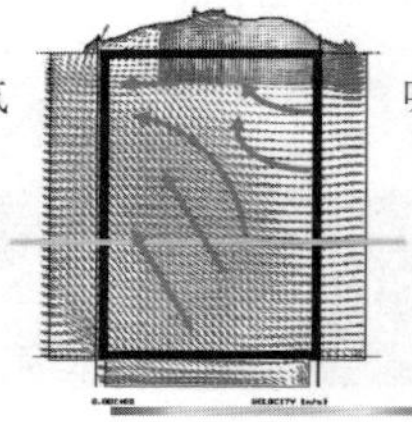　吸気側

表 1.10　スワールポートの燃料分布の計測結果と計算結果の比較
（40° bTDC 時の空燃比比較）

θ_{ing}〔s〕	計測結果（LIF）	計算結果
20° aTDC	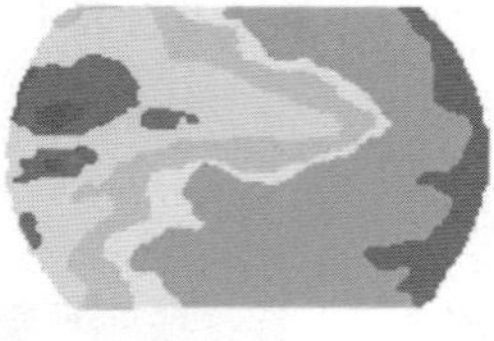	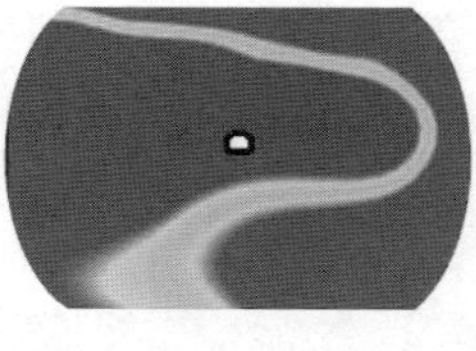
60° aTDC	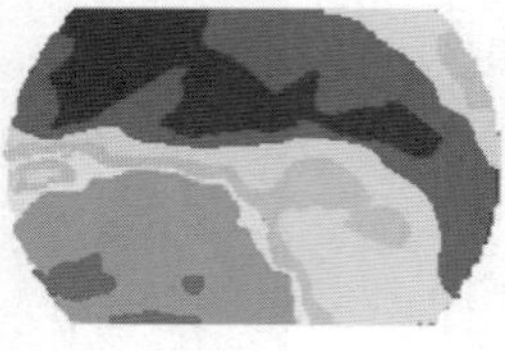	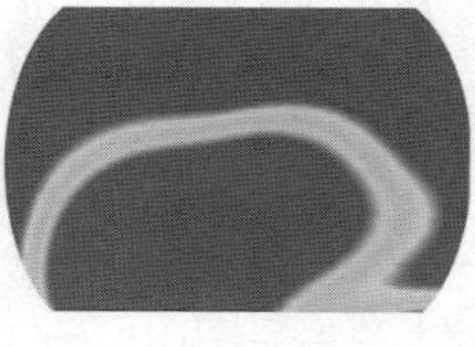

まず流速は，**ヘッドガスケット**（head gasket）面から55 mm下方における断面のもので，スワール中心の位置がほぼ一致している。吸気の第1バルブの中心位置での縦断面の流速も妥当な結果になっている。この流動に対して，噴射タイミングを20° aTDC，60° aTDCと変化させて燃料を噴射した場合，計算の濃度分布は計測結果に追従している。ただし，このようなよい結果を得るためには，現象解明や考察を行って得られた境界条件などの設定上のノウハウを構築することが必要である。

〔10〕　可視化エンジンによる確認

計算結果が正しいとは限らないので，計算で形状を決めたポートやピストンを試作し，流動や噴霧の挙動が計算結果と同じかどうかを，エンジンのライナや燃焼室の一部の壁面がガラスで作られている**図1.35**のような可視化エンジンを用いて確認し，仕様の修正を加えていく作業を行う。従来は，試作のエンジンヘッドと同じ型物で可視化エンジンのヘッドを作っていたため非常に時間がかかっていたが，最近は3次元の金属プリンタがあるので，金属製のヘッドポートの現物も短期間で製作することができ，短期間で可視化エンジンを準備することが可能になった。また，エンジン開発プロセスの中で検証のデータを取っていくので，計算の検証用データの量が飛躍的に増え，計算精度の向上やスキャッタバンドのデータベース構築につながっている。

図1.35　可視化エンジンによる燃料付着の確認

〔11〕 **まとめ：噴霧計算で何を決めるか**

シリンダ内流動計算に燃料噴霧の計算を加えて，燃料の均質度，プラグ近傍燃料濃度，壁面への燃料付着量を計算して，ピストントップ形状，燃焼室形状，インジェクタ仕様，噴射時期，インジェクタ取付け位置を決める。

1.2.8 燃　焼　計　算

〔1〕 **ノックメカニズム**

ノック計算で仮定されるメカニズムとしては，以下①～④のとおりである。

① プラグで点火し，混合気が着火し，火炎伝播に遷移する。

② 火炎伝播により燃焼ガスが膨張し，**エンドガス**（end gas）ゾーンが圧縮され，温度が上昇する。

③ エンドガスゾーンの温度上昇により自己着火が起き，衝撃波が発生する。

④ 衝撃波の壁面干渉により境界層が破壊され，壁面への伝熱量が上昇し，壁面が溶解する。また，ノック音が発生する。

以上の仮定に基づき計算モデルを準備し，プログラムを組み立てる。

〔2〕 **ノックの計算の技術要素**

ノック計算の技術要素は，**図1.36**でも示すように，「火花点火モデル」，「火炎面モデル」，「素反応モデル」の三つである。火花点火モデルは，プラズマ反応も含めてモデル化し，着火遅れを計算できるようにする。火炎面モデルは，密度，温度，当量比，EGRによる化学種の組成を考慮した乱流燃焼速度で火炎面を移動させ，火炎位置や熱発生率を計算できるようにする。素反応モデルは，数百の化学種と，数千からなる素反応スキームをもとに，アレニウスの反応速度式を用いて，各メッシュ内で時々刻々変化する化学種の質量割合を計算していくといった非常に負荷が高い計算を行う。したがって，クラスタコンピュータによる並列計算は不可欠である。ノック計算の場合，重要なのはエンドガスゾーンの詳細な反応プロセスなので，図1.36の下の図のように，火炎が通り過ぎた領域は，計算負荷を下げるために総括反応で計算時間を短縮する

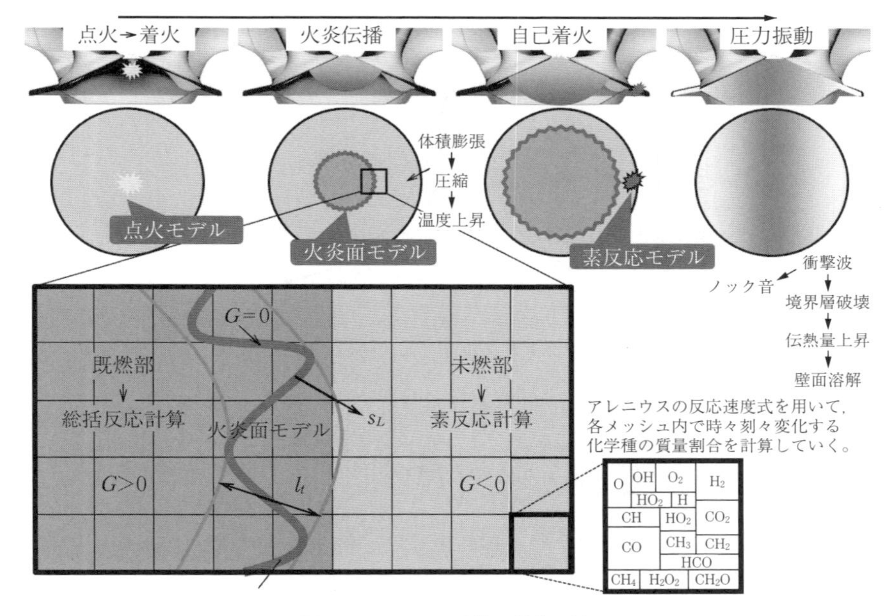

図 1.36　ノック計算の技術要素

ような工夫も行われている。

〔3〕 **SI ノッキングの検証**

図 1.37 に示されているように，ガソリンノックの検証を行った結果，ノックが発生するタイミングをクランク角度 1° 以内で予測できることが確認できている。ただし，これまで述べてきたように RANS を用いた場合，点火や火炎伝播の計算の同定作業を事前に行う必要がある。

〔4〕 **ノック計算の応用例**

本項では，ノック計算を使ってピストン形状を選定した例を示す。

図 1.38 に示すように，ベースエンジンに対して，吸気バルブ側と排気バルブ側のすきま高さを詰め，さらにピストン形状を変更し，点火タイミングを変化させてノックの発生有無を確認した。もちろん圧縮比は同じになるように調整する。その結果，ベース形状に対して，吸排気バルブ側のすきま高さを詰めてピストン形状を変化させたものは，ベース形状に比べ，同じ点火タイミング

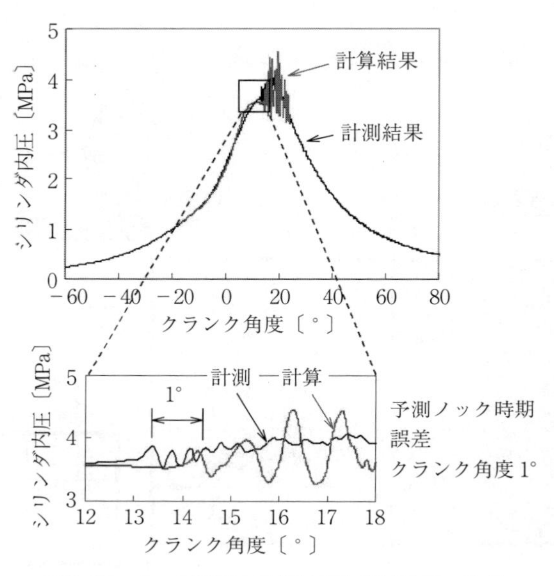

図 1.37　ノック時期の計算結果と計測結果の比較

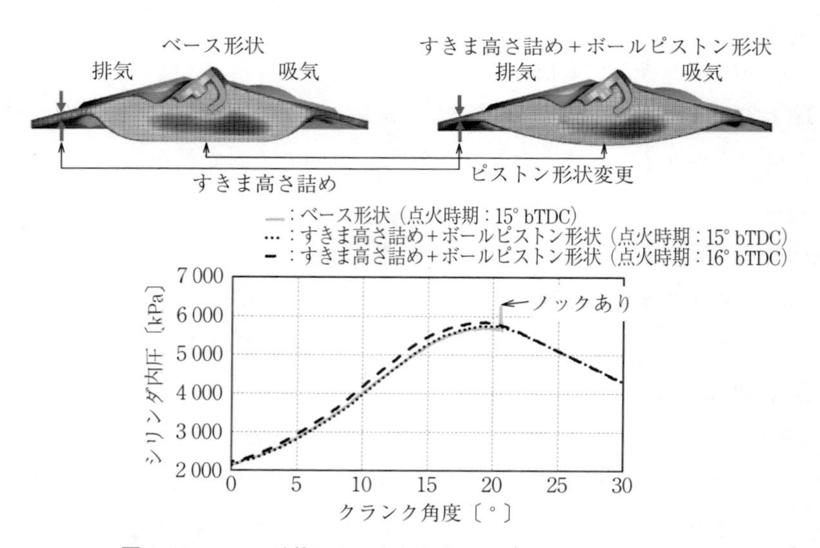

図 1.38　ノック計算によるすきま高さとピストン形状の検討

で，ノックしなくなることがわかり，実際には，クランク角度1°程度を点火進角できることが計算で予測された。

〔5〕 まとめ：燃焼計算で何を決めるか

シリンダ内流動計算，燃料噴霧計算に燃焼計算と反応計算を行って，ノック発生時期，ノック発生位置，排気ガス量を計算して，ピストントップ形状，燃焼室形状，点火時期を決める。

1.2.9 計　算　時　間

〔1〕 並 列 計 算

多くの諸元をつぎつぎと決めていく必要があるため，CAEの計算をエンジン開発で活用するには，計算時間の短縮化が重要である。以前は数十億円もするベクトルプロセッサを装備したコンピュータが使われていたが，**CPU**（central processing unit）の目覚ましい性能向上，ネットワーク通信の高速化，**PC**（personal computer）の普及によるCPUの価格低下などにより，現在はPC用のCPUを用いた**並列計算**（parallel computing）が主流となってきている。

並列計算もいくつかの手法があるが，例えば計算格子分割を使った手法の場合は，**図1.39**のように計算格子数が均等になるように領域分割し，CPUに割り当てる。領域ごとに計算して，その計算結果を隣接境界条件として隣り合った領域に受け渡す。データを受け渡している間は，CPUは計算処理をしてい

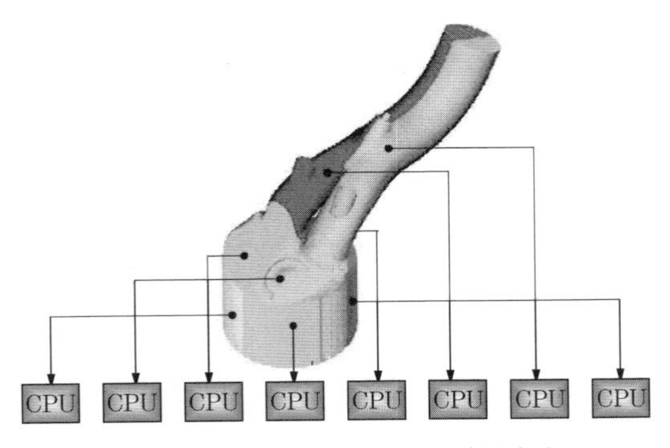

図1.39　領域分割とCPUへの割り振り

ないので，全処理時間はCPU上で純粋に計算をする時間と隣接境界条件を受け渡す通信時間の総和になる。この通信時間を少しでも短くするために，高速のネットワークが進化してきている。

CPU数すなわち並列数を増やしていくと，計算すべき内部の点に比べて領域間の隣接境界が占める割合が増え通信の時間が増加するために，CPUが計算していない時間が増えることになる。したがって，並列数を増やしても計算時間が短縮されない並列数の限界点が現れる。

また，計算の負荷が大きい領域と小さい領域がある場合，すなわち，**ロードバランス**（load balance）が均等でないと計算速度は上がらないので，各CPUが受け持つ計算を動的に変更する手法もしばしば用いられている。特に反応計算では有効である。

使用するCPUの数がN倍になれば計算時間も$1/N$になる，すなわち，スケール性能が得られることが理想であるが，上記の理由により必ずしもそうならないため，有効なCPUの数で計算を実施することが望ましい。

ここでは，並列計算手法の説明は概要にとどめるが，本書の7章では，並列化に対する専門的な説明や，GPU（graphics processing unit）など異なるコンピュータアーキテクチャに関する概要，さらに化学反応計算に関する詳細内容の説明を行う。

〔2〕 計算時間と作業工数

ポートおよび燃焼室のCADモデルが準備でき，燃料噴霧の計測データがすでにある場合，**表1.11**に示すとおり，開発においては，64並列程度の計算によって，前処理でほぼ2日，流動噴霧計算で1日，ノック計算で3日，の計算

表1.11　エンジンの流動，噴霧，燃焼，ノック計算ための工数と計算時間

<table>
<tr><td>CADデータの準備</td><td>吸排気1次元計算</td><td rowspan="2">メッシュ生成</td><td rowspan="2">流動噴霧計算</td><td rowspan="2">ノック計算</td><td rowspan="2">ポスト処理</td></tr>
<tr><td>噴霧データの準備</td><td>噴霧パラメータ</td></tr>
</table>

1　2　3　4　5　6　7　8　9
〔日〕

時間で運用しているのが一般的である。

1.2.10 本章のまとめ

本章においては，自動車の排出ガスの規制や燃費規制，およびそれをクリアできるようにするためのエンジンの開発プロセスや，そこで使われる計算手法や計測手法の概要について説明を行った。以下の章においては，最新の計算手法に対する詳細説明が行われるが，これらは，今後進化していくモデルのベースとなるものである。

コラム1

数学から機械工学に入って

私は大学と大学院で数学を学び，社会人になってからはエンジンという機械工学分野の仕事に就いた。最初に驚いたのは，本書でもそうだが，機械工学の本を読むと，空間が定義されていないのに，いきなり関数が使われていることであった。また，その関数もどのような制約や特性を持ったものかも示されずに，いきなり微分方程式が出てくる。空間を定義するとは，空間の点の集合を決めたり，専門的になってしまうが，空間の見方や関数の連続性を定義するための開集合（open set）を決めたりすることである。開集合が定義された空間は位相空間（topological space）と呼ばれる。さらに，位相空間上で距離を定義すれば，微分が定義でき，微分方程式を記述することができる。また，面積や体積を定義すると，積分が定義できる。直線座標系でなく曲面上やゆがんだ空間でも，これらの抽象化された概念を持ち込めば，連続関数や微分，積分が定義できる。ちなみに，一般的な位相空間での面積や体積を定義する理論は測度論（measure theory）と呼ばれ，コルモゴロフが確立した確率論は，この測度論の上で構築されている。測度論を通じて，乱流理論と確率論がつながっている。

通常想定されているのは，x，y，zの直交座標系のユークリッド空間（Euclid space）であり，上記の厳密な空間定義をしていなくても実用上問題はないが，心配しているのは，方程式の前提条件が明示されていないために，仮定を逸脱して使っていないかということである。数学では，何もないところから始め，すべての項目を定義し，そのうえで理論が展開されるのに対して，工学の場合は，暗黙の了解の上とか常識の範囲で話を進めていく場合がほとんどである。森羅万象を表現していると思われている物理の方程式も，ある制約条件のもとでモデル化されたものであるから，方程式をベースとしたシミュレーションを作った場合，前提条件を満足しない場合に方程式を使ってしまうと，計測値に合わないシミュレーションとなってしまう可能性がある。例えば，ナヴィエ・ストークス方程式は，流速に関しては空間的に二階微分を，圧力に関しては一階微分を使っているから，少なくとも関数自体は連続性を仮定しているため，空間的に不連続な現象に対しては，ナヴィエ・ストークス方程式を使ったシミュレーションは適用不可能である。

数学の定理は例外を認めない完璧主義なので，前提条件を逸脱すると定理は保証できないと主張するが，一方で，たいていの実現象に対しては使える可能性がある。この「たいていの実現象に対しては使える」という言葉は曖昧に聞こえるが，じつはこの言葉は，「ほとんどいたるところ」という言葉で数学的に厳密に定義されている。すなわち，面積（体積）がゼロとなる点集合の上で成立していなくても，そのほかで成立している場合は，「ほとんどいたるところ成立する」という言い方をする。ほとんどいたるところ成立する方程式を積分すると，成立しない点では面積がゼロなので被積分関数としては除外される形になるため，方程式が成立しない点を気にしないでよくなる。幸い，CFD の計算で非常によく使われている有限体積法は，積分形のナヴィエ・ストークス方程式を使っているため，不連続な点がいくつかあっても，方程式は空間全体で適用できる。当初は，方程式の前提条件を考えずに思い切った方程式の展開をしているように見えても，結果的には方程式の仮定を満足しているため，問題なく使うことができている。

2 熱・流動のモデリング

2.1 概　　　　要

自動車エンジンの燃焼解析を実施する際の最も困難な点の一つは，シリンダ内でバルブとピストンが動くため，時々刻々移動する壁面境界を取り扱わなければならない点である。従来の**物体適合格子**（body fitted grid）を使用する**計算流体力学**（computational fluid dynamics，**CFD**）ソフトウェアでは格子作成に数週間から数ヶ月を要する場合もあるといわれている。CFDシミュレーションをエンジン設計に活用するためには，この問題を解決する必要がある。このような状況のもと，格子作成作業の手間を最小化し，エンジン形状設計から計算開始までのリードタイムを短縮し，かつ移動境界を取り扱いやすい手法として，**等間隔直交格子**（Cartesian grid）**法**と**境界埋込み**（immersed boundary，**IB**）**法**[1),2)] を組み合わせた手法が注目されている。

エンジンサイクル中，シリンダ内の流れは低亜音速で，バルブ付近の狭窄部では流れがチョークする現象が発生する場合もある。また，吸排気脈動や**サイクル間変動**（cycle to cycle variation，**CCV**）を取り扱うためには，圧力波の伝播を精度よく計算することが求められる。これらのためには，作動流体の圧縮性を適切に数値シミュレーションに取り入れなければならず，そのためには支配方程式には完全な圧縮性流体方程式を用いることが必要である。また，支配方程式を離散化するための数値解法についても，作動流体の圧縮性を適切に再現できる手法を用いなければならない。

本章では，等間隔直交格子法と IB 法を使った圧縮性流体の熱・流動計算について説明する。

2.2 理　　　論

2.2.1 圧縮性流体方程式

圧力波の伝播，衝撃波の形成などを精度よく扱うために，支配方程式には**圧縮性ナヴィエ・ストークス（NS）方程式**（compressible Navier-Stokes equation）を用いることが必要である。反応性流体解析も取り扱う場合には，**質量保存式**（mass conservation equation），圧縮性 NS 方程式および化学種濃度の保存方程式が支配方程式となる。また，エンジン計算では，液体燃料噴霧との相互作用を取り入れる必要があるため，質量，運動量，エネルギー，化学種濃度の保存方程式に液相との干渉項が加えられる。

実際の流れには，最小渦のスケール（**コルモゴロフスケール**，Kolmogorov scale）から物体のスケールまでさまざまなスケールの**流動構造**（flow structure）が存在する。コンピュータの能力が向上した現在でも，エンジンシリンダ内に存在する流動構造の最小スケールをとらえる計算を実施することはできない。そこで，実スケール問題には，空間平均的な流れ場を再現する **LES**（large eddy simulation）あるいは時間平均的な流れ場を再現する RANS が用いられる。圧縮性流体の LES あるいは RANS による解析を行う際には，**ファーブル平均**（Farvre average）

$$\tilde{f}=\frac{\overline{\rho f}}{\overline{\rho}} \tag{2.1}$$

を用いて，空間フィルタリングあるいは時間平均操作を施された方程式が支配方程式となる。ここで，f は任意の変数，ρ は混合気の密度であり，「-」はアンサンブル平均，「~」はファーブル平均を表す。ただし，以下では簡単のために，平均量を示す上線は省略し，特に断りのないかぎり，LES の場合は格子で解像される **GS**（grid scale）成分，RANS の場合には時間平均量を表すものとする。

数値シミュレーションでは，偏微分方程式である支配方程式を離散化して数値的に偏微分を表現する。その際，流れ場に形成される**せん断層**（shear layer）などの**接触面**（contact surface）や**衝撃波**（shock wave）などを精度よく解像し，計算の保存性を保つためには離散化する支配方程式を**保存形**（conservation form）で書くことが有効である。保存形で書かれた支配方程式は以下のとおりである。

$$\frac{\partial Q}{\partial t}+\frac{\partial F_x}{\partial x}+\frac{\partial F_y}{\partial y}+\frac{\partial F_z}{\partial z}=\frac{\partial F_{vx}}{\partial x}+\frac{\partial F_{vy}}{\partial y}+\frac{\partial F_{vz}}{\partial z}+S \tag{2.2}$$

$$Q=\begin{pmatrix}\rho\\ \rho u\\ \rho v\\ \rho w\\ e\\ \rho Y_i\end{pmatrix},\quad F_x=\begin{pmatrix}\rho u\\ \rho u^2+p\\ \rho uv\\ \rho uw\\ (e+p)u\\ \rho Y_i u\end{pmatrix},\quad F_y=\begin{pmatrix}\rho v\\ \rho uv\\ \rho v^2+p\\ \rho vw\\ (e+p)v\\ \rho Y_i v\end{pmatrix},\quad F_z=\begin{pmatrix}\rho w\\ \rho uw\\ \rho vw\\ \rho w^2+p\\ (e+p)w\\ \rho Y_i w\end{pmatrix},$$

$$F_{vx}=\begin{pmatrix}0\\ \tau_{xx}\\ \tau_{xy}\\ \tau_{xz}\\ \beta_x\\ -\rho u_i^{diff}\end{pmatrix},\quad F_{vy}=\begin{pmatrix}0\\ \tau_{yx}\\ \tau_{yy}\\ \tau_{yz}\\ \beta_y\\ -\rho v_i^{diff}\end{pmatrix},\quad F_{vz}=\begin{pmatrix}0\\ \tau_{zx}\\ \tau_{zy}\\ \tau_{zz}\\ \beta_z\\ -\rho w_i^{diff}\end{pmatrix},\quad S=\begin{pmatrix}s_\rho\\ s_u\\ s_v\\ s_w\\ s_e\\ \omega_i+s_i\end{pmatrix} \tag{2.3}$$

ここで，Qは保存量ベクトル，Fは非粘性流束ベクトル，F_vは粘性流束ベクトル，Sは化学反応および液相との相互作用による生成項ベクトルである。u，v，wはそれぞれx，y，z方向の速度，Y_iは化学種iの質量分率，ω_iは化学種iの反応生成速度，s_ρ，s_u，s_v，s_w，s_e，s_iはそれぞれ液相の蒸発による密度変化，液相から与えられるx，y，z方向の運動量，液相から与えられるエネルギー，液相の蒸発による化学種iの生成速度である。それぞれの項については3章を参照のこと。pは圧力であり，**理想混合気体**（ideal gas mixture）の**状態方程式**（equation of state）

$$p=\rho R_u T\sum_i \frac{Y_i}{M_i} \tag{2.4}$$

によって与えられる。ここで，R_u は**普遍ガス定数**（universal gas constant），M_i は化学種 i の**モル質量**（molar weight）である。e は単位体積当りの**全エネルギー**（total energy）であり

$$e=\sum_i \rho Y_i H_i(T)-p+\frac{1}{2}\rho(u^2+v^2+w^2) \tag{2.5}$$

である。ここで，$H_i(T)$ は温度 T における化学種 i の単位質量当りの**エンタルピー**（enthalpy）である。

粘性流束の各項は，**ニュートン流体**（Newtonian fluid）を仮定して以下のとおり与えられる。

$$\begin{aligned}
\tau_{xx}&=(\mu+\mu_t)\left[2\frac{\partial u}{\partial x}-\frac{2}{3}\left(\frac{\partial u}{\partial x}+\frac{\partial v}{\partial y}+\frac{\partial w}{\partial z}\right)\right],\\
\tau_{yy}&=(\mu+\mu_t)\left[2\frac{\partial v}{\partial y}-\frac{2}{3}\left(\frac{\partial u}{\partial x}+\frac{\partial v}{\partial y}+\frac{\partial w}{\partial z}\right)\right],\\
\tau_{zz}&=(\mu+\mu_t)\left[2\frac{\partial w}{\partial z}-\frac{2}{3}\left(\frac{\partial u}{\partial x}+\frac{\partial v}{\partial y}+\frac{\partial w}{\partial z}\right)\right]
\end{aligned} \tag{2.6}$$

$$\begin{aligned}
\tau_{xy}&=\tau_{yx}=(\mu+\mu_t)\left(\frac{\partial u}{\partial y}+\frac{\partial v}{\partial x}\right),\\
\tau_{xz}&=\tau_{zx}=(\mu+\mu_t)\left(\frac{\partial u}{\partial z}+\frac{\partial w}{\partial x}\right),\\
\tau_{yz}&=\tau_{zy}=(\mu+\mu_t)\left(\frac{\partial w}{\partial y}+\frac{\partial v}{\partial z}\right)
\end{aligned} \tag{2.7}$$

$$\begin{aligned}
\beta_x&=u\tau_{xx}+v\tau_{xy}+w\tau_{xz}+(\lambda+\lambda_t)\frac{\partial T}{\partial x}-\rho\sum_i Y_i H_i u_i^{diff},\\
\beta_y&=u\tau_{yx}+v\tau_{yy}+w\tau_{yz}+(\lambda+\lambda_t)\frac{\partial T}{\partial y}-\rho\sum_i Y_i H_i v_i^{diff},\\
\beta_z&=u\tau_{zx}+v\tau_{zy}+w\tau_{zz}+(\lambda+\lambda_t)\frac{\partial T}{\partial z}-\rho\sum_i Y_i H_i w_i^{diff}
\end{aligned} \tag{2.8}$$

ここで，μ は**分子粘性係数**（molecular viscosity coefficient），λ は**分子熱伝導係数**（molecular thermal conductivity coefficient）である。空間フィルタリン

グ，あるいは時間平均操作によって現れる**SGS応力**（SGS stress），あるいは**レイノルズ応力**（Reynolds stress）などの項（2.2.2項参照）については，勾配拡散型で表現できるとして，下付き添え字tの付いた乱流輸送係数を用いて方程式に追加されており，μ_tおよびλ_tがそれぞれ**乱流粘性係数**（tubulent viscosity coefficient）および**乱流熱伝導係数**（turbulent thermal conductivity coefficient）である。u_i^{diff}，v_i^{diff}，w_i^{diff}は化学種iのx，y，z方向の**拡散速度**（diffusion velocity）であり，例えば，拡散速度にFickの法則を適用すると

$$u_i^{diff} = -(D_i + D_{it})\frac{\partial Y_i}{\partial x},$$

$$v_i^{diff} = -(D_i + D_{it})\frac{\partial Y_i}{\partial y},$$

$$w_i^{diff} = -(D_i + D_{it})\frac{\partial Y_i}{\partial z} \qquad (2.9)$$

と表現される。ここで，D_iは化学種iの**拡散係数**（diffusion coefficient）である。μ_tを後述の乱流モデルから求め，**乱流プラントル数**（turbulent Prandtl number）および**乱流シュミット数**（turbulent Schmidt number）を用いて，λ_tおよびD_{it}を算出する手法がしばしば用いられる。

2.2.2 乱 流 モ デ ル

LESおよびRANS解析に必要なSGS応力モデル，レイノルズ応力モデルを以下に紹介する。

〔1〕 LESにおけるSGS応力モデル

LES解析用SGS応力モデルの代表的なモデルは，**標準スマゴリンスキーモデル**（standard Smagorinsky model）[3]である。標準スマゴリンスキーモデルでは，**SGS粘性係数**（SGS viscosity coefficient）は

$$\mu_t = \rho(C_s\Delta)^2\sqrt{2\,S_{ij}S_{ij}} \qquad (2.10)$$

で与えられる。ここで，S_{ij}は**速度ひずみテンソル**（velocity strain tensor）であり

$$S_{ij}=\frac{1}{2}\left(\frac{\partial u_i}{\partial x_j}+\frac{\partial u_j}{\partial x_i}\right) \tag{2.11}$$

である。ここで，Δ はセルサイズ，C_sは**スマゴリンスキー定数**（Smagorinsky constant）と呼ばれる経験的なモデル定数であり，一様等方性乱流では 0.2 程度，自由せん断流では 0.15 程度，チャネル流では 0.1 程度の値が用いられている。一定の C_sでは壁近くの流を表現することが難しく，SGS 粘性係数が過大に評価されることがわかっているため，壁近傍では SGS 粘性係数に **van Driest 型の減衰関数**（van Driest-style dumping function）$D=1-\exp(-y^+/A^+)$ を乗じて用いられる。A^+には経験的に 25 が用いられている。

C_sを係数として動的に与える**動的スマゴリンスキーモデル**（dynamic Smagorinsky model）も提案されている[4)〜6)]。計算に用いるセルサイズよりも大きなテストフィルタで再度フィルタリングした場合も同じ C_sで記述できるという仮定のもと，C_sが動的な係数として求められる。標準スマゴリンスキーモデルよりも幅広い流れ場に対して適用可能といわれており，原理的には減衰関数の併用も不要である。ただし，動的に得られる C_sは必ずしも正値ではなく，負の拡散の計算を行う場合には数値的な不安定性が起きる可能性がある。

壁近傍で減衰関数を必要としない SGS 応力モデルに **WALE**（wall adapting local eddy-viscosity）**モデル**（WALE model）[7)] がある。WALE モデルでは，SGS 粘性係数が壁からの距離の 3 乗に漸近するように設計されており，十分解像度の高い計算格子を用いることができる場合には，壁近傍で自然に SGS 粘性係数が減衰し減衰関数を用いる必要がない。

WALE モデルでは，SGS 粘性係数は式 (2.12) で与えられる。

$$\mu_t=\rho(C_w\Delta)^2\frac{(S_{ij}{}^dS_{ij}{}^d)^{3/2}}{(S_{ij}S_{ij})^{5/2}+(S_{ij}{}^dS_{ij}{}^d)^{5/4}} \tag{2.12}$$

ここで

$$S_{ij}{}^dS_{ij}{}^d=\frac{1}{6}(S^2S^2+\Omega^2\Omega^2)+\frac{2}{3}S^2\Omega^2+2\,IV_{S\Omega},$$

$$S^2=S_{ij}S_{ij},\quad \Omega^2=\Omega_{ij}\Omega_{ij},\quad IV_{S\Omega}=S_{ij}S_{ij}\Omega_{ij}\Omega_{ij}$$

である。Ω_{ij} は**渦度テンソル**（vorticity tensor）であり

$$\Omega_{ij}=\frac{1}{2}\left(\frac{\partial u_i}{\partial x_j}-\frac{\partial u_j}{\partial x_i}\right) \tag{2.13}$$

である。C_w は WALE モデル用のモデル定数であり，$C_w{}^2=10.6\,C_S{}^2$ が経験的に推奨されている[7)]。

〔2〕 **RANS における渦粘性モデル**

RANS では，レイノルズ応力の**渦粘性**（eddy viscosity）**近似**は式 (2.14) で与えられる。

$$\tau_{ij}=\mu_t\left(2\,S_{ij}-\frac{2}{3}\frac{\partial u_k}{\partial x_k}\delta_{ij}\right)-\frac{2}{3}\rho k\delta_{ij} \tag{2.14}$$

ここで，μ_t は**渦粘性係数**（eddy viscosity coefficient），k は乱流エネルギー，δ_{ij} はクロネッカーのデルタである。式 (2.14) 中の μ_t と k を求めるための高レイノルズ数型 2 方程式乱流モデルの代表的なものについて以下に説明する。

（1） **標準 k-ε モデル**　　標準 k-ε モデル[8)]では，乱流エネルギー k およびその**乱流消散率**（turbulent dissipation rate）ε を以下のモデル方程式を解くことによって得る。

$$\frac{\partial(\rho k)}{\partial t}+\frac{\partial(\rho u_j k)}{\partial x_j}=\frac{\partial}{\partial x_j}\left[\left(\mu+\frac{\mu_t}{\sigma_k}\right)\frac{\partial k}{\partial x_j}\right]+P-\rho\varepsilon \tag{2.15}$$

$$\frac{\partial(\rho\varepsilon)}{\partial t}+\frac{\partial(\rho u_j\varepsilon)}{\partial x_j}=\frac{\partial}{\partial x_j}\left[\left(\mu+\frac{\mu_t}{\sigma_\varepsilon}\right)\frac{\partial\varepsilon}{\partial x_j}\right]+\frac{C_{\varepsilon1}P-C_{\varepsilon2}\rho\varepsilon}{T} \tag{2.16}$$

ここで，P は**乱流エネルギー生成項**（turbulent energy production term）であり

$$P=\mu_t S^2 \tag{2.17}$$

で与えられる。また，$T=k/\varepsilon$ である。モデル定数 σ_k，σ_ε，$C_{\varepsilon1}$，$C_{\varepsilon2}$ の代表的な値は，それぞれ，1.0，1.3，1.44，1.92 である。

渦粘性係数 μ_t は式 (2.18) により与えられる。

$$\mu_t=\rho C_\mu\frac{k^2}{\varepsilon} \tag{2.18}$$

ここで，C_μ はモデル定数であり，0.02 程度の値が用いられる。標準 k-ε モデルは乱れの等方性を仮定しているため，複雑流れや剥離に関する予測が困難

である。特に回転する流れ場，よどみ点などの領域での予測精度に課題があるいわれている。また，平均流速が0となるよどみ点では計算が不安定になることがあるため，修正[9),10)]を加えて使用されることが多い。

（2） **RNG k-ε モデル**　RNG k-ε モデル[11)]は，繰込み理論を用いて構築されたモデルであり，乱流エネルギー k およびその消散率 ε を下記のモデル方程式を解くことによって得る。ε の輸送方程式に，主流のひずみ効果を表す項が付加されている点が特徴の一つである。

$$\frac{\partial(\rho k)}{\partial t}+\frac{\partial(\rho u_j k)}{\partial x_j}=\frac{\partial}{\partial x_j}\left[\left(\mu+\frac{\mu_t}{\sigma_k}\right)\frac{\partial k}{\partial x_j}\right]+P-\rho\varepsilon \tag{2.19}$$

$$\frac{\partial(\rho\varepsilon)}{\partial t}+\frac{\partial(\rho u_j \varepsilon)}{\partial x_j}=\frac{\partial}{\partial x_j}\left[\left(\mu+\frac{\mu_t}{\sigma_\varepsilon}\right)\frac{\partial \varepsilon}{\partial x_j}\right]+\frac{C_{\varepsilon 1}P-C_{\varepsilon 2}{}^{*}\rho\varepsilon}{T} \tag{2.20}$$

ここで

$$\mu_t=\rho C_\mu\frac{k^2}{\varepsilon},\quad P=\mu_t S^2,\quad S=\sqrt{2S_{ij}S_{ij}},\quad T=\frac{k}{\varepsilon},$$

$$C_{\varepsilon 2}{}^{*}=C_{\varepsilon 2}+\frac{C_\mu\eta^3(1-\eta/\eta_0)}{1+\beta\eta^3},\quad \eta=S\frac{k}{\varepsilon}$$

である。モデル定数 C_μ，$C_{\varepsilon 1}$，$C_{\varepsilon 2}$，σ_k，σ_ε，β，η_0 は，それぞれ，0.084 5，1.48，1.68，0.719，0.719，0.012，4.38 である。

（3） **Realizable k-ε モデル**　Realizable k-ε モデル[12)]では，乱流エネルギー k およびその消散率 ε を下記のモデル方程式を解くことによって得る。

$$\frac{\partial(\rho k)}{\partial t}+\frac{\partial(\rho u_j k)}{\partial x_j}=\frac{\partial}{\partial x_j}\left[\left(\mu+\frac{\mu_t}{\sigma_k}\right)\frac{\partial k}{\partial x_j}\right]+P-\rho\varepsilon \tag{2.21}$$

$$\frac{\partial(\rho\varepsilon)}{\partial t}+\frac{\partial(\rho u_j \varepsilon)}{\partial x_j}=\frac{\partial}{\partial x_j}\left[\left(\mu+\frac{\mu_t}{\sigma_\varepsilon}\right)\frac{\partial \varepsilon}{\partial x_j}\right]+\rho C_1 S\varepsilon-\rho C_2\frac{\varepsilon^2}{k+\sqrt{\nu\varepsilon}} \tag{2.22}$$

ここで

$$\mu_t=\rho C_\mu'\frac{k^2}{\varepsilon},\quad C_\mu'=\frac{1}{A_0+A_s k U^*/\varepsilon},\quad U^*=\sqrt{S_{ij}S_{ij}+\Omega_{ij}\Omega_{ij}},$$

$$P=\mu_t S^2,\quad S=\sqrt{2S_{ij}S_{ij}},\quad C_1=\max\left(0.43,\ \frac{\eta}{\eta+5}\right),\quad \eta=S\frac{k}{\varepsilon}$$

であり，モデル定数 σ_k，σ_ε，C_2，A_0 はそれぞれ，1.0，1.2，1.9，4.0 である。

このモデルでは，標準 k-ε モデルの，大きなひずみ速度が存在した場合に垂直応力が負の値を取りうる，という理論的不整合を修正するために，標準 k-ε におけるモデル定数 C_μ が，平均ひずみ速度の効果を反映させた係数 C_μ' に置き換えられている。また，標準 k-ω モデルでの渦粘性係数の過大評価を修正するために，大きな渦から小さな渦への統計的なエネルギー輸送効果が ε の輸送方程式に組み込まれ，さらに輸送方程式のロバスト性の向上も図られている。

（4）**k-ω モデル**　Wilcox（2006）k-ω モデル[13]では，乱流エネルギー k と $\omega(=k/\varepsilon)$ を下記のモデル方程式を解くことにより得る。

$$\frac{\partial(\rho k)}{\partial t}+\frac{\partial(\rho u_j k)}{\partial x_j}=\frac{\partial}{\partial x_j}\left[\left(\mu+\sigma_k\frac{\rho k}{\omega}\right)\frac{\partial k}{\partial x_j}\right]+P-\beta^*\rho\omega k \tag{2.23}$$

$$\frac{\partial(\rho\omega)}{\partial t}+\frac{\partial(\rho u_j\omega)}{\partial x_j}=\frac{\partial}{\partial x_j}\left[\left(\mu+\sigma_\omega\frac{\rho k}{\omega}\right)\frac{\partial \omega}{\partial x_j}\right]+\frac{\gamma\omega}{k}P-\beta\rho\omega^2+\frac{\rho\sigma_d}{\omega}\frac{\partial k}{\partial x_j}\frac{\partial \omega}{\partial x_j} \tag{2.24}$$

ここで

$$P=\mu_t S^2,\quad \mu_t=\frac{\rho k}{\hat{\omega}},\quad S=\sqrt{2\,S_{ij}S_{ij}},\quad \hat{\omega}=\max\left(\omega,\ C_{lim}\sqrt{\frac{2\,\bar{S}_{ij}\bar{S}_{ij}}{\beta^*}}\right),$$

$$\overline{S_{ij}}=S_{ij}-\frac{1}{3}\frac{\partial u_k}{\partial x_k}\delta_{ij},\quad \beta=\beta_0 f_\beta,\quad f_\beta=\frac{1+85\chi_\omega}{1+100\chi_\omega},\quad \chi_\omega=\left|\frac{\Omega_{ij}\Omega_{jk}\hat{S}_{ki}}{(\beta^*\omega)^3}\right|,$$

$$\hat{S}_{ki}=S_{ki}-\frac{1}{2}\frac{\partial u_m}{\partial x_m}\delta_{ij},\quad \Omega_{ij}=\frac{1}{2}\left(\frac{\partial u_t}{\partial x_j}-\frac{\partial u_j}{\partial x_i}\right),$$

$$\sigma_d=\begin{cases}0, & \dfrac{\partial k}{\partial x_j}\dfrac{\partial \omega}{\partial x_j}\leqq 0\\[2ex] \dfrac{1}{8}, & \dfrac{\partial k}{\partial x_j}\dfrac{\partial \omega}{\partial x_j}>0\end{cases}$$

である。σ_κ，σ_ω，β^*，β_0，γ および C_{lim} はモデル定数であり，それぞれ，0.6，0.5，0.09，0.0708，13/25 および 7/8 が用いられる。

モデルの特徴としては，剥離流れの予測度が k-ε モデルより優れている一方で，ω が一様流の影響を受けやすいため自由せん断流れに弱いとされている。

（5） **SSTモデル**　Menter SST（Menter shear stress transport）（2003）モデル[14]では，壁面近傍では k-ω モデルを使用し，壁面から離れた領域では k-ε モデルに切り替える。そのモデル方程式は下記である。

$$\frac{\partial(\rho k)}{\partial t}+\frac{\partial(\rho u_j k)}{\partial x_j}=\frac{\partial}{\partial x_j}\left[(\mu+\sigma_k\mu_t)\frac{\partial k}{\partial x_j}\right]+P-\beta^*\rho\omega k \tag{2.25}$$

$$\frac{\partial(\rho\omega)}{\partial t}+\frac{\partial(\rho u_j\omega)}{\partial x_j}=\frac{\partial}{\partial x_j}\left[(\mu+\sigma_\omega\mu_t)\frac{\partial\omega}{\partial x_j}\right]+\frac{\gamma}{\nu_t}P-\beta\rho\omega^2+2(1-F_1)\frac{\rho\sigma_{\omega 2}}{\omega}\frac{\partial k}{\partial x_j}\frac{\partial\omega}{\partial x_j} \tag{2.26}$$

ここで

$$\mu_t=\frac{\rho a_1 k}{\max(a_1\omega,\ SF_2)},\quad S=\sqrt{2S_{ij}S_{ij}},\quad S_{ij}=\frac{1}{2}\left(\frac{\partial u_i}{\partial x_j}+\frac{\partial u_j}{\partial x_i}\right),$$

$$F_2=\tanh(\arg_2{}^2),\quad \arg_2=\max\left(2\frac{\sqrt{k}}{\beta^*\omega d},\ \frac{500\nu}{d^2\omega}\right),$$

$$P=\mu_t S^2,\quad \beta=0.075F_1+0.0828(1-F_1),\quad \chi=0.55F_1+0.44(1-F_1)$$

であり，k-ω モデルと k-ε モデルをつなぐ**混合関数**（blending function）F_1 は

$$F_1=\tanh(\arg_1{}^4),\quad \arg_1=\min\left(\frac{500\nu}{d^2\omega},\ \frac{4\rho\sigma_{\omega 2}k}{CD_{k\omega}d^2}\right),$$

$$CD_{k\omega}=\max\left(2\frac{\rho\sigma_{\omega 2}}{\omega}\frac{\partial k}{\partial x_j}\frac{\partial\omega}{\partial x_j},\ 10^{-20}\right)$$

で与えられる。F_1 が1のとき k-ω モデル，0のとき k-ε モデルに帰着する。d は壁からの距離，ν は動粘性係数である。a_1，β^*，$\sigma_{\omega 2}$ はモデル定数であり，それぞれ，0.31，0.09，0.856である。

せん断力の輸送効果が導入されており，また，せん断応力リミッタの導入により，よどみ点付近での乱れの生成が抑制されるため，逆圧力勾配での流れの精度が向上しているといわれている。

2.2.3 境界埋込み法

エンジンの吸排気系，燃焼室の形状は複雑なため，物体適合格子を作成するまでに多大なコストを要してきた。計算格子作成時間を最小化し，移動境界の

取扱いを容易にする方法として，物体適合格子を用いずに直交格子を用い，物体表面と交差するセルに境界条件を適切に埋め込む境界埋込み（IB）法[1)]の適用が試みられている。ここでは，境界への埋込み手法の例，およびこの手法を適用するために必要な物体形状定義方法について説明する。

〔1〕 埋込み方法

もともとIB法は，昆虫まわりの流れなど非常に低いレイノルズ数流れ用に考案された手法であり，物体境界を段状に表現した場合にも，滑らかな流れ場を与えるための外力項が支配方程式に加えられていた。この手法を高レイノルズ数流れに適用すると，外力項が解を劣化させる場合があるといわれており，近年，高レイノルズ数流れにIB法を適用する手法としてghost-cell finite-difference approach[2)]が用いられている。このアプローチを用いたIB法の一例について，**図2.1**を用いて以下に紹介する。図中，黒色の太線が物体表面，白いセルが流体セル，黒いセルが物体セル，灰色のセルがIBセルである。IBセル中心から物体表面法線方向にプローブを伸ばし，適切な流体セルに達した点を参照点（PR）とし，その点の情報からIBセル中心に適切な物理量を埋め込む。格子解像度が十分に高い場合には線形外挿，そうでない場合には後で述べる壁モデルの考え方を用いてIBセル中心での値を決定する[15)]。基本的な考え方としては，粘性項，拡散項の計算をした際にIBセルと流体セルの境界（図

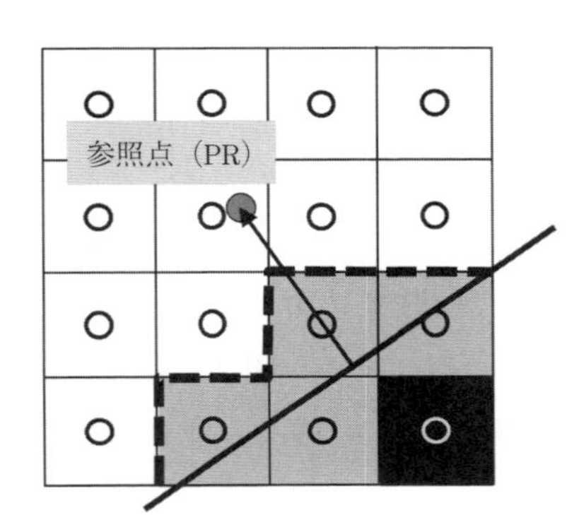

図2.1　IB法の一例
（ghost-cell finite-difference approach）

中の黒色の破線）を通過する粘性流束に，温度や熱の壁モデルから与えられるせん断応力や熱流束が反映されるようにIBセル中心の物理量を与える。例えば，速度壁モデルで算出される壁面応力が τ_w である場合には，速度壁面平行成分 u_w の勾配が，プローブ点とIBセル中心との間で $\partial u_w/\partial n = -\tau_w/(\mu+\mu_t)$ となるようにIBセル中心に速度を埋め込み，また，温度壁モデルから算出される壁面熱流束が Q_w であった場合，プローブ点とIBセル中心との間の温度勾配が $\partial T/\partial n = -Q_w/(\lambda+\lambda_t)$ となるようにIBセル中心に温度を埋め込む。ただし，n は流体側向きを正とする壁面垂直方向単位ベクトルである。なお，IBセル中心への埋込み方法については研究段階にあり任意性もある。以上に示す手法は，必ずしも一般的な手法ではなく一例であることに注意されたい。

〔2〕 物体形状定義

IB法を用いるためには，物体形状を等間隔直交格子上で定義する必要がある。以下では，**STL**（stereolithography）**データ**（三角形ポリゴン（ファセット）の集まり）で与えられる物体形状の定義方法について説明する。

IB法を用いるために，まず，全計算セルを流体セル，物体セル，IBセルに分類する。セルの6頂点すべてが物体外側にあれば流体セル，すべてが物体内部にあれば物体セル，それ以外のセルはIBセルということになる。内外判定の手法としては，判定する点から物体の十分外側まで線を伸ばし，その線と物体表面との交差回数の偶奇によって判断する方法が使われることが多いが，物体形状データにすきまがある場合などには，誤判定が起きることもある。ここでは，より確実な内外判定が可能な長島の方法[16]を紹介する。この方法では，判定する頂点のまわりに単位半径の球を仮定し，物体表面をその球面上に投影する。理論的には，頂点が物体内部にあれば投影面積が 4π，物体外部にあれば0となることを利用する手法である（**図2.2**）。実用的には 2π より大きいか小さいかを判断すれば問題ないようであり，物体形状データに多少のすきまがあっても正しい内外判断ができるためロバスト性は高い。

IBセルと判定されたセルについては，STLファセットとの交差判定を行い，交差するファセットの情報を使って，IBセルを代表する物体表面法線ベクト

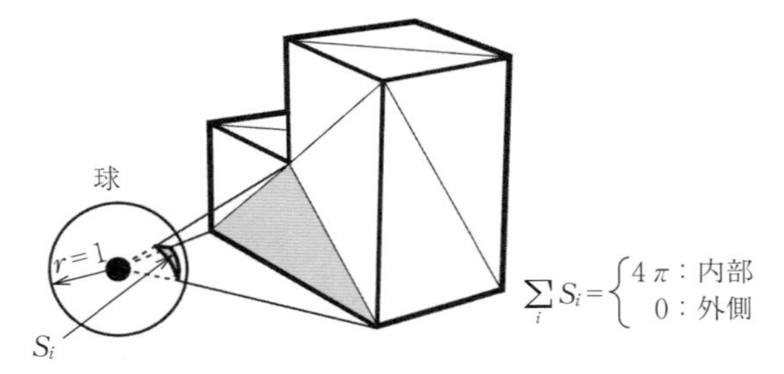

図 2.2　長島の内外判定法[16)]

ルおよびIBセル中心から物体表面に下した法線ベクトルの足を算出する。IBセルに複数のSTLファセットが交差する場合のIB情報の決定法には，任意性があり，例えば，交差するファセットのセル内の面積で重みをかけるなどの方法が考えられる。

以上の過程を自動化することができれば，ユーザはセルサイズとSTLデータを与えさえすれば，計算を開始することができる。例えば，**図 2.3**（a）のSTLデータでエンジン形状を与えると，自動的に流体セル（淡色）とIBセル（濃色）と物体セルの分類が行われる（図（b））。IB情報が自動的に得られるので，格子生成過程を経ずにSTL形状からただちに数値シミュレーション（図（c））を開始することが可能となる。

バルブやピストンなどの移動境界に対しても，同じ手法でIB情報を設定することができる。ただし，移動境界を伴う計算では，時間ステップごとに上記

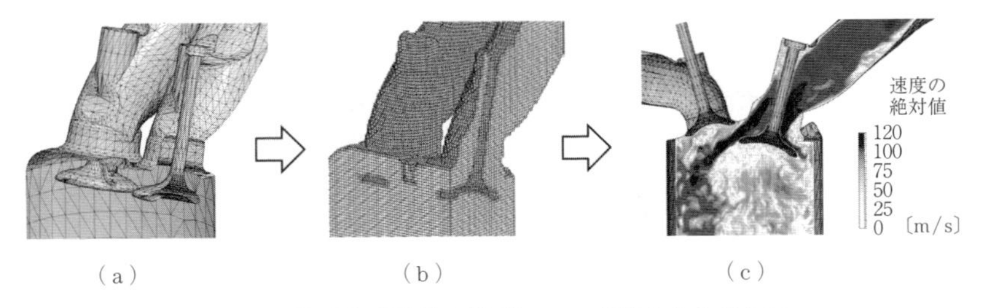

図 2.3　格子生成過程を経ずにSTL形状からただちに数値シミュレーションを開始する際の概念図〔JAXA提供〕

のIB情報の設定を行う必要があるため，セル頂点の物体内外判定，およびセルとSTLファセットの交差判定を効率的に高速に実施することが重要となる。

2.2.4　壁近傍の熱・流動モデル

エンジンシリンダ内の乱流場をRANSまたはLESの各種乱流モデルで解析する場合，速度場，温度場ともに壁面の境界条件を適切に設定する必要がある。本項では，従来の壁法則と，近年壁法則に代わって提案された解析的壁関数について紹介する。

〔1〕 壁　法　則

まずは速度場について考える。粘性流体の壁面上の流速 $(u,\ v,\ w)_{wall}$ は粘着条件から，壁面の速度 $(U,\ V,\ W)_{wall}$ と同じ

$$(u,\ v,\ w)_{wall}=(U,\ V,\ W)_{wall} \tag{2.27}$$

である。**レイノルズ数**（Reynolds number）が小さい層流場では，例えば，平行平板間**ポアズイユ流れ**や管径が，一定の円管内の**ハーゲンポアズイユ流れ**の速度分布は，境界条件（2.27）のもとで放物線となる定常解が得られる。一方，乱流場においても，瞬時流速に対する境界条件は式(2.27)であり，**直接数値シミュレーション**（direct numerical simulation，**DNS**）では，この境界条件を用いるが，RANSでは瞬時流速に時間平均（レイノルズ平均）を施した流速 $\overline{u}$，およびLESでは，空間フィルタリングを施した流速 $\tilde{u}$ を変数として用いる。したがって，乱流モデルを用いるシミュレーションでは，これらの変数に対応した境界条件を考慮する必要がある。

例えば，半径 R の滑らかな円管内で，y を円管壁面からの距離とし円管壁面で $y=0$，円管中心で $y=R$，管軸方向速度を $\overline{u}$ と定義すると，十分発達した乱流では**壁面せん断応力**（wall shear stress）

$$\tau_W=\mu\left.\frac{\partial\overline{u}}{\partial y}\right|_{y=0} \tag{2.28}$$

および**壁座標**（wall coordinate）y^+ と**壁面摩擦速度**（wall friction velocity）u_τ

$$y^+ = \frac{\rho u_\tau y}{\mu} = \frac{u_\tau y}{\nu}, \qquad u_\tau = \sqrt{\frac{\tau_W}{\rho}} \tag{2.29}$$

を用いて，u_τ で無次元化した速度分布が下記の式で表されることがわかっている。

$$u^+ \equiv \frac{\overline{u}}{u_\tau} = \begin{cases} y^+, & y^+ < 3 \approx 5 \\ \dfrac{1}{K} \ln y^+ + B, & y^+ > 70 \end{cases} \tag{2.30}$$

ここで，μ，ν はそれぞれ粘度，動粘度である。また，K は**カルマン定数**と呼ばれ，滑らかな円管でレイノルズ数 $Re > 10^4$ の十分発達した乱流では，$K = 0.4187$，$B = 5.5$ であることが知られている。

$y^+ < 3 \sim 5$ の壁面に非常に近い領域は粘性の影響が強く，流速も遅い層流に近い状態となっており**粘性底層**と呼ばれている。この領域では，レイノルズ平均流速は距離 y に比例する直線となる。

一方，$y^+ > 70$ の**乱流層**の領域は，無次元速度が壁座標の対数で表せる**壁法則**（law of the wall）または**対数法則**（log-law）が成り立つことから**対数領域**と呼ばれており，粘性底層と対数領域を結ぶ領域を**遷移層**または**バッファ層**と呼ぶ。バッファ層の無次元速度 u^+ は，実験式 (2.31) が提案されている[17]。

$$\frac{1}{(u^+)^2} = \frac{1}{(y^+)^2} + \frac{0.030}{[2.303 \ln(9.05y^+)]^2}, \quad u^+ = 5.0 \ln y^+ - 3.05 \tag{2.31}$$

式 (2.30) の対数領域の関係式は壁関数と呼ばれており，広い範囲のレイノルズ数で成り立つことがわかっている（**図 2.4**）。

また，一様流中に平行に置かれた平板においても，平板先端から速度境界層が生じ，下流では速度境界層が**層流境界層**（laminar boundary layer）から**乱流境界層**（turbulent boundary layer）に遷移，速度境界層の厚さ δ も増加するが，その乱流境界層内においても，壁面近傍では粘性の効果が大きい粘性底層が生成される。しかし，例えば平板先端からの距離を x（平板先端で $x=0$）として，局所レイノルズ数

$$Re_x \equiv \frac{\rho U x}{\mu} \tag{2.32}$$

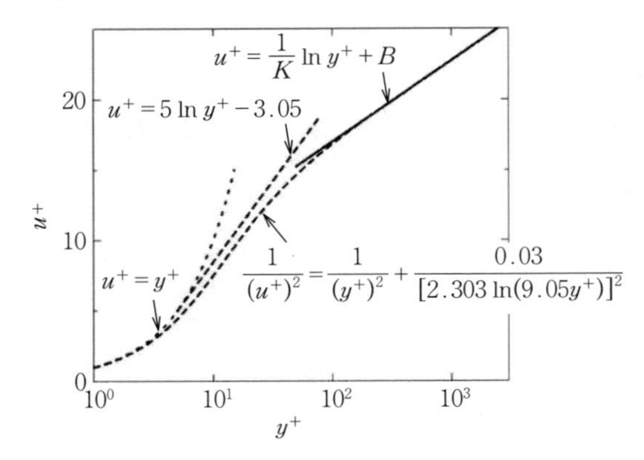

図 2.4　滑らかな円管内の速度分布式 (2.30)，(2.31)

を定義すると，乱流に遷移した後の乱流境界層厚さ δ は

$$\delta(x) = \frac{0.37x}{Re_x^{\ 1/5}} \tag{2.33}$$

となることがわかっており[18]，レイノルズ数の増加に伴い，境界層の厚さは非常に薄くなることが想定される。そのため，特に 3 次元計算では粘性底層まで解像できる細かい計算格子サイズ Δ の設定も困難となり，実際の**境界層厚さ**（boundary layer thickness）δ に対する格子解像度が $\Delta \gg \delta$ となることも想定される。比較的レイノルズ数が低い乱流場の直接数値シミュレーション（DNS）においても，式 (2.27) の境界条件を用いるが，レイノルズ数が大きい流れ場では実質厚さが格子サイズ Δ のオーダの境界層を扱うことになり，RANS および LES においては適切な境界条件で解いているとはいえない。

その問題を解決する方法の一つに，式 (2.30) の壁関数を用いる方法がある。壁面から 1 格子目の格子点の座標を y_1（$=\Delta$）とし，この格子点での流速が対数則

$$u_1^{\ +} \equiv \frac{\overline{u}_1}{u_\tau} = \frac{1}{K}\ln\frac{u_\tau y_1}{\nu} + B \tag{2.34}$$

を満たしているとする。y_1 が実際に対数領域内にあるとすると，壁面せん断速度 u_τ がわかれば 1 格子目の流速 $\overline{u}_1$ も得られる。一方，通常壁面せん断速度は流れ場に応じて決まることが多く，ある時刻の 1 格子目の $\overline{u}_1$ が与えられた

ときに，式 (2.34) から得られる u_τ の方程式

$$F(u_\tau)=\frac{u_\tau}{K}\ln\frac{u_\tau y_1}{\nu}+Bu_\tau-\overline{u}_1=0 \tag{2.35}$$

をニュートン法などの反復法を用いて解き，求めた u_τ と式（2.28）からレイノルズ平均速度場における壁面上の法線方向勾配を求めることができる。

壁関数を用いる方法は，境界層の解像が不十分で大きい格子サイズの場合でも，速度場に対して壁面境界条件が得られ，壁面近傍の格子数も低減できることから，乱流計算において非常に便利であるが，1 格子目が対数領域にあることが前提であり，式 (2.35) を解いて求めた u_τ での 1 格子目の壁座標 $y_1{}^+$ が，対数領域（$y^+>70$）に入っているかどうかの確認が必要である。もし格子サイズを細かく取ることができ，$y_1{}^+<70$ となるような粘性底層またはバッファ層に入るのであれば，式 (2.34) を拡張した Spalding 則[19)]，Knopp 則[20)] などの別の壁モデルを用いることもある。

また，壁法則自体が平行な壁面上のレイノルズ平均流動場における前提であり，乱流に十分発達する前の境界層，およびエンジンシリンダ壁面のような曲がった壁面上の境界層などがある流れ場での使用には十分な注意が必要と思われるが，現状もこの壁法則を用いた解析が多い。

つぎに，温度場について考える。エンジンシリンダ内のガス温度は圧縮行程で外部温度より高温になり，シリンダ外部へ熱が逃げていく冷却損失が生じる。CFD でシリンダ内の速度場，温度場を求め，それらから冷却損失を評価するためには，シリンダ壁面上の**熱流束**（heat flux），シリンダ壁面内の**熱伝導**（thermal conduction），およびシリンダ外壁面から逃げる熱流束の評価が必要となるが（**図 2.5**），輻射の影響が小さいときはシリンダ壁面上の熱流束を求めることが重要となる。本項ではシリンダ壁面上の**乱流壁面熱流束モデル**（turbulent wall heat flux）について述べる。

熱流束 q は，分子熱伝導係数 λ と温度勾配 ∇T を用い，**フーリエ**（Fourier）**の熱伝導の法則**

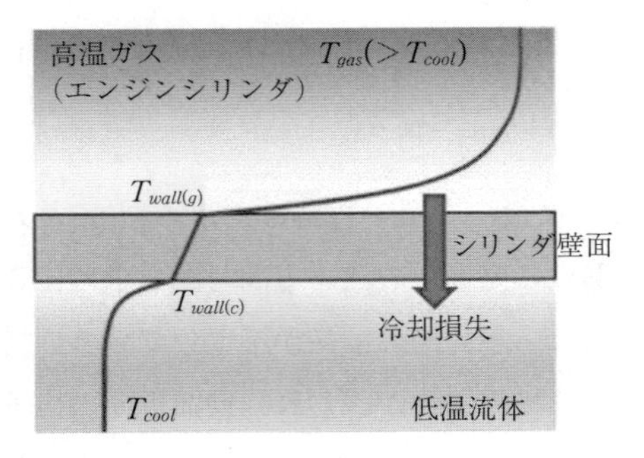

図 2.5　エンジンシリンダ内の高温流体から低温の外気へ放出される熱流束の例

$$q=-\lambda\nabla T,\quad \nabla T=\left(\frac{\partial T}{\partial x},\ \frac{\partial T}{\partial y},\ \frac{\partial T}{\partial z}\right) \tag{2.36}$$

で表される。特に平板上の壁面熱流束は，速度の場合と同様に壁面を $y=0$ として，壁面から流体側に流れる熱流束を正と定義すると

$$q=-\lambda\left.\frac{\partial T}{\partial y}\right|_{y=0} \tag{2.37}$$

と表せる。温度場の壁面境界条件として，おもに「等温壁（壁面の温度が陽的に与えられている）」，「壁面で熱流束が与えられる場合」，「断熱壁（壁面熱流束＝0）」が考えられるが，壁面上の熱流束が何らかの形で与えられると，壁面上の法線方向温度勾配が**第 1 種ノイマン**（Neumann）**条件**の形で得られることになる。

また，壁面がある場合は速度と同様に温度境界層も生じるが，例えば流れに平行に置かれた平板上の層流温度境界層を考える。速度と同様に平板方向および平板に垂直方向をおのおの x，y 方向とし，非粘性と仮定した場合，2 次元のエネルギー方程式は式 (2.38) のように表される。

$$\rho\frac{Dh}{Dt}=\frac{DP}{Dt}-\nabla\cdot\boldsymbol{q},\quad \frac{D}{Dt}=\frac{\partial}{\partial t}+u\frac{\partial}{\partial x}+v\frac{\partial}{\partial y} \tag{2.38}$$

ここで，u，v はそれぞれ x，y 方向速度成分，h はエンタルピー，p は圧力，$\boldsymbol{q}=-\lambda\nabla T$ は熱流束ベクトル（式 (2.36)）である。また，演算子 D/Dt は**実質微分**（substantive derivative）と呼ばれ，流体粒子を追跡したときに，それが持つ物理量の時間的な変化を表す。定圧比熱 C_P を用いて熱力学の関係式 $dh = C_P dT$，および定常流で分子熱伝導係数 λ が一定値と仮定すると，温度場が定常のときは，式 (2.38) はつぎに示す定常移流拡散方程式 (2.39) になることがわかる。

$$u\frac{\partial T}{\partial x}+v\frac{\partial T}{\partial y}=\kappa\left(\frac{\partial^2 T}{\partial x^2}+\frac{\partial^2 T}{\partial y^2}\right),\quad \kappa\equiv\frac{\lambda}{\rho C_P} \tag{2.39}$$

ここで，κ は**温度拡散率**（thermal diffusivity）である。平板の長さが温度境界層厚さ δ_T より十分長く，流速も平板平行成分が垂直成分より大きい（$u \gg v$）と仮定すると，壁面温度 T_W と温度境界層厚さ δ_T における流体温度 T_f を用いて，式 (2.39) はおおよそ

$$u\frac{\partial T}{\partial x}\cong\kappa\frac{\partial^2 T}{\partial y^2}\;\Rightarrow\;U\frac{T_W-T_f}{x}\cong\kappa\frac{T_W-T_f}{{\delta_T}^2} \tag{2.40}$$

のように近似することができる。したがって，温度境界層厚さ δ_T は，局所レイノルズ数 Re_x を用いて以下の関係式

$$\frac{U}{x}\cong\frac{\kappa}{{\delta_T}^2}\;\Rightarrow\;\frac{\delta_T}{x}\cong\sqrt{\frac{\kappa}{Ux}}=\sqrt{\frac{\nu}{Ux}\,\frac{\kappa}{\nu}}=\frac{1}{\sqrt{Re_x\,Pr}} \tag{2.41}$$

で表すことができる。ここで，$Pr=\mu C_P/\lambda$ は**プラントル数**（Prandtl number, Pr）で，流体の動粘度と温度拡散率の比であり，例えば空気では $Pr=0.7$ 程度である。式 (2.41) より，$Pr>1$ の流体は $\delta>\delta_T$ になることがわかる。また，乱流場では速度境界層と同様に，温度境界層厚さ δ_T も非常に薄くなると想定される。

したがって，壁面速度が与えられたときに速度境界条件として壁関数を導入したように，壁面（境界）温度の値 T_W が与えられた場合も，温度境界条件として壁関数のようなモデルの導入が有効と考えられる。

ここで，従来のエンジンシリンダ内の流動・温度場解析における仮定として以下の ① ～ ⑤ が挙げられる[21)]。

① 壁面近傍は平行平板，定常，一様流中で十分発達した乱流場と同様 ⇒ シリンダ壁面などは空間的な曲率があり，ピストン往復運動・吸排気などに起因する非定常性もあるが考慮しない。

② 壁面垂直方向 y の空間勾配≫壁面平行方向 x の空間勾配 ⇒ 壁面平行方向の変化は考慮しない「壁面垂直方向1次元モデル」。

③ 「壁面平行成分流速」のみ（スワール流が中心）存在 ⇒ 強い循環流や，衝突流壁面に衝突するような流れは考慮しない。

④ シリンダ内圧力は空間的に一定，時間変化のみ。

⑤ 粘性，エンタルピー散逸，輻射熱伝導などの効果は小さい（無視する）。

上記①～⑤の仮定をもとに，エンジンシリンダ内解析における温度境界条件の導出を考える。式(2.39)は，定常・層流場での方程式であり，右辺は温度勾配の微分による勾配拡散モデルを表しているが，速度で導入した乱流粘性係数と同様に，温度場の乱流拡散に対しても勾配拡散を仮定して乱流熱伝導係数 λ_t を導入する。また，仮定②～⑤より，温度境界層内で温度は壁面法線方向 y のみの関数とする1次元モデルを仮定すると，式(2.38)に基づき

$$\rho C_P\left(\frac{\partial T}{\partial t}+v\frac{\partial T}{\partial y}\right)=\frac{\partial}{\partial y}\left[(\lambda+\lambda_t)\frac{\partial T}{\partial y}\right]+\frac{dp}{dt}+q_{comb} \tag{2.42}$$

が得られる。ここで，q_{comb} は燃焼条件（ファイアリング）で発生する反応熱であり，仮定④より圧力の実質微分は時間の常微分のみになる。また，熱流束は乱流場では式(2.37)と同様に

$$q=-(\lambda+\lambda_t)\frac{\partial T}{\partial y} \tag{2.43}$$

で表すことができる。

式(2.42)の左辺第1項，第2項はそれぞれ非定常項，移流項であるが，通常の対数法則の仮定[8),21)～24)]では，境界層内で温度場はほぼ定常で移流項の影響が小さく，モータリング条件で化学反応なし（$q_{comb}=0$）とすると，式(2.42)は

$$\frac{\partial}{\partial y}\left[(\lambda+\lambda_t)\frac{\partial T}{\partial y}\right]\equiv-\frac{\partial q}{\partial y}=-\frac{dp}{dt}\equiv G \tag{2.44}$$

となる。ここで，温度場は定常であるが，仮定④より式(2.44)右辺のシリンダ内部全体の圧力時間変動による仕事の項は残している[24),25)]。また，dp/dt の

みがある場合，$\partial q/\partial y$ の符号は dp/dt と同じになることがわかる。先述の速度境界層に対する壁法則と違い，温度場に対する境界条件を式 (2.44) から導出する。

式 (2.44) を壁面 $y=0$ （$T=T_W$） から y （境界層内の流体温度 $T=T_f$） まで一階積分を行い，速度と同様に壁座標 y^+，壁面摩擦速度 u_τ，乱流粘性係数 μ_t を用いると

$$-\frac{\rho C_P u_\tau}{q_W} dT = \frac{1}{\left(\dfrac{1}{Pr}+\dfrac{\nu^+}{Pr_t}\right)} dy^+ + \frac{G^+ y^+}{\left(\dfrac{1}{Pr}+\dfrac{\nu^+}{Pr_t}\right)} dy^+,$$

$$\nu^+ \equiv \frac{\nu_t}{\nu}, \quad G^+ \equiv -\frac{dp}{dt}\frac{\nu}{q_W u_\tau}, \quad \nu = \frac{\mu}{\rho}, \quad \nu_t = \frac{\mu_t}{\rho} \tag{2.45}$$

が得られ，式 (2.45) に**壁面熱流束**（wall heat flux） $q_W = q_{y=0}$ が現れる。ここで，ν，ν_t はそれぞれ動粘性，乱流動粘性係数，$Pr_t = \mu_t C_P/\lambda_t$ は乱流プラントル数であり，$Pr_t = 0.9 \sim 1.0$ 程度の一定値を用いることが多い。式 (2.45) をさらに一階積分すると壁面熱流束 $q_W = q_{y=0}$ の定式が得られ，温度場の壁関数が求まるが，積分に際しこれまで 2 種類の仮定が提案されてきた。

式 (2.45) で密度 $\rho=$ 一定の非圧縮性を仮定すると，式 (2.45) 左辺の積分は

$$T^+ \equiv \int_{T_W}^{T_f} \frac{\rho C_P u_\tau}{q_W} dT = \frac{\rho C_P u_\tau}{q_W}\int_{T_W}^{T_f} dT = \frac{\rho C_P u_\tau}{q_W}\ (T_f - T_W) \equiv \frac{T_f - T_W}{T_\tau}, \quad T_\tau \equiv \frac{q_W}{\rho C_P u_\tau} \tag{2.46}$$

となる。

一方，実機のシリンダ内では圧縮・膨張行程の間に密度が大きく変化することから，圧縮性を考慮したモデルがより自然な仮定と思われるが，上述の仮定④より，シリンダ内の圧力 p は空間的には一定としたことから，シリンダ内の密度空間分布は，温度分布に対して $p=\rho RT \Rightarrow \rho = p/(RT) \propto T^{-1}$ となり，式 (2.45) 左辺の積分は

$$T^+ \equiv \int_{T_W}^{T_f} \frac{\rho C_P u_\tau}{q_W} dT = \frac{\rho C_P u_\tau}{R q_W} \int_{T_W}^{T_f} \left(\frac{1}{T} \right) dT = \frac{\rho_f C_P u_\tau}{q_W} T_f \ln \frac{T_f}{T_W} \tag{2.47}$$

が得られ，非圧縮性，圧縮性の仮定に対し，それぞれ，流体温度 T_f と壁面温度 T_W の温度差 $T_f - T_W$，もしくは対数で表される違いが生じる。

一方，式 (2.45) 右辺の積分を行うには，$\nu^+ = \nu_t/\nu$ が壁座標 y^+ の何らかの関数で表される必要があるが，例えば，以下の式 (2.48) [26] が提案されている。

$$\nu^+ = 1 + \kappa y^+ \left[1 - \exp\left(-\frac{(y^+)^2}{A^2} \right) \right], \quad \kappa = 0.41, \quad A = 26 \tag{2.48}$$

あるいは乱流プラントル数 Pr_t を用いて[21]

$$\frac{\nu^+}{Pr_t} = \begin{cases} a + by^+ + c(y^+)^2, & y^+ \leqq {y_0}^+ \\ my^+, & y^+ > {y_0}^+ \end{cases} \tag{2.49}$$

ここで，$a = 0.1$，$b = 0.025$，$c = 0.012$，$m = 0.476\,7$，${y_0}^+ = 40$ である。

式 (2.49) を式 (2.45) の右辺に代入して壁面垂直方向に積分し，式 (2.45) 左辺を圧縮性を仮定したモデルの式 (2.47) にすると，定常発達乱流場における壁面乱流熱流束[21]

$$q_W = \frac{\rho u_\tau C_P T_f \ln\left(\dfrac{T_f}{T_W} \right) + \dfrac{dp}{dt} \dfrac{\nu}{u_\tau} \ (2.1y^+ + 33.4)}{2.1 \ln y^+ + 2.513} n_i \tag{2.50}$$

が得られる。ただし，式 (2.50) は y^+ が小さいときに分母がマイナスの値になることから，修正されたモデル[27]

$$q_W = \frac{\rho u_\tau C_P T_f \ln\left(\dfrac{T_f}{T_W} \right) + \dfrac{dp}{dt} \dfrac{\nu}{u_\tau} \ (2.1y^+ + 33.4)}{A(y^+)} + n_i,$$

$$A(y^+) = \begin{cases} 7.483 \arctan\ (0.093\,5y^+), & y^+ \leqq 40 \\ 2.1 \ln y^+ + 2.513, & y^+ > 40 \end{cases} \tag{2.51}$$

が提案されている。式 (2.51) 分母の非負性は保証されているが，式 (2.51) も y^+ が小さいときに分母がゼロに漸近することから，任意の y^+ で用いることができる式 (2.51) を発展させたモデル[23),24]

$$q_W = \frac{\rho u_\tau C_P T_f \ln\left(\dfrac{T_W}{T_f}\right) + \dfrac{dp}{dt}\dfrac{\nu}{u_\tau}\left(\dfrac{y^+ - 40}{0.4767 + Pr^{-1}} + 117.31\right)}{\dfrac{1}{0.4767}\left[\ln\left(y^+ + \dfrac{1}{0.4767Pr}\right) - \ln\left(40 + \dfrac{1}{0.4767Pr}\right)\right] + 10.2384} n_i \tag{2.52}$$

も提案されている。

また近年，壁面せん断速度 u_τ を修正した，以下の熱流束モデル[28]が提案され，その有効性が示されている。ここで，$u_{\mu h}=0.09$，$C_{Ka}=0.41$，$A^+=25$ である。

$$q_W = \frac{\rho u_{\tau\_h} C_P T_f \ln\left(\dfrac{T_f}{T_{wall}}\right)}{2.1\ln y^+ + 2.5} n_i,$$

$$u_{\tau\_h} = \begin{cases} u_\tau\left(\dfrac{Re_{tdev}}{Re_t}\right)^{1/4} \text{LES} & Re_t = \dfrac{v_t}{c_{\mu h} v} \\ \left(c_{\mu h}\dfrac{Re_{tdev}}{Re_t}k\right)^{1/4} \text{RANS} & Re_{tdev} = \dfrac{1}{c_{\mu h}}\left\{1 + c_{Ka} y^+ \left[1 - \exp\left(-\dfrac{y^+}{A^+}\right)^2\right]\right\} \end{cases} \tag{2.53}$$

一方，非圧縮性を仮定し，速度の壁関数を併用した，圧力時間微分項がない壁面乱流熱流束モデルとして[8]

$$q_W = \frac{\rho \nu C_P F}{Pry}(T_f - T_W) n_i,$$

$$F = \begin{cases} 1.0, & (y^+ \leqq 11.05) \\ \dfrac{y^+ Pr Pr_t}{\dfrac{1}{K}\ln y^+ + 5.5 + 11.05\,(PrPr_t - 1)}, & (y^+ > 11.05) \end{cases} \tag{2.54}$$

などがこれまで商用コードでもよく用いられてきた。しかし，モータリング条件では，式 (2.54) のような非圧縮性仮定モデルでは，壁面熱流束が過小評価されることが既往研究[21),23),24)]で報告されており，圧縮性流体としてエンジンシリンダ内の温度場を扱うのであれば，圧縮性を考慮したモデルのほうが妥当であろう。

壁面近傍の温度場および壁面温度が与えられ，上記の乱流壁面熱流束が求まると，式 (2.37)（壁面上では $\lambda_t = 0$）から壁面上の壁面垂直方向温度勾配が求まり，温度に対しても微分値が与えられる第1種ノイマン条件が得られる。

圧縮行程中の上死点（TDC）前後では，シリンダ内のガス温度はシリンダ壁面温度より高く，ガスから壁面に向かって熱が伝達される（$q < 0$）。しかしながら，TDC 後の膨張行程ではシリンダ内圧力が減少し，仮定④より境界層内の圧力も $dp/dt < 0$ になるが，式 (2.44) より $\partial q/\partial y < 0$ になることから，境界層内では壁面熱流束が壁面直上の流体中の熱流束より大きい値になる。よって，膨張が急激に生じ，圧力時間微分の絶対値が大きい場合では，TDC 後に境界層内で局所壁面熱流束 q の符号が壁面に向かって負から正に変わり，壁面から境界層内に熱が流れる状況があることを示唆している[24),25)]。

冷却損失を考える場合，実際に熱流束センサで計測される値は「壁面から外部に逃げる熱流束を正」として出力され，多くの既往論文でもそのような符号の定義で表現されているが，「壁面から境界層内に熱が流れる」場合は「負の熱流束値」として出力されることを意味する。既往論文でもモデリングに圧力仕事の効果も含むことで，ガソリンエンジンおよびディーゼルエンジンでの熱流束実測において，TDC 後に現れる小さい負の熱流束も表現できることが報告されている[23),24)]。

〔2〕 **解析的壁関数**（analytical wall function，**AWF**）

〔1〕で述べた壁関数では，速度場は対数法則もしくはその拡張モデルを陽的に用いて境界条件を決定したが，対数法則が前提の原理的制約があることから，境界層方程式を積分して境界層内の関数形を求め，壁面せん断速度，壁面熱流束を求める方法が提案された[29)~31)]。これらの関数形は解析的に求めることから，解析的壁関数（AWF）と呼ばれる。Suga らの論文[29)~31)]に基づき，境界層内の速度・温度場に対する AWF の定式を紹介する。

図 2.6 に AWF の定式に用いられる，壁面上の**コントロールボリューム**（control volume）と物理量，および座標の定義を示す。x，y はおのおの壁面接線方向，法線方向である。また，〔1〕の壁座標 $y^+ = yu_\tau/\nu$ とは異なる壁座

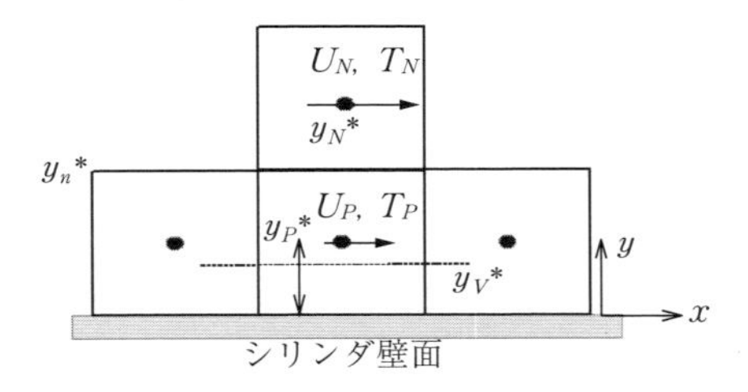

図 2.6　壁面上の計算格子（コントロールボリューム）と物理量

標 $y^*=y\sqrt{k}/\nu$ を導入する。k は RANS では乱流運動エネルギー，LES では SGS 運動エネルギー k_{SGS} を用いる。RANS の k-ε モデルのように k を解く手法と同様に，LES でも k_{SGS} の方程式を解く[32] ことも可能であるが，方程式が複雑であり，方程式を解く代わりにスケール相似則[33),34)] を用いることがある。

LES では空間フィルタを掛けた流速 $\tilde{u}$ を用いるが，この $\tilde{u}$ に，さらに別の空間フィルタを掛けた $\bar{\tilde{u}}$ を導入する。各方向のテストフィルタ幅を等間隔 $\bar{\Delta}_x=\bar{\Delta}_y=\bar{\Delta}_z=\bar{\Delta}$ とした場合，変数 $f=(u,\ v,\ w)$ に対し Box フィルタ，Gaussian フィルタでは式 (2.25) のように書くことができる。

$$\bar{f}=f+\frac{\bar{\Delta}_x{}^2}{24}\frac{\partial^2 f}{\partial x^2}+\frac{\bar{\Delta}_y{}^2}{24}\frac{\partial^2 f}{\partial y^2}+\frac{\bar{\Delta}_z{}^2}{24}\frac{\partial^2 f}{\partial z^2}\Rightarrow f+\frac{\bar{\Delta}^2}{24}\nabla^2 f \tag{2.55}$$

式 (2.55) の中心差分を取ると，等間隔の計算格子サイズ Δ では

$$\begin{aligned}\overline{f_{i,j,k}}&=f_{i,j,k}+\frac{\bar{\Delta}^2}{24}\left(\frac{f_{i+1,j,k}-2f_{i,j,k}+f_{i-1,j,k}}{\Delta^2}+\frac{f_{i,j+1,k}-2f_{i,j,k}+f_{i,j-1,k}}{\Delta^2}\right.\\&\qquad\left.+\frac{f_{i,j,k+1}-2f_{i,j,k}+f_{i,j,k-1}}{\Delta^2}\right)\\&=f_{i,j,k}+\frac{\gamma^2}{24}\left(f_{i+1,j,k}+f_{i-1,j,k}+f_{i,j+1,k}+f_{i,j-1,k}+f_{i,j,k+1}+f_{i,j,k-1}-6f_{i,j,k}\right),\\\gamma^2&\equiv\left(\frac{\bar{\Delta}}{\Delta}\right)^2\end{aligned} \tag{2.56}$$

と表せ，Simpson 公式では $\gamma^2=2$ である。スケール相似則はこのテストフィルタ変数を用いて

$$k_{SGS} = C_{kes}[(u_j - \overline{u}_j)(u_j - \overline{u}_j)] \qquad (2.57)$$

と k_{SGS} を見積もる方法である。C_{SGS} はモデル定数であり，フィルタ幅の比 γ によって変わるが，通常は $C_{SGS}=1$[33)〜35)] である。k_{SGS} の方程式を解く必要がなく，等間隔格子ベースで計算が可能な IB 法では式 (2.55) 〜 (2.57) を用いることが可能である。

乱流粘性係数 μ_t は RANS では渦粘性モデル，LES では SGS 渦粘性モデルなどで，流動場については定義されているが，AWF に用いる壁面近傍の乱流粘性係数 μ_t は，粘性底層より上の領域では一方程式モデルをもとに

$$\mu_t = \rho c_\mu \sqrt{k}\, c_l y \cong \alpha \mu y^*, \quad \alpha = c_\mu c_l \qquad (2.58)$$

で近似する。一方，壁面直上の粘性底層内では μ_t はゼロになることから，粘性底層の効果も考慮するために

$$\mu_t = \max[0,\ \alpha\mu(y^* - y_V^*)] \qquad (2.59)$$

で定式する。ここで，$c_\mu = 0.09$，$c_l = 2.55$ である[30),31)]。RANS では $y_V^* = 10.7$ の固定値が用いられるが，実際の乱流場では粘性底層厚さも時間的に変動することが想定される。LES では y_V^* も変動するモデルが提案されており，Amano[32)] らは，壁面せん断速度 u_τ と SGS 運動エネルギー k_{SGS} に応じて y_V^* が変動する以下の式 (2.60) を提案している。

$$y_V^* \equiv \frac{y_V\sqrt{k_{SGS}}}{\nu} = \frac{y_V^+\sqrt{k_{SGS}}}{u_\tau}, \quad y_V^+ = \frac{u_\tau y_V}{\nu} = 5.86 \qquad (2.60)$$

図 2.6 に，計算格子内の流体点（y_P^*，y_n^*，y_N^*）と粘性底層 y_V^* の位置関係の例も併せて示しており，図 2.6 の例は $y_n^* > y_V^*$ であるが，$y_n^* < y_V^*$ の場合も扱うことができる。無次元定式は通常の壁座標 y^+ でも可能であるが，**再付着点**（reattachmentpoint），**よどみ点**（stagnationpoint）のような $u_\tau = 0$ を含む流れに対しては，$y^+ = 0$ となり不都合が生じるが，乱流エネルギー k の壁座標 $y^* = y\sqrt{k}/\nu$ を用いることでこの問題を解決している。

以上を踏まえて，AWF は速度，温度をおのおの以下の方程式

$$\frac{\partial}{\partial y^*}\left[(\mu + \mu_t)\frac{\partial u}{\partial y^*}\right] = \frac{\nu^2}{k}\left[\frac{\partial(\rho u u)}{\partial x} + \frac{\partial P}{\partial x}\right] \equiv C_U \qquad (2.61)$$

$$\frac{\partial}{\partial y^*}\left[\left(\frac{\mu}{Pr}+\frac{\mu_t}{Pr_t}\right)\frac{\partial T}{\partial y^*}\right]=\frac{\nu^2}{kC_P}\left[-\frac{dP}{dt}+C_P\frac{\partial(\rho uT)}{\partial x}\right]\equiv C_T \qquad (2.62)$$

から，有限体積法の考え方をベースに定式を行う。ここで，u は〔1〕と同様に壁面平行流速成分，T，P は，おのおの温度，圧力であり，乱流プラントル数は壁関数と同様に $Pr_t=0.9$ とする。また，〔1〕の温度における壁関数での議論を踏まえ，圧力時間微分項（圧力仕事）の項も式 (2.62) 右辺に残し，壁面垂直方向の y 座標は $y^*=y\sqrt{k}/\nu$ の壁座標で表されていることに注意が必要である。Craft[29] は，式 (2.61) の右辺に自由対流で生じる浮力の効果を付加した

$$\frac{\partial}{\partial y^*}\left[(\mu+\mu_t)\frac{\partial u}{\partial y^*}\right]=C_U+b\ (T-T_{ref}),\quad b\equiv-\frac{\mu^2}{\rho^2 k_{PR}}\rho_{ref}g\beta \qquad (2.63)$$

も提案しているが，本書で扱うエンジンシリンダ内では考慮する必要はないので，説明は割愛する。

式 (2.30) の速度の壁関数は，壁面垂直方向 y の 1 次元変化のみを考慮した定式であり，対数法則に基づいていることから，境界層内では単調な速度場が前提になっているが，実際の流れ場は式 (2.61) 右辺の C_U に含まれる壁面に平行な圧力勾配，ならびに速度の移流項（壁面に平行な速度勾配）による境界層内での加減速も生じ，単調な速度場からずれる状況も考えられる。

一方，温度場は，〔1〕の壁関数を導出した際は，式 (2.62) で C_T に含まれる温度の移流項（壁面に平行な x 方向の速度，温度勾配）を省略した式 (2.44) を用いたが，AWF では壁関数で省略した壁面平行方向の勾配も考慮している。

さらに，速度，温度 AWF ともに壁面からの距離 y^* と粘性底層厚さ y_V^* の位置関係に対し，乱流粘性係数の式 (2.59) を通じて，粘性底層内外で AWF が切り替わるようになっている。式 (2.61)，(2.62) に対して有限体積法を用いるために，図 2.6 の計算格子（コントロールボリューム）内では右辺（C_U，C_T）は一定とし，式 (2.59) を用いて式 (2.61)，(2.62) をそれぞれ y^* 方向に壁面 $y^*=0$ から流体点 $y^*=y_n^*$ まで積分すると，流体点の座標 y_n^* と粘性底層厚さ y_V^* の位置関係から，速度ならびに温度の関数 $u_{AWF}(y^*)$，$T_{AWF}(y^*)$（$0<y^*<y_n^*$）を解析的に求めることができる。また，エンジンシリンダ内の吸排気バ

ルブのように，移動境界面があって壁面自体が速度 U_W で動く場合，温度AWF で壁面温度 T_W を考慮するように，壁面に対する相対速度 $u_{AWF}-U_W$ に対し速度 AWF を定式化すればよい。流体点の座標 $y_n{}^*$ と粘性底層厚さ $y_V{}^*$ の位置関係に対する，場合分けの定式を述べる。

（1） $\boldsymbol{y_n{}^*<y_V{}^*}$　　この場合は，式 (2.59) より $\mu_t=0$ であることから，式 (2.61)，(2.62) はおのおの

$$\frac{\partial}{\partial y^*}\left(\mu\frac{\partial u}{\partial y^*}\right)=C_U \tag{2.64}$$

$$\frac{\partial}{\partial y^*}\left(\frac{\mu}{Pr}\frac{\partial T}{\partial y^*}\right)=C_T \tag{2.65}$$

となり，右辺 $(C_U,\ C_T)$ は一定とすると，速度，温度ともに $y^*=(0,\ y_n{}^*)$ でおのおの $(U_W,\ T_W)$，$(U_n,\ T_n)$ の連続条件から，つぎのような 2 次関数が求まる。

$$u_{AWF}=U_W+\frac{C_U}{2\mu}(y^*)^2+\frac{A_{U(0)}}{\mu}y^* \tag{2.66}$$

$$A_{U(0)}=\frac{\mu(U_n-U_W)}{y_n{}^*}-\frac{C_U}{2}y_n{}^* \tag{2.67}$$

$$T_{AWF}=T_W+\frac{Pr}{\mu_V}\left[\frac{C_T}{2}(y^*)^2+A_{T(0)}y^*\right] \tag{2.68}$$

$$A_{T(0)}=\frac{\mu}{Pry_n{}^*}(T_n-T_W)-\frac{C_T}{2}y_n{}^*=\frac{1}{y_n{}^*}\left[\frac{\mu}{Pr}(T_n-T_W)-\frac{C_T}{2}(y_n{}^*)^2\right] \tag{2.69}$$

（2） $\boldsymbol{y_n{}^*>y_V{}^*}$　　この場合は，$\mu_t=\alpha\mu(y^*-y_V{}^*)$ であり，$(y_n{}^*>y^*>y_V{}^*)$ の領域では式 (2.61)，(2.62) はおのおの

$$\frac{\partial}{\partial y^*}\left\{\mu[1+\alpha(y^*-y_V{}^*)]\frac{\partial u}{\partial y^*}\right\}=C_U \tag{2.70}$$

$$\frac{\partial}{\partial y^*}\left\{\frac{\mu}{Pr}[1+\alpha_T(y^*-y_V{}^*)]\frac{\partial T}{\partial y^*}\right\}=C_T,\quad \alpha_T\equiv\alpha\frac{Pr}{Pr_t} \tag{2.71}$$

となる。式 (2.70)，(2.71) も右辺 $(C_U,\ C_T)$ が一定とすると解析的に積分可能であり，（1）と同様の連続条件から，式 (2.72) ～ (2.75) のような関数形

が得られる。

$$u_{AWF}=U_W+\frac{y_V{}^*A_{U(1)}}{\mu}+C_U\frac{1}{2\mu}(y_V{}^*)^2+\frac{C_U}{\alpha\mu}(y^*-y_V{}^*)$$
$$+\frac{1}{\alpha\mu}\left[A_{U(1)}+C_U\left(y_V{}^*-\frac{1}{\alpha}\right)\right]\ln[1+\alpha(y^*-y_V{}^*)] \tag{2.72}$$

$$A_{U(1)}=\frac{\alpha\mu(U_n-U_W)-C_U\dfrac{\alpha}{2}(y_V{}^*)^2-C_U(y_n{}^*-y_V{}^*)+C_U\left(\dfrac{1-\alpha y_V{}^*}{\alpha}\right)\ln(Y_{Un})}{\alpha y_V{}^*+\ln(Y_{Un})} \tag{2.73}$$

$$T_{AWF}=T_W+\frac{Pry_V{}^*}{\mu}\left(\frac{C_T}{2}y_V{}^*+A_{T(1)}\right)+\frac{C_TPr}{\mu\alpha_T}(y^*-y_V{}^*)$$
$$+\frac{Pr}{\mu\alpha_T}\left[A_{T(1)}+C_T\left(y_V{}^*-\frac{1}{\alpha_T}\right)\right]\ln[1+\alpha_T(y^*-y_V{}^*)] \tag{2.74}$$

$$A_{T(1)}=\frac{\dfrac{\mu}{Pr}(T_n-T_W)+C_T\left\{-\dfrac{(y_V{}^*)^2}{2}+\dfrac{(y_V{}^*-y_n{}^*)}{\alpha_T}+\dfrac{[\ln Y_{Tn}(1-\alpha_Ty_V{}^*)]}{(\alpha_T)^2}\right\}}{y_V{}^*+\dfrac{\ln Y_{Tn}}{\alpha_T}}$$

$$Y_{Un}\equiv 1+\alpha(y_n{}^*-y_V{}^*),\quad Y_{Tn}\equiv 1+\alpha_T(y_n{}^*-y_V{}^*) \tag{2.75}$$

上記の定式は有限体積法をもとに導出されている一方，IB 法ではコントロールボリュームの定義は困難であるが，$y_n{}^*$ を内部参照点座標 $y_{PR}{}^*$，$y_P{}^*$ を IB 点座標 $y_{IB}{}^*$ に形式的に置き換えれば同じ定式を用いることができる。式 (2.64)～(2.75) から，内部参照点 $y_{PR}{}^*$ における壁面平行流速 U_{PR} と温度 T_{PR}，および壁面の速度 U_W と温度 T_W がおのおのわかると，壁面せん断応力ならびに壁面熱流束がそれぞれ

$$\tau_{W(AWF)}=\mu\left.\frac{\partial u_{AWF}}{\partial y}\right|_{y=0}=\frac{\sqrt{k}}{\nu}A_U \tag{2.76}$$

$$q_{W(AWF)}=-\frac{\rho C_P\nu}{Pr}\left.\frac{\partial T_{AWF}}{\partial y}\right|_{y=0}=-\frac{\rho C_p\sqrt{k}}{\mu}A_T \tag{2.77}$$

のように求まる[30]。ただし，(A_U，A_T) は内部参照点 $y_{PR}{}^*$ と粘性底層厚さ $y_V{}^*$ の大小関係に応じて ($A_{U(0)}$，$A_{T(0)}$) または ($A_{U(1)}$，$A_{T(1)}$) である。式 (2.76)，(2.77) から，〔1〕で述べたように，壁面上 $y=0$ での壁面接線方向速度成分な

らびに温度の壁面法線方向勾配を求めることができる。逆に，壁面上で熱流束 q_W が与えられた場合，式 (2.77) の係数 A_T に壁面温度 T_W が含まれているので，T_W について解けば壁面温度 T_W が決定できる。

壁関数，AWF ともに流速は「壁面接線方向 $\boldsymbol{l}=(l_1,\ l_2)$ の流線上成分 u_l」に対して行われる定式であり，流速成分（u，v，w）は Cartesian 座標系（x，y，z）であることから，壁面上の各点に対して局所座標系を取り，（u，v，w）を壁面接線方向成分と，壁面法線方向成分 u_n への変換が必要である（式 (2.78)）。

$$\boldsymbol{u}=u\boldsymbol{e}_x+v\boldsymbol{e}_y+w\boldsymbol{e}_z=u_{l1}\boldsymbol{l}_1+u_{l2}\boldsymbol{l}_2+u_n\boldsymbol{n}\equiv u_l\boldsymbol{l}+u_n\boldsymbol{n},$$
$$u_l^{\,2}=u_{l1}^{\,2}+u_{l2}^{\,2} \qquad (2.78)$$

また，（C_U，C_T）に出てくる壁面接線方向勾配 $\partial/\partial x$ も，図 2.6 ではセル中心 y_P に対して左右隣接セルの中心点物理量を用いて中心差分を取ればよいが，壁面上の局所座標系における接線方向勾配 $\partial/\partial l$ も $\nabla=(\partial/\partial x,\ \partial/\partial y,\ \partial/\partial z)$ から変換する必要がある。しかしながら，物体表面を STL データで表現していることから，物体表面上の三角形状の格子を含む IB セル（図 2.1）ごとに式 (2.78) を求め，壁面に平行な流線方向の流速 u_l に対して壁関数，AWF を適用すればよい。

2.2.5 離散化手法

〔1〕 空間方向の離散化

エンジン内部の流れは，非常に低いマッハ数からある程度高いマッハ数までの広い範囲にわたる。瞬間的には流れが超音速になり，衝撃波が形成されることもありうる。このような流れ場の数値解析に用いる対流項の離散化方法として，AUSM 族[36] の一種であり全速度スキームといわれている SLAU 法[37] が有効である。また，より計算のロバスト性が求められる場合に用いる手法の一例として，HLLEW 法[38] についても紹介する。

（1） SLAU 法　　AUSM 族のスキームではセルインターフェイスにおける対流項流束は，支配方程式の対流項ベクトル F を $F=\dot{m}\Phi+pN$ と書くとき，

式 (2.79) で与えられる**数値流束**（numerical flux）$\tilde{F}$ で評価される。

$$\tilde{F} = \frac{\dot{m} + |\dot{m}|}{2}\Phi^{+} + \frac{\dot{m} - |\dot{m}|}{2}\Phi^{-} + \tilde{p}N \tag{2.79}$$

このように，流束を速度成分と圧力成分に分離する点が AUSM 族の数値流束の特徴である。$\dot{m}$ は質量流束であり，上付き「＋／－」はセルインターフェイス左側／右側の値であることを示している。SLAU（simple low-dissipation AUSM）法では，質量流束 $\dot{m}$ を Roe 法[39] を応用して式 (2.80) で評価する。

$$\dot{m} = \frac{1}{2}\left[\rho_{+}(u_{+} + |\overline{u}|_{+}) + \rho_{-}\left(u_{-} - |\overline{u}|_{-} - \frac{\chi}{c}\Delta p\right)\right] \tag{2.80}$$

ここで

$$\chi = (1 - \hat{M}), \quad \hat{M} = \min\left(1,\ \frac{1}{c}\sqrt{\frac{({u_{+}}^{2} + {v_{+}}^{2} + {w_{+}}^{2}) + ({u_{-}}^{2} + {v_{-}}^{2} + {w_{-}}^{2})}{2}}\right),$$

$$|\overline{u}|_{+,-} = (1 - g)\frac{\rho_{+}|u_{+}| + \rho_{-}|u_{-}|}{\rho_{+} + \rho_{-}} + g|u|_{+,-},$$

$$g = -\max[\min(M_{+}, 0),\ -1] \times \min[\max(M_{-}, 0),\ 1],$$

$$M_{+,-} = \frac{u_{+,-}}{\bar{c}}, \quad \bar{c} = \frac{c_{+} + c_{-}}{2}$$

である。また，$\tilde{p}$ は以下のように定義される。

$$\tilde{p} = \frac{p_{+} + p_{-}}{2} + \frac{\beta_{+} - \beta_{-}}{2}(p_{+} - p_{-}) + (1 - \chi)(\beta_{+} + \beta_{-} - 1)\frac{p_{+} + p_{-}}{2},$$

$$\beta_{+,-} = \begin{cases} \dfrac{1}{4}(2 \mp M_{+,-})(M_{+,-} \pm 1)^{2}, & |M_{+,-}| < 1 \\ \dfrac{1}{2}[1 + \mathrm{sign}(\mp M_{+,-})], & |M_{+,-}| \geqq 1 \end{cases}$$

（２）　**HLLEW 法**　　HLLEW（Harten-Lax-van Leer-Einfeldt-Wada）法[38] では，セルインターフェイスでの x 方向の対流項流束（式 (2.3) 中の F_x）は，式 (2.81) の数値流束で評価される。y，z 方向の数値流束についても同様である。

$$F_x = \frac{1}{2}\left[f_{1-}\begin{pmatrix} 1 \\ u \\ v \\ w \\ H \\ Y_S \end{pmatrix}_- + f_{1+}\begin{pmatrix} 1 \\ u \\ v \\ w \\ H \\ Y_S \end{pmatrix}_+ + \begin{pmatrix} 0 \\ p_- + p_+ + \delta_2 \\ 0 \\ 0 \\ \delta_S \\ 0 \end{pmatrix} \right] \tag{2.81}$$

ここで

$$H = \frac{e+p}{\rho},$$

$$f_{1-} = \rho_-(u_- + \hat{\lambda}_1) + \delta_1, \quad f_{1+} = \rho_+(u_+ - \hat{\lambda}_1) + \delta_1,$$

$$\delta_1 = -\frac{\left(\hat{\lambda} + \dfrac{\Delta p}{c_{\mathrm{ave}}} + \hat{\lambda}^- \rho_{\mathrm{ave}} \Delta u\right)}{2\, c_{\mathrm{ave}}}, \quad \delta_2 = -\left(\hat{\lambda}^+ \rho_{\mathrm{ave}} \Delta u + \hat{\lambda}^- \frac{\Delta p}{c_{\mathrm{ave}}}\right),$$

$$\delta_5 = -(\hat{\lambda}_1 \Delta p + u_{\mathrm{ave}} \delta_2),$$

$$\hat{\lambda}^+ = \frac{\hat{\lambda}_2 + \hat{\lambda}_3}{2} - \hat{\lambda}_1, \quad \hat{\lambda}^- = \frac{\hat{\lambda}_2 - \hat{\lambda}_3}{2},$$

$$\hat{\lambda}_1 = \frac{b^+ + b^-}{b^+ - b^-} u_{\mathrm{ave}} - 2\frac{b^+ b^-}{b^+ - b^-} - 2\delta \min(b^+,\ b^-),$$

$$\hat{\lambda}_2 = \frac{b^+ + b^-}{b^+ - b^-}(u_{\mathrm{ave}} + c_{\mathrm{ave}}) - 2\frac{b^+ b^-}{b^+ - b^-},$$

$$\hat{\lambda}_3 = \frac{b^+ + b^-}{b^+ - b^-}(u_{\mathrm{ave}} - c_{\mathrm{ave}}) - 2\frac{b^+ b^-}{b^+ - b^-},$$

$$b^R = \max(u_{\mathrm{ave}} + c_{\mathrm{ave}},\ u_+ + c_+), \quad b^L = \min(u_{\mathrm{ave}} - c_{\mathrm{ave}},\ u_- - c_-),$$

$$b^+ = \max(0,\ b^R), \quad b^- = \min(0,\ b^L) \tag{2.82}$$

であり，Δ はセル中心間の状態量の差分を表す。また，下付き添え字 ave は Roe 平均[39] を表す。

HLLEW 法の特徴は，強い膨張を伴う領域では安定的な HLLE 法[40] を用い，そのほかの領域ではより低散逸な Roe 法[39] に切り替えられることにある。式(2.82) 中の δ が切替えのパラメータであり，以下のように定義される。

$$\delta = \min\left[\frac{\rho_-(u_- - b^L) + \rho_+(b^R - u_+)}{\sigma_1(b^R - b^L)},\ \frac{1}{2}\right]$$

ここで

$$\sigma_1 = \left|\Delta\rho - \frac{\Delta' p}{c_{\mathrm{ave}}{}^2}\right|,$$

$$\Delta' p = \max\left[|\Delta p|,\quad \max\left(S_{W-}S_{c-}|\nabla p_-|,\ \ S_{W+}S_{c+}|\nabla \Delta p_+|\right)\right]\mathrm{sign}\,(\Delta p),$$

$$S_{W+} = \begin{cases} 0.5, & \boldsymbol{u}\cdot\nabla p_+ \geqq 0, \\ 0, & \boldsymbol{u}\cdot\nabla p_+ < 0 \end{cases} \qquad S_{c+} = \begin{cases} 1.0, & |\nabla p_+| - 4\,000 p_+ \geqq 0 \\ 0, & |\nabla p_+| - 4\,000 p_+ < 0 \end{cases}$$

である。

対流項の数値流束は，セルインターフェイスの物理量の評価を**MUSCL**（monotone upstream-centered scheme for conservation laws）**法**[41]により，高次精度にして高精度化することができる。不連続面近傍での数値的な振動を防ぐためには**数値流束制限関数**（numerical flux limiter）（例えば，van Albada limiter[42]などの勾配制限関数）を用いることが有効であり，不連続面近傍のみのセルインターフェイスの物理量評価に適用することにより，高精度で安定な計算が実現される。

粘性項，熱拡散項，化学種拡散項などの拡散方程式は**中心差分法**（central difference method）により離散化される。

〔2〕 時間積分法

時間方向の離散化，すなわち**時間積分法**（time integration method）は数値シミュレーションの目的によって適切に選択することが肝心である。ここでは，時間積分法として**陽解法**（explicit method）である Jameson 型の多段 Runge-Kutta 法[43]と**陰解法**（implicit method）である**デュアルタイムステッピング陰解法**（dual-time stepping implicit method）[44),45]を紹介する。

（1） 陽解法　Euler 陽解法と呼ばれる最も基本的な陽的時間積分では，支配方程式 (2.2) を

$$\frac{\partial Q}{\partial t} = R(Q) \tag{2.83}$$

としたとき，式 (2.84) のように離散化される。

$$Q^{n+1} = Q^n + \Delta t R(Q^n) \tag{2.84}$$

この離散化は，時間方向に1次精度である。

より高次精度の時間積分を可能とする方法として Runge-Kutta 法がある。こ

こでは，その一つであるJameson型の多段Runge–Kutta法を紹介する。例えば，4段階の場合には式(2.85)のように与えられる。

$$Q^{(1)} = Q^n + \frac{1}{4}\Delta t R(Q^n), \quad Q^{(2)} = Q^n + \frac{1}{3}\Delta t R(Q^{(1)}),$$
$$Q^{(3)} = Q^n + \frac{1}{2}\Delta t R(Q^{(2)}), \quad Q^{n+1} = Q^n + \Delta t R(Q^{(3)}) \tag{2.85}$$

Jameson型の特徴として，各段階における保存量ベクトルを保持する必要が無いため，メモリ使用量を抑制できる点がある。ただし，4段階であっても，支配方程式が非線形方程式の場合，厳密には時間2次精度となることに注意が必要である。

（2） **陰解法**　陰解法では，式(2.19)の右辺を$n+1$ステップでの値で評価することにより，大きな時間刻みでも安定に時間積分を行うことを可能とする。そのために必要な$n+1$ステップでのRを，下記の線形化によりnステップでのRから近似すると，式(2.83)の時間1次精度での離散化は式(2.86)のとおりとなる。

$$\frac{Q^{n+1} - Q^n}{\Delta t} = R(Q^{n+1}) = R(Q^n) + \frac{\partial R}{\partial Q}(Q^{n+1} - Q^n) \tag{2.86}$$

したがって，この時間積分は

$$\left(\frac{I}{\Delta t} - \frac{\partial R}{\partial Q}\right)(Q^{n+1} - Q^n) = R(Q^n) \tag{2.87}$$

で与えられる連立方程式を解くことに帰着する。ただし，Iは単位行列である。

より効率的に陰的時間積分を実施するための手法として，デュアルタイムステッピング法[44]がしばしば用いられる。デュアルタイムステッピング法では，疑似時間τを導入し，τに関する時間発展方程式

$$\frac{Q^{m+1} - Q^m}{\Delta \tau} + \frac{Q^{m+1} - Q^n}{\Delta t} = R(Q^m) + \frac{\partial R}{\partial Q}(Q^{m+1} - Q^m) \tag{2.88}$$

を解き，左辺第1項を0とすれば，そのときの$Q^{m+1} = Q^m$がQ^{n+1}となることを利用する。この場合

$$\left[\left(\frac{1}{\Delta \tau} + \frac{1}{\Delta t}\right)I - \frac{\partial R}{\partial Q}\right](Q^{m+1} - Q^m) = -\frac{Q^m - Q^n}{\Delta t} + R(Q^m) \tag{2.89}$$

で与えられる連立方程式を解くことになる。連立方程式の解法には選択肢がいくつかあるが，**LU-SGS**（lower-upper symmetric Gauss-Seidel）**法**が圧縮性流体計算によく用いられ，デュアルタイムステッピングLU-SGS法と呼ばれている[42]。

1次元の移流方程式を例に以下に簡単に手続きを述べる。1次元の移流方程式では，$R=-\partial F_x/\partial x$ である。流束 F_x のヤコビアン行列 $A\equiv\partial F_x/\partial Q$ を用いて式(2.89)左辺の［ ］内に風上差分を施すと

$$\left[\left(\frac{1}{\Delta\tau}+\frac{1}{\Delta t}\right)I-(\delta^- A^+ +\delta^+ A^-)\right](Q^{m+1}-Q^m)=-\frac{Q^m-Q^n}{\Delta t}+R(Q^m) \tag{2.90}$$

となる。ここで，δ^+，δ^- は前進差分演算子，後進差分演算子であり，i を x 方向のインデックスとすると

$$\delta^+ f=\frac{f_{i+1}-f_i}{\Delta x},\quad \delta^- f=\frac{f_i-f_{i-1}}{\Delta x}$$

である。A^+，A^- は非負固有値，非正固有値を有する流束ヤコビアン行列であり，A を $A=T\Lambda T^{-1}=T(\Lambda^+ +\Lambda^-)T^{-1}$ と対角化したとき

$$A^\pm=T\Lambda^\pm T^{-1} \tag{2.91}$$

と表される。ここで，Λ^+ および Λ^- は固有値ベクトル Λ の非負成分および非正成分である。

式(2.90)左辺中の［ ］は，式(2.92)に示す近似により L（下三角行列），D（対角行列），U（上三角行列）分解することができ，効率的に行列反転を行える形に変形することができる。

$$\left[\left(\frac{1}{\Delta\tau}+\frac{1}{\Delta t}\right)I-(\delta^- A^+ +\delta^+ A^-)\right]=L+D+U\approx(L+D)D^{-1}(D+U) \tag{2.92}$$

ここで

$$L+D=\left(\frac{1}{\Delta\tau}+\frac{1}{\Delta t}\right)I+\delta^- A^+ -\frac{A^-}{\Delta x},$$

$$D=\left(\frac{1}{\Delta\tau}+\frac{1}{\Delta t}\right)I+\frac{A^{+}-A^{-}}{\Delta x},$$

$$D+U=\left(\frac{1}{\Delta\tau}+\frac{1}{\Delta t}\right)I+\delta^{+}A^{-}+\frac{A^{+}}{\Delta x} \tag{2.93}$$

である。さらに，流束ヤコビアン行列を

$$A^{\pm}\approx\frac{1}{2}\left[A\pm\sigma_{\max}(|\lambda|)I\right] \tag{2.94}$$

と近似することにより演算 D が除算となり，計算量を大幅に低減することができる。ここで，λ は固有値ベクトル Λ の要素，σ は1以上の定数である。

なお，式(2.88)の左辺第2項に，より高次の離散化を適用することにより高次精度の陰的時間積分も可能である。

2.3　HINOCA による計算事例

本節では，HINOCA を使って実施した流動計算例をいくつか示す。その一つの形態は吸気バルブ位置を固定しピストンを取り除いた**定常ポート流**（steady port flow）**解析**であり，もう一つはバルブ，ピストンとも実際のタイミングで動かして空気を流す**モータリング**（motoring）**解析**である。

2.3.1　定常ポート流

図2.7に定常ポート流解析用の物体形状を示す。ピストンはなく，吸気ポートの上流には大きな貯気漕が取り付けられており，シリンダ下面より一定流量の空気を吸引している。ボア径は75 mmで，吸気バルブは一定の**バルブリフト**（valve lift）で固定されている。図（b）はバルブリフト量11 mmの場合の形状である。1章で述べたように，エンジン開発では現在は実験により各リフト量における流量係数を求めているが，これを数値実験で予測できれば開発工程の効率化を図ることができる。

図2.8は，リフト7 mmと11 mmの形状に対して，流入圧力と流出圧力の間に5.88 kPaの差圧を与えた場合の，ある瞬間における吸気バルブ中心を通

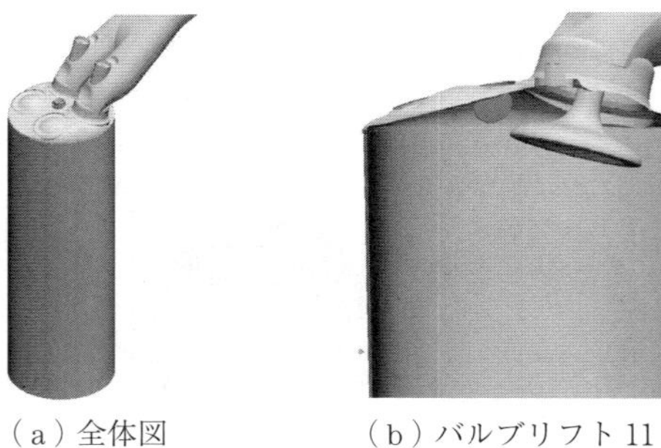

（a）全体図　（b）バルブリフト 11 mm におけるインテークバルブ周辺拡大図

図 2.7　定常ポート流解析用の物体形状

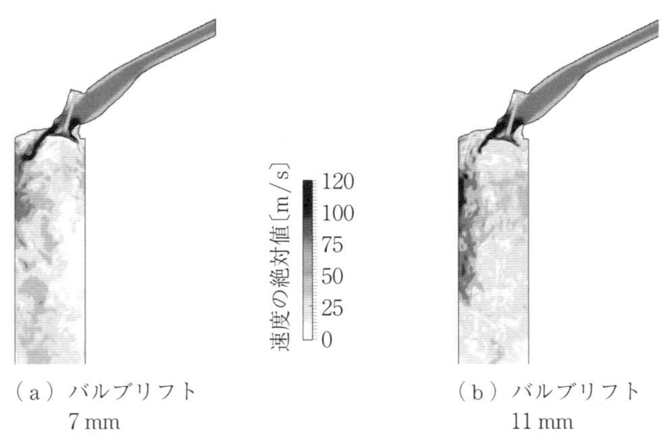

（a）バルブリフト 7 mm　（b）バルブリフト 11 mm

図 2.8　定常ポート流の瞬間図（速度分布）〔JAXA 提供〕

る断面内での速度分布を示している。計算はWALEモデルを使ったLESであり，セルサイズは0.5 mmである。バルブ開口部前後で非常に高速な流れが形成され，かつ，低リフト量である7 mmのほうが11 mmよりも速い速度場が形成されている。

リフト量5，7，9，11 mmのバルブリフトに対して，シリンダヘッドから37.5 mm（1/2ボア径）下流での時間平均軸方向速度分布のバルブリフトに対する変化を**表 2.1** に示す。表にはPIV計測結果も示している。表示されている速度はシリンダ上流から下流に向かう軸方向の速度の時間平均である。リフト

表 2.1　シリンダヘッドから 37.5 mm（1/2 ボア径）下流での時間平均軸方向速度分布のバルブリフトに対する変化[46]〔JAXA 提供〕

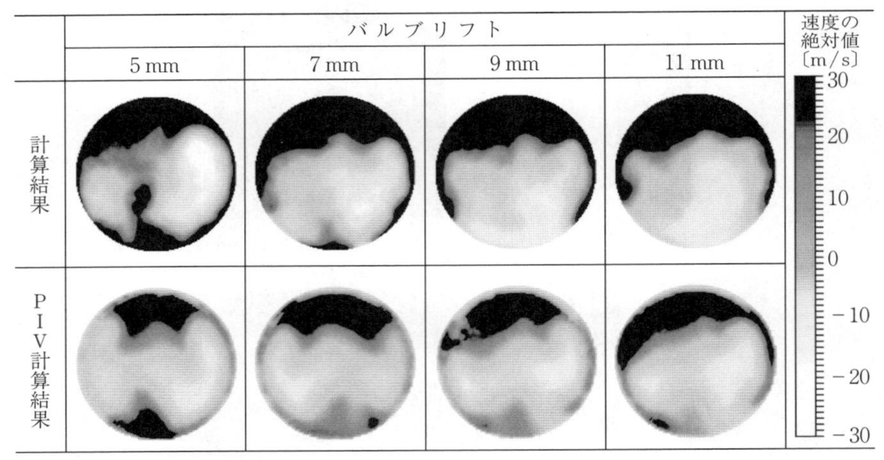

が小さい場合にはシリンダ中心付近での速度が過大評価されているものの，特にリフトが大きい場合には流れの様子がおおよそとらえられている。

ポート形状の異なる，株式会社本田技研工業製アコード用 2.2 L ガソリンエンジンについて，定常ポート流計算を行った結果について紹介する。エンジン B はエンジン A と比べて流量は多少犠牲にしてもタンブル強化を狙った形状となっている。

表 2.2 は，吸気バルブ中心を通る断面内での速度分布を示しており，表の上段はエンジン A，下段はエンジン B，左列はリフト 7 mm，右列は 11 mm の結果である。エンジン B ではバルブ右側上部の吸気ポート右側で速度が大きくなり，結果として開口部左側で強い流れが形成されている。

バルブリフトを，パラメータとして**流量係数**（discharge coefficient）およびタンブル比を計測結果と比較した結果が 1 章の図 1.19 に示されている。前述のとおり，流量係数においては定量的にも計測とよい一致を示しており，バルブリフト 7 mm あたりから現れる形状差も表現できている。一方，タンブル比については定量的には計測と差が見られる。しかしながら，バルブリフト 7 mm あたりから形状差が現れはじめ，エンジン B でより強いタンブルが得られる

表 2.2　（口絵 1 参照）ポート形状の異なるアコードエンジンにおけるポート定常流の瞬時流れ場の様子[46)]（吸気バルブ中心を通る断面中の速度分布）〔JAXA 提供〕

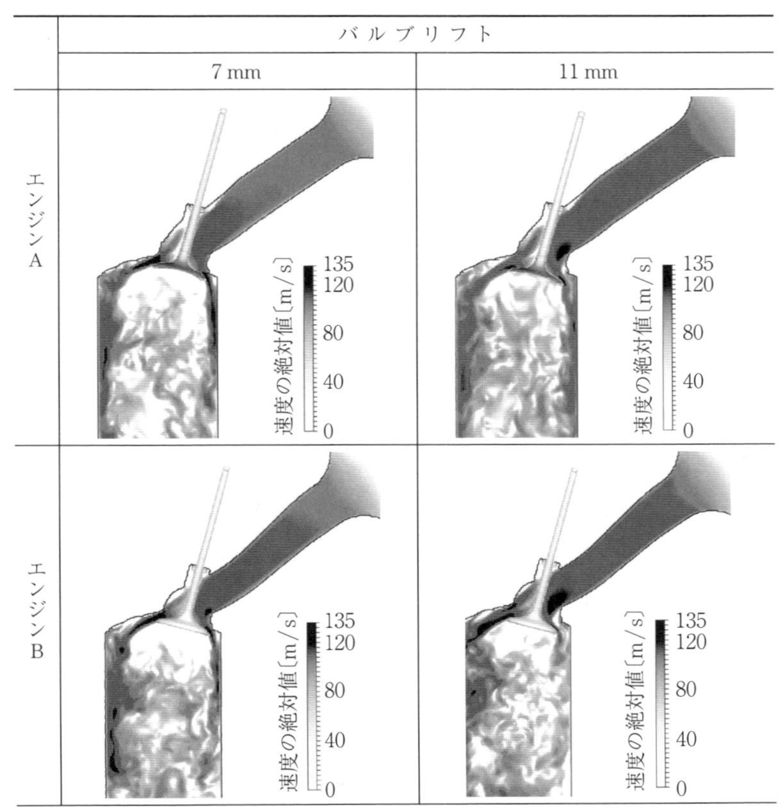

という傾向はとらえられている[46)]。

2.3.2　モータリング（流動）

2.3.1 項で示したエンジンを改良したエンジンを対象に，モータリングの計算を行った結果を紹介する。計算は LES で WALE モデルを使用している。**図 2.9** は，エンジン回転数を 2 000 rpm とした場合の，吸気時および排気時の流れの様子を示している。吸気時には開口部を高速な空気が流れ，その結果，エ

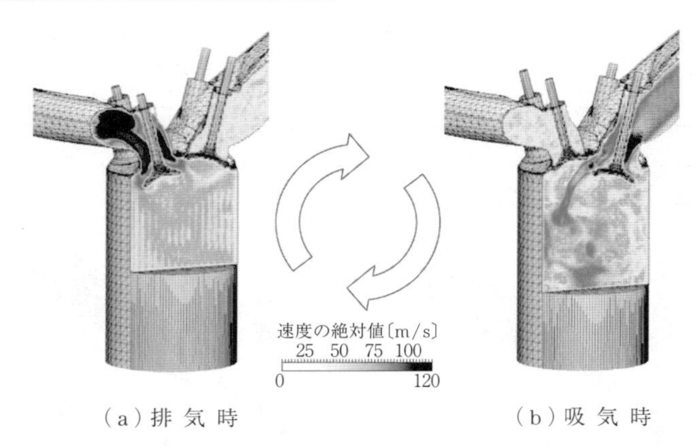

（a）排 気 時　　（b）吸 気 時

図 2.9　エンジン回転数を 2 000 rpm とした場合の，吸気時および排気時の流れの様子〔JAXA 提供〕

ンジン内に発生する複雑な流れ場は，全体としては紙面上方から見て反時計回りのタンブル流れを形成している。

図 2.10 に，クランク角度 365° (5° aTDC) での瞬時流れ場，およびプラグ近傍流れのサイクル間変動を示す。プラグ電極の中心を通る平面内の速度を矢印で，奥行き方向の速度を濃淡で表している。プラグ近傍流れはエンジン点火，その後の火炎核成長，火炎伝播に大きく影響する。このシミュレーションでは，プラグ周辺での複雑な 3 次元流れが再現されている。図中央下部には，プ

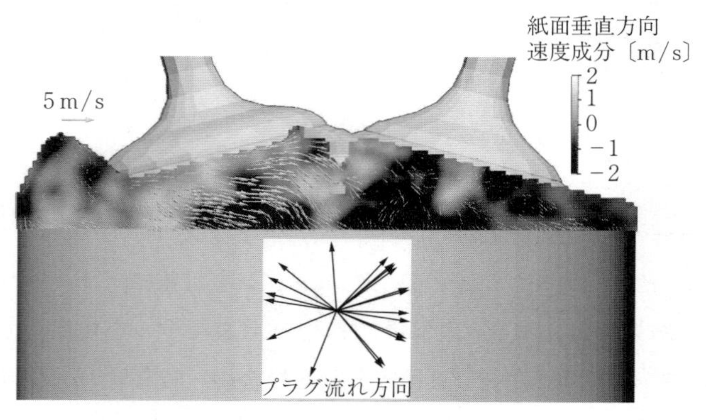

図 2.10　クランク角度 365°（5° aTDC）での瞬時流れ場，およびプラグ近傍流れのサイクル間変動〔JAXA 提供〕

ラグ電極中心における流れの方向（面内成分）のサイクルごとのバラツキを示している。クランク角度は365°である。サイクルごとに点火プラグ付近の流れの方向は大きく変動し，ほぼランダムとなっている。点火プラグ流のサイクル間変動はエンジン燃焼のサイクル間変動に直結するため，数値シミュレーションによって再現可能となった意義は大きい。これは，流れの非定常性を取り扱うことに適したLESを導入してはじめて得られる結果である。

2.3.3 モータリング（壁面熱流束）

つぎに，図2.3のエンジン形状でモータリング条件における壁面熱流束の計算を行う。2.1.4項で述べたとおり，冷却損失の評価には壁面熱流束を求める必要があることから，温度場に対する壁モデルを用いる必要がある。異なるエンジン形状でのモータリング条件における壁面熱流束計算は，これまでも商用コードなどを用いて各研究者によって行われており[8),21)～24)]，圧縮行程でのTDC付近ではシリンダ内ガス温度が高くなることから，シリンダ内から外へ向かう壁面熱流束も最大になる。エンジンの仕様，圧縮比およびエンジン回転数，バルブタイミングなどの運転条件，計測点によっても壁面熱流束の空間分布，時間（クランク角度）変化の様相は変わるが，ガソリンエンジンのモータリング条件では，例えばAlkidas[47)]は圧縮比8.56の4ストローク単気筒エンジンを用いたシリンダヘッド上の計測で，TDC近傍でおおむね0.2～0.4 MW/m^{2}程度になることを報告している[21),23)]。

本例では，エンジン回転数2 000 rpmとし，メッシュサイズ0.5 mm，LESは標準スマゴリンスキーモデルを用いて計算を行った。ピストン，シリンダ壁面の速度と温度の境界条件は，2.2.4項〔1〕では速度に式(2.34)の対数則，温度に式(2.52)，2.2.4項〔2〕では速度・温度ともにAWFを用い，k_{SGS}は式(2.57)を用いた。

図2.11は，圧縮行程中のクランク角度357°（3° bTDC）におけるピストン底面の局所壁面熱流束分布のLES計算例である。明るい領域がシリンダ内から外部に向かう（外部へ逃げる）壁面熱流束を表している。AWFのほうが複

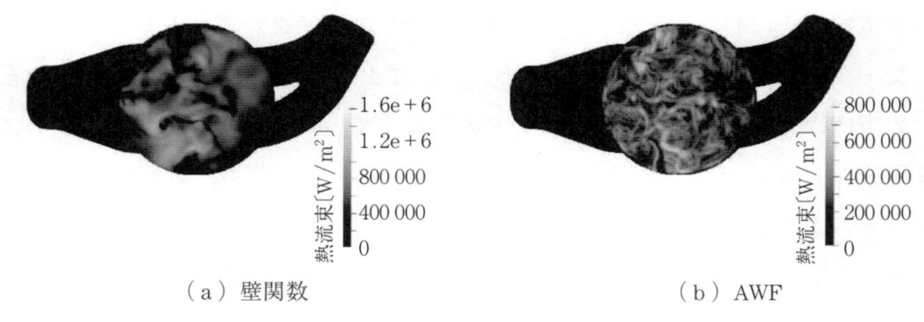

（a）壁関数　　（b）AWF

図 2.11　（口絵 2 参照）クランク角度 357°（3° bTDC）における
ピストン底面の局所壁面熱流束分布の LES 計算例

雑な壁面熱流束分布の解析ができており，LES-AWF の有用性を示唆している。壁面熱流束はおおむね最大 1.0 ～ 1.5 MW/m^2 の箇所がところどころに存在し，過去の圧縮比が低いガソリンエンジンと比較すると大きな値であるが，類似した局所壁面熱流束値が得られている。

コラム 2

エンジン燃焼ソフトウェア KIVA シリーズについて

商業用 CFD（computational fluid dynamics）コードである CSI 社の Converge，CD-adapco 社の STAR-CD，AVL 社の FIRE などの世界中で代表的なエンジン熱流体解析ソフトは，各自動車メーカにおけるエンジンの設計現場で，現在では必要不可欠な存在である。その一方で，コードの中身が確認できたり，あるいは研究者，技術者が自ら改造したり修正できるオープンソースのエンジン CFD コードは意外に少ない。このような中で KIVA コードは，大学や研究機関において広く使用されてきた数少ないオープンソースコードの代表的な存在であろう。KIVA は，エンジンシリンダ内おける熱流体のプロセスをシミュレートするために，米国ロスアラモス国立研究所で開発された汎用数値流体計算コードである。1985 年に第 1 版 KIVA プログラムの導入以来，これまで大学で最も広く使用されている多次元 CFD 燃焼計算のプログラムとなっている。30 年間において KIVA-II[48]，KIVA-3[49]，KIVA-3V[50]，KIVA-3V Release2[51] を経て改良された数値ソリューションアルゴリズムとして KIVA4[52] へと成長した。任意のエンジン形状を扱うことができ，二相流，乱流と壁面伝熱の影響を含めてエンジンシリンダ内乱流燃焼の計算を可能としている（詳細に関して下記のウェブサイトでご参照いただきたい）。

https://www.lanl.gov/projects/feynman-center/deploying-innovation/intellectual-property/software-tools/kiva/index.php

ここで，この計算手法について簡単に説明する。KIVAコードはRANSをもとにした有限体積法による非定常方程式を離散化し，理想気体を仮定したうえで燃料液滴蒸発を考慮した乱流運動方程式と化学反応方程式を解くものである。液滴に関与する方程式についてラグランジュ法，気相に関わる方程式についてオイラー法，いわゆるALE（arbitrary Lagrangian-Elurian method）法[53]を使用している。空間の離散化手法は，六面体セルを用いた有限体積法に基づいている。六面体のセル頂点における時間関数を使用することによって頂点の位置がラグランジュ的，オイラー的，または混合的に任意に記述できることがALE法の特徴である。そのため，エンジンの複雑なピストン形状に合わせて，シリンダ内における流動，燃焼などの計算を可能としていることは前述のとおりである。

これまで，KIVAのサブモデルの発展と応用が積極的に行われてきた。例えば，エンジンシリンダ内の乱流現象に着目し，ディーゼルエンジンにおいてLESモデルと噴霧や燃焼モデルをKIVAコードに組み込み，LES解析を適応した。ここで，**図**に，減速噴霧における数値解析の一例を示す[54]。

KIVAも誕生以来三十数年となるわけだが，エンジン技術の高度化に伴い，そろそろ次世代の計算コードにバトンタッチする時期かもしれない。

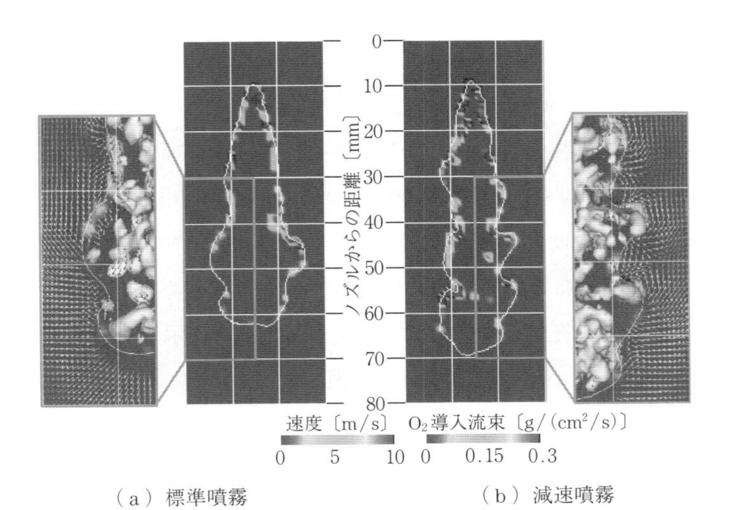

（a）標準噴霧　（b）減速噴霧

図　減速噴霧における数値解析の一例

3 燃料噴霧のモデリング

3.1 概　　　要

エンジンシリンダ内の**混合気形成**（mixture formation）に関する空気流動と**燃料噴霧**（fuel spray）の気液二相流数値解析において，2章で示した気相計算には**オイラー型方程式**（Eulerian equations）を，液相計算には**ラグランジュ型方程式**（Lagrangian equations）を用いることが一般的である。コンピュータの性能の向上により，液相にもオイラー型方程式を用いるVOF法やlevel set法などの手法もあるが，噴射弁内部や雰囲気への噴出直後までの適用など一部の空間領域での解析に限られている。ラグランジュ的手法についても，これまでいくつかの提案[1)]がなされているが，汎用の数値解析コードを含めて離散液滴モデル（DDM）が採用されることがほとんどである。この手法は，液滴を**パーセル**（parcel）と呼ばれる液滴グループでまとめて取り扱う。パーセル内には，同一液滴径，温度，速度の液滴をN個含み，性質の等しい液滴でグループ化していることになる。パーセルによって液滴をまとめていることは，計算負荷の観点において有効になるだけでなく，3.2.1項に示すように噴霧計算が確率的な側面を持つことも表している。**図3.1**にDDMとパーセルの概念図を示す。DDMでは，液滴についてはパーセルにグループ化することのみを規定しており，そのほかの液滴分裂，合体，蒸発，壁面衝突などの現象は別途モデルが必要になる。本章では，燃料噴霧計算の概要を示した後，各種物理モデル，HINOCAによる数値計算例について述べる。

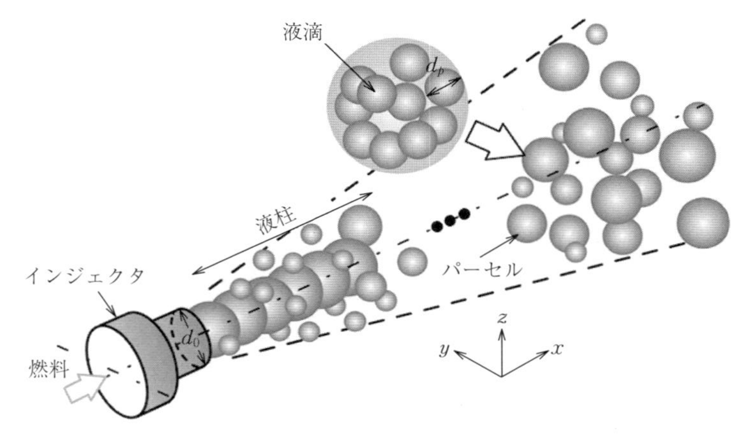

図 3.1　DDM とパーセルの概念図

3.2 理　　　　論

3.2.1 離散液滴モデル[2)~4)]

エンジンシリンダ内に噴射される燃料噴霧全体を表現するための手法として一般的に採用されている離散液滴モデル（DDM）内には，噴霧の数値的表現と気液相関に関する二つのモデルがある。噴霧の数値的表現では，噴霧内の液滴を仮想的なグループであるパーセルに分割し，気液相関では，液滴の物理量の変化による気相との物理量の授受を保存則に従って定式化している。液滴のパーセル分割は，噴霧全体の液滴を液滴径ごとにある程度の質量でグループ化して，それぞれのパーセルについて各物理量を計算するものであり，直観的にも合理的であるように思われるが，確率的な概念からもこのモデルは導出できる。N 個の液滴が含まれているパーセル内の液滴径，速度，温度などの物理量が一定であるとすると，N 個の液滴は，統計的に液滴個数の**確率密度関数**（probability density function）

$$dN = f(t, X, v_p, r_l, T_l)\, dX dv_p dr_l dT_l \tag{3.1}$$

として表される。これは，ある時刻 t，位置 $X(x, y, z) \sim X(x, y, z) + dX(x, y, z)$

にある速度 $v_p \sim v_p + dv_p$，半径 $r_l \sim r_l + dr_l$，温度 $T_l \sim T_l + dT_l$ にある液滴数を意味している。この統計的な連続関数の記述を離散的に扱えば

$$f \to \sum_{i=1}^{M} f_i = \sum_{i=1}^{M} \frac{N_i}{\Delta X \Delta v_p \Delta r_l \Delta T_l} \tag{3.2}$$

となり，確率密度関数がパーセルの概念（同一位置，速度，液滴径，温度の液滴が N 個）に近似される。

液滴は，分裂，合体，蒸発などにより液滴径，液滴数を変化させながら，気相中を移動しているが，周囲気体からの抵抗によって速度も低下している。この速度低下に伴う液滴の運動量低下分は，気液間の運動量保存が成立しているため，気相に輸送される。同様に，後述される液滴蒸発に伴う液体から気体への相変化による液滴質量や燃料化学種質量変化と，液滴質量，速度変化に伴う運動エネルギー変化，熱エネルギー変化も気相との間で保存されることになる。この液滴から輸送される物理量は，2 章の式 (2.2)，(2.3) に示した気相方程式の生成項として加えられ，この項は気液相関項と呼ばれる。気液間の質量保存，運動量保存，エネルギー保存は，気液相関項を通して成り立つように計算されるが，単位体積当りの液体質量は，気体質量に比べて十分小さいことを仮定している。これは，希薄な噴霧であることを示し，計算方法としては本来ある空間内の気相，液相を含めた平均密度を気相方程式では使うべきではあるが，液相の空間内占有体積が十分小さいとすることで，気相密度をそのまま使用している。

各相関項は，以下のようになる。なお，式 (3.3) ～ (3.5) は式 (3.1) の連続関数をもとにした積分形式からパーセルごとの離散形式を算出している。質量相関項は，「単位時間，単位体積当りに液滴から蒸発した質量」であり

$$-\sum_{j=1}^{M} \iint \rho_{l,j} 4\pi r_l{}^2 R_j f_j dr_l d\boldsymbol{v}_p = -\sum_{j=1}^{M} \frac{N_j}{V_{ijk}} \frac{d}{dt} \left(\rho_{l,j} \frac{4}{3} \pi r_{l,j}{}^3 \right)$$
$$= -\sum_{j=1}^{M} \frac{N_j}{V_{ijk}} \frac{dm_{l,j}}{dt} \tag{3.3}$$

となる。これは各セルにある液滴（パーセル）の時間 dt 間の質量変化分が気

相側へ輸送されることを示している。これより，液相−気相間の質量保存は成り立っていることが確認できる。ここで，ρ_lは液滴密度，r_lは液滴半径，Rは液滴半径変化率dr_l/dt，Nは液滴数（パーセル内），V_{ijk}は液滴（パーセル）が存在するセル体積，Mは液滴（パーセル）数，m_lは液滴質量，$fdr_ld\boldsymbol{v}_p$は液滴の存在確率（単位体積当りに存在する液滴数N）である。

運動量相関項は「単位時間，単位体積当りに(噴霧が気体に与える運動量)+(液滴から蒸発する物質によって気体にもたらされる運動量)」であり

$$
\begin{aligned}
&-\sum_{j=1}^{M}\iint\rho_{l,j}\frac{4}{3}\pi r_{l,j}{}^3F_jf_jdr_ld\boldsymbol{v}_p-\sum_{j=1}^{M}\iint\rho_{l,j}4\pi r_{l,j}{}^2R_j\boldsymbol{v}_{p,j}f_jdr_ld\boldsymbol{v}_p\\
&\quad=-\sum_{j=1}^{M}\frac{N_j}{V_{ijk}}m_{l,j}\frac{d\boldsymbol{v}_{p,j}}{dt}-\sum_{j=1}^{M}\frac{N_j}{V_{ijk}}\frac{dm_{l,j}}{dt}\boldsymbol{v}_{p,j}\\
&\quad=-\sum_{j=1}^{M}\frac{N_j}{V_{ijk}}\frac{d(m_{l,j}\boldsymbol{v}_{p,j})}{dt}
\end{aligned}
\tag{3.4}
$$

となる。つまり，液滴の質量変化，速度変化に伴う運動量の変化が計算されていることになる。ここで，$\boldsymbol{v}_p$は液滴速度，Fは単位質量当りに液滴が受ける力，つまりは液滴の加速度$d\boldsymbol{v}_p/dt$である。

エネルギー相関項は，「単位時間，単位体積当りに(噴霧が気体に行った仕事)+(蒸発物質が気体に付加したエネルギー)」となる。

$$
\begin{aligned}
&-\sum_{j=1}^{M}\iint\rho_{l,j}\frac{4}{3}\pi r_{l,j}{}^3(F_j\cdot\boldsymbol{v}_{p,j})f_jdr_ld\boldsymbol{v}_p\\
&\qquad-\sum_{j=1}^{M}\iint\rho_{l,j}4\pi r_{i,j}{}^2R_j\left(h_{g,j}+\frac{\boldsymbol{v}_{p,j}{}^2}{2}\right)f_jdr_ld\boldsymbol{v}_p\\
&\quad=-\sum_{j=1}^{M}\frac{N_j}{V_{ijk}}m_{l,j}\boldsymbol{v}_{p,j}\cdot\frac{d\boldsymbol{v}_{p,j}}{dt}-\sum_{j=1}^{M}\frac{N_j}{V_{ijk}}\frac{dm_{l,j}}{dt}\left(h_{g,j}+\frac{\boldsymbol{v}_{p,j}{}^2}{2}\right)\\
&\quad=-\sum_{j=1}^{M}\frac{N_j}{V_{ijk}}\frac{d}{dt}\left(\frac{1}{2}m_{l,j}\boldsymbol{v}_{p,j}{}^2\right)-\sum_{j=1}^{M}\frac{N_j}{V_{ijk}}\frac{dm_{l,j}}{dt}h_{g,j}
\end{aligned}
\tag{3.5}
$$

第1項が，液滴速度および質量変化に伴う運動エネルギー輸送，第2項が蒸発に伴うエネルギー輸送になる。ここで，h_gは気相のエンタルピーである。第2項の蒸発に関する項について，エネルギーバランスの観点からの導出過程を以下に示す。

〔1〕 液相側からの検討

液相には，気相からの熱伝達によって得られるエネルギー $dQ(=\alpha_0 A_0(T_g - T_l)dt)$ と蒸発によって失われるエネルギー $h_g(T_l)dm_l$ があり，このエネルギーの総和が液相の系のエンタルピー変化 dH になる（式(3.6)）。ここで，α_0 は**熱伝達率**（heat transfer coefficient），T_g は気相温度，A_0 は表面積である。

$$\begin{aligned} dQ + h_g(T_l)dm_l &= dH_l \\ &= m_l dh_l + h_l(T_l)dm_l \\ &= m_l C_{pl} dT_l + [h_g(T_l) - \Delta H_v(T_l)]dm_l \end{aligned} \tag{3.6}$$

$$dQ = m_l C_{pl} dT_l - \Delta H_v(T_l)dm_l \tag{3.7}$$

式の変形には，$H = mh$，$dh = C_p dT$ のエンタルピーに関する定義式と相変化に伴うエンタルピー変化，$h_g(T_l) = h_l(T_l) + \Delta H_v(T_l)$（液相のエンタルピーに，相変化（蒸発）のエンタルピー（**潜熱**，latent heat）を加えたものが気相のエンタルピーになる）を用いている。これが液滴のエネルギー方程式になり，この式をさらに展開することで3.2.6項の蒸発による液滴温度が計算される。ここで，dm_l は蒸発によって失われた質量（マイナス），C_{pl} は液滴の比熱，$h_g(T_l)$ は燃料蒸気のエンタルピー（温度は液滴温度 T_l），$h_l(T_l)$ は燃料液滴のエンタルピー（温度は液滴温度 T_l），$\Delta H_v(T_l)$ は蒸発潜熱（温度は液滴温度 T_l）となる。

〔2〕 気相側からの検討

気相には，熱伝達によって液相に奪われるエネルギー $dQ(=\alpha_0 A_0(T_g - T_l)dt)$ と蒸発することによって得られるエネルギー $h_g(T_l)dm_l$ があり，このエネルギーの総和が気相の系のエンタルピー変化になる。つまり，液相側とは授受の関係が逆になっている（式(3.8)）。

$$\begin{aligned} dH_g &= -dQ - h_g(T_l)dm_l \\ &= -m_l C_{pl} dT_l + \Delta H_v(T_l)dm_l - h_g(T_l)dm_l \end{aligned} \tag{3.8}$$

ここでは，$-dQ$ に液相側から求められた式(3.7)を代入している。左辺は，気相に与えられるエネルギーであり，これを変形した右辺の三つの項を気相のエネルギー方程式の生成項として用いる。右辺第1項は「**液相の顕熱**（sensible heat）によって気相から奪われたエネルギー」，第2項は「液相の潜熱によって気相から奪われたエネルギー」，第3項は「燃料が蒸気になることで気相が質量とともに得たエネルギー」となる。これで液相，気相ともバランスが取れている。以上の結果から，式(3.5)をまとめると

$$-\sum_{j=1}^{M}\frac{N_j}{V_{ijk}}\frac{d}{dt}\left(\frac{1}{2}m_{l,j}\boldsymbol{v}_{p,j}{}^2\right)$$
$$-\sum_{j=1}^{M}\frac{N_j}{V_{ijk}}\left[m_{l,j}C_{pl,j}\frac{dT_{l,j}}{dt}-\Delta H_v(T_l)\frac{dm_{l,j}}{dt}+h_{g,j}(T_l)\frac{dm_{l,j}}{dt}\right] \qquad (3.9)$$

となる。つまり，式(3.5)第2項の蒸発に関係したエネルギーを，液滴顕熱，蒸発潜熱，蒸発ガスのエンタルピーに分割したことになる。

3.2.2　液滴の運動

DDMでは，液滴をラグランジュ型方程式で解くことにしているため，液滴の運動はいわゆる**ニュートンの運動方程式**（Newtonian equation of motion）$ma=\sum F_i$を用いている。右辺にあるパーセルごとに各液滴にかかる力は，抗力項，付加質量項，圧力勾配項，バセット項，重力項などによって評価されるが，エンジンにおける燃料インジェクタからの噴射は，高速，かつ微小液滴直径になることから，項別比較を行うと，抗力項が他項に比べて支配的であるため，抗力項のみを考慮している（式(3.10)）。

$$m_l\frac{d\boldsymbol{v}_p}{dt}=C_D\frac{1}{2}\rho_g|\boldsymbol{v}_g-\boldsymbol{v}_p|(\boldsymbol{v}_g-\boldsymbol{v}_p)A_f \qquad (3.10)$$

ここで，m_lは液滴質量，$\boldsymbol{v}_g$，$\boldsymbol{v}_p$は気相，液滴速度，ρ_gは気相密度，A_fは投影断面積，C_Dは**抗力係数**（drag coefficient）であり，液滴のレイノルズ数$Re_d=|\boldsymbol{v}_g-\boldsymbol{v}_p|d_p/\nu_g$を使って剛体球の抗力係数で近似される。なお，$\nu_g$は空気の動粘度，$d_p$は液滴直径である。

$$C_{D,sphere}=\begin{cases}\dfrac{24}{Re_d}\left(1+\dfrac{1}{6}Re_d{}^{2/3}\right), & Re_d\leqq 1\,000\\ 0.424, & Re_d>1\,000\end{cases} \qquad (3.11)$$

この抗力に対して，液滴飛翔時の**液滴変形量**（droplet deformation）を抗力

係数によって考慮するモデルや，投影断面積で考慮するモデルがある。抗力係数を変更するモデル[5]は，球と円盤形状での値を変形量に比例するとし，投影断面積で考慮するモデル[6]は，液滴形状に回転楕(だ)円体を仮定することで，それぞれを式 (3.12)，(3.13) のように変更している。

$$C_D = C_{D,\,sphere}(1 + 2.632y) \tag{3.12}$$

$$A_f = \pi \frac{r_l^2}{1 - 0.5y} \tag{3.13}$$

無次元液滴変形量 $y(=(x/(2r_l)\,;\,x$，液滴変形量$)$ は，**TAB モデル**（Taylor analogy breakup model）[7]によって式 (3.14) のように求められる。

$$\frac{d^2y}{dt^2} = \frac{C_F \rho_g U^2}{C_b \rho_l r_l^2} - \frac{C_K \sigma_l}{\rho_l r_l^3} y - \frac{C_d \mu_l}{\rho_l r_l^2} \frac{dy}{dt} \tag{3.14}$$

ここで，U は気液相対速度，σ_l は表面張力，μ_l は液滴粘性係数，C_b，C_F，C_K，C_d は定数である。なお，式 (3.14) は解析解があり，式 (3.15)，(3.16) のようになる。

$$y(t) = \frac{We_d}{A} + e^{-t/t_d}\left\{\left(y(0) - \frac{We_d}{A}\right)\cos\omega t + \frac{1}{\omega}\left[\frac{dy(0)}{dt} + \frac{y(0) - We_d/A}{t_d}\right]\sin\omega t\right\} \tag{3.15}$$

$$t_d = \frac{2\rho_l r_l^2}{C_d \mu_l},\quad \omega^2 = C_k \frac{\sigma_l}{\rho_l r_l^3} - \frac{1}{t_d^2},\quad We_d = \frac{\rho_g U^2 r_l}{\sigma_l},\quad A = \frac{C_K C_b}{C_F} = 12 \tag{3.16}$$

3.2.3　燃料噴射初期条件（噴孔出口モデル）

燃料は，燃料昇圧ポンプによって加圧されることで燃料インジェクタの針弁開放時にシリンダ内へ噴出される。そのときの燃料噴出速度には，通常，噴射期間を固定した条件で計測された平均噴射量と燃料密度，噴孔径から連続の式によって求められる平均速度が，初期液滴径には噴孔径が用いられる。しかし，定容容器などの雰囲気温度，圧力が一定の条件下や，急速圧縮膨張装置による温度，圧力が時間変化する条件下での計測からは，流速[8),9)]，液滴径[10)]とも連続の式による平均速度，噴孔径とは異なる結果が得られ，噴孔から与える液滴初期速度については，軸対称噴流の**ゲルトラー**（Goertler）**型解**で，液滴径については，**対数正規分布関数**（log-normal distribution function）で表現できることが示されている。

ゲルトラー型速度分布は

$$\frac{u}{u_m}=\frac{1}{(1+0.125\,\xi^2)^2},\quad \xi=\frac{\sigma_0 r}{x} \tag{3.17}$$

で表される。ここで，u は鉛直方向速度，r は噴孔中心を原点とした半径方向距離，x は噴孔からの距離である。このゲルトラー型速度分布は，軸対称噴流における円筒座標系のナヴィエ・ストークス方程式を境界層近似し，乱流摩擦応力 $(-\rho\overline{v_r'v_x'})$ を**プラントル**（Prandtl）**の渦粘性モデル**を用いて解いた結果である。噴霧軸上速度（各断面の軸方向最大速度）である u_m と，未定係数である σ_0 が計測結果を表現するためのパラメータであり，式 (3.18) のように求めている。

$$u_m=a_0\left(\frac{\rho_l}{\rho_g}\right)^{a_1}\sqrt{\frac{2\Delta P}{\rho_l}},\quad \sigma_0=b_2\left(\frac{\rho_a}{\rho_0}\right)^{0.5}\left(\frac{x}{d_0}\right)+b_1\left(\frac{\rho_a}{\rho_0}\right)^{0.5}+b_0 \tag{3.18}$$

計測結果から $a_0=0.17$，$a_1=0.25$，$b_0=-0.5$，$b_1=0.13$，$b_2=0.12$ としている。ここで，ΔP は燃料噴射圧力と雰囲気圧力の差圧，ρ_0 は基準密度（1.2 kg/m^3），x は計測点である噴孔からの距離（5 mm）である。

対数正規分布および累積分布関数[11),12)]は

$$\frac{dm_l}{m_l}=\frac{1}{\sqrt{2\pi}}\frac{1}{\sigma}\exp\left\{-\frac{[\ln(d_p/D_{32})]^2}{2\sigma^2}\right\}\left(\frac{d_p}{D_{32}}\right)d\left(\frac{d_p}{D_{32}}\right) \tag{3.19}$$

$$P=\frac{1}{2}\left\{1+\mathrm{erf}\left[\frac{\ln(d_p/D_{32})}{\sqrt{2}\,\sigma}\right]\right\} \tag{3.20}$$

となり，累積分布関数は**誤差関数**（error function）によって計算できる。この累積分布は，式 (3.19) の粒径分布を $0\sim d_p/D_{32}$ 間で積分するとき，$z=\ln(d_p/D_{32})/\sigma$ とおくことによって算出される。代表粒径である**ザウタ平均粒径**（Sauter mean diameter）D_{32}，および標準偏差に相当する σ は計測結果から

求められる。なお，自由度の高い**粒径分布関数**（droplet distribution function）として**抜山・棚沢粒径分布**（Nukiyama-Tanasawa distribution）**関数**がある。この分布関数は式 (3.21) ～ (3.23) で示される。

$$\frac{dm_l}{m_l}=\beta\frac{\left[\Gamma\left(\frac{\alpha+4}{\beta}\right)\right]^{\alpha+3}}{\left[\Gamma\left(\frac{\alpha+3}{\beta}\right)\right]^{\alpha+4}}\left(\frac{d_p}{D_{32}}\right)^{\alpha+3}\exp\left\{-\left[\frac{\Gamma\left(\frac{\alpha+4}{\beta}\right)}{\Gamma\left(\frac{\alpha+3}{\beta}\right)}\right]^{\beta}\left(\frac{d_p}{D_{32}}\right)^{\beta}\right\}d\left(\frac{d_p}{D_{32}}\right) \tag{3.21}$$

$$P=\frac{\gamma\left(\frac{\phi}{2},\frac{\chi^2}{2}\right)}{\Gamma\left(\frac{\phi}{2}\right)} \tag{3.22}$$

$$\frac{\phi}{2}=\frac{\alpha+4}{\beta},\quad \frac{\chi^2}{2}=\left[\frac{\Gamma\left(\frac{\alpha+4}{\beta}\right)}{\Gamma\left(\frac{\alpha+3}{\beta}\right)}\right]^{\beta}\left(\frac{d_p}{D_{32}}\right)^{\beta} \tag{3.23}$$

ここで，α，β は定数，ϕ は自由度，$\gamma(\phi/2,\ \chi^2/2)$ は**第一種不完全ガンマ関数**（lower incomplete gamma function），Γ は**完全ガンマ関数**（complete gamma function）である。抜山-棚沢分布の場合も同様に，式 (3.21) を式 (3.23) のように変数変換することで累積分布関数として式 (3.22) が得られる。

3.2.4　液滴分裂モデル

〔1〕 KH-RT モデル[13),14)]

KH-RT モデルは，Kelvin-Helmholtz 不安定と Rayleigh-Taylor 不安定の両者を同時に解くモデルであり，最大成長率 Ω と波長 Λ によって分裂時間，分裂後の液滴径が算出される。KH-RT モデルの概念図を**図 3.2** に示す。KH 分裂時の最大成長率と波長は

$$\Omega_{KH}\left(\frac{\rho_l r_l^3}{\sigma_l}\right)^{0.5}=\frac{0.34+0.385\,We_d^{1.5}}{(1+Z)(1+1.4T^{0.6})} \tag{3.24}$$

$$\frac{\Lambda_{KH}}{r_l}=9.02\frac{(1+0.45Z^{0.5})(1+0.4T^{0.7})}{(1+0.865\,We_d^{1.67})^{0.6}} \tag{3.25}$$

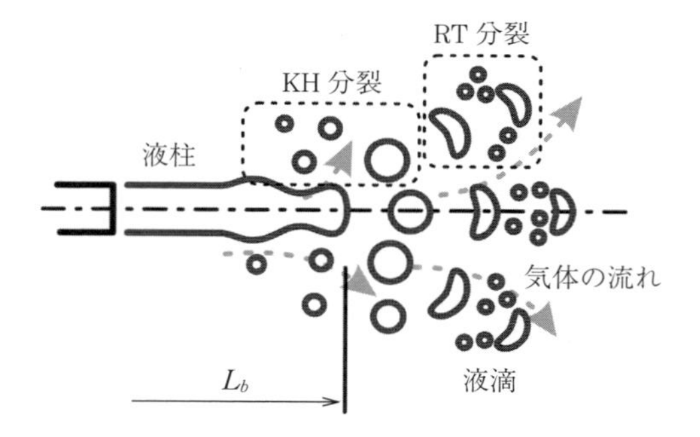

図 3.2　KH-RT モデルの概念図

で表される。式 (3.24), (3.25) の Z と T は，それぞれ**オーネゾルゲ数**（Ohnesorge number），**テイラー数**（Taylor number）であり，**ウェーバー数**（Weber number）We_l と式 (3.16) で示した We_d，およびレイノルズ数 Re_l の三つの無次元数を用いて，式 (3.26) のように計算される。

$$Z=\frac{{We_l}^{0.5}}{Re_l},\quad T=Z{We_d}^{0.5} \tag{3.26}$$

$$We_l=\frac{\rho_l U^2 r_l}{\sigma_l},\quad Re_l=\frac{\rho_l U r_l}{\mu_l} \tag{3.27}$$

パーセルを分割するまでの液滴変化は式 (3.28)，(3.29) のようになる。

$$\frac{dr_l}{dt}=\frac{r_l-r_c}{\tau_{KH}} \tag{3.28}$$

$$\tau_{KH}=\frac{3.726B_1 r_l}{\Omega_{KH}\Lambda_{KH}} \tag{3.29}$$

式 (3.28) から計算される液滴の質量減少が，もとの液滴質量の 3% を超えたとき，分裂による新たなパーセルを生成する。このパーセルを子パーセル，もとのパーセルを親パーセルと呼ぶ。そのときの液滴径 r_c は

$$r_c=\begin{cases} B_0\Lambda_{KH}, & (B_0\Lambda\leqq r_l) \\ \min\left\{\left(\dfrac{3\pi {r_l}^2 U}{2\,\Omega_{KH}}\right)^{0.33},\ \left(\dfrac{3\,{r_l}^2\Lambda_{KH}}{4}\right)^{0.33}\right\}, & \left(\begin{array}{l} B_0\Lambda>r_l \\ \text{各液滴に対して} \\ \text{1 回のみ}\end{array}\right)\end{cases} \tag{3.30}$$

となる。RT 分裂時の最大成長率と波長は

$$\Omega_{RT}=\sqrt{\frac{2}{3\sqrt{3\sigma_l}}\frac{[-g_t(\rho_l-\rho_g)]^{3/2}}{\rho_l+\rho_g}} \tag{3.31}$$

$$\Lambda_{RT}=2\pi C_3\sqrt{\frac{3\sigma_l}{-g_t(\rho_l-\rho_g)}} \tag{3.32}$$

$$-g_t=\frac{3}{8}C_D\frac{\rho_g U^2}{\rho_l r_l} \tag{3.33}$$

となり，$\Lambda_{RT}<d_p$ かつ $(1/\Omega_{RT})<t$ のときに分裂し，式 (3.34) に示す液滴径になる。

$$r_c=\frac{1}{2}\Lambda_{RT} \tag{3.34}$$

KH モデルでは B_0 と B_1，RT モデルでは C_3 が定数になる。

モデル上，分裂は RT モデル，KH モデルの順で計算され，RT モデルでの分裂が生じない場合に限って KH モデルの分裂計算が行われる。また，RT モデルの分裂による液滴径の減少率が小さすぎることから，新たなパラメータとして噴孔から噴出した燃料が液柱を維持している距離である**分裂長さ**（breakup length）L_b を導入し，分裂長さを超えた噴霧下流にのみ，RT モデルを適用している。分裂長さは式 (3.35) で表される。ここで，d_0 は噴孔径，C_b は定数である。

$$L_b=C_b d_0\sqrt{\frac{\rho_l}{\rho_g}} \tag{3.35}$$

〔2〕 TAB モデル[7)]

TAB モデルは，式 (3.14) のように周囲からの外力による液滴変形・振動をばね-質点系のモデルに置き換え，その変形量を求めている。表面張力はばねの復元力と，液滴が気相から受ける力は質量への外力と，液体の粘性はダンパの減衰力と相似であることを仮定している。式 (3.15) により無次元変形量 y を求めるが，$y=1$ のときに分裂を生じる。TAB モデルにおいて，$y=1$ となるまでの時間（**分裂時間**，breakup time）t_{bu} は，以下のように求められる。式 (3.15) に対して，$y(0)=dy(0)/dt=0$，式 (3.16) の ω^2 の項別比較により，

$C_k\sigma_l/\rho_l r_l^3 \gg 1/t_d^2$，$t_d^2 \to \infty$とすると

$$y(t)=\frac{We_d}{12}(1-\cos\omega t) \tag{3.36}$$

となる。分裂時間は1より十分小さいので，$\omega t_{bu} \ll 1$から

$$\cos\omega t_{bu}=1-\frac{1}{2}\omega^2 t_{bu}{}^2 \tag{3.37}$$

と近似できる。分裂時は$y=1$なので，式(3.36)に式(3.16)のWe_d，式(3.37)を代入すると

$$t_{bu}=\sqrt{3}\sqrt{\frac{\rho_l}{\rho_g}}\frac{r_l}{U} \tag{3.38}$$

が得られる。計測結果[15)]と比較すると，TABモデルの分裂時間は速い。また，式(3.36)から$\cos\omega t=-1$で$y(t)$が最大値になり，このときに$y \geqq 1$にならなければ分裂しない。計測結果[15)]などで得られている$We_d \geqq 6$で分裂が生じるように係数C_b，C_Fを決定していることから，分裂の有無については現象を再現できるモデルになっている。

分裂後の代表粒径は，エネルギー保存則から求められる。分裂前後のエネルギーとして，分裂前は表面張力による最小表面エネルギーと液滴の振動，ひずみエネルギー，分裂後は最小表面エネルギーと分裂によって生じる液滴進行方向に対する垂直方向付加速度による運動エネルギーが挙げられる。ここでは分裂後の液滴の振動，ひずみのエネルギーはないと仮定している（式(3.39)）。

$$\frac{r}{r_{32}}=1+\frac{8}{20}K+\frac{\rho_l r_l^3}{\sigma_l}\dot{y}^2\left(\frac{6K-5}{120}\right) \tag{3.39}$$

ここで，r_{32}はザウタ平均半径，$\dot{y}$は液滴変形速度，Kはモデル定数である。分裂後の液滴径は，この代表粒径に加えて，粒径分布を与えることで生成液滴径に幅を持たせている。なお，米国ロスアラモス国立研究所で開発されたKIVA4で採用されているのは**ロジン・ラムラー**（Rosin-Rammler）**粒径分布**（$\beta=3.5$）とχ^2分布（$\phi=8$）である。この$\phi=8$のχ^2分布は，式(3.21)の抜山・棚沢粒径分布では，$\alpha=0$，$\beta=1$に一致している。χ^2分布と抜山・棚沢粒径分布の間には，式(3.23)の$\phi/2=(\alpha+4)/\beta$なる関係が導かれるが，自由度だけ

ではα，βの両者を決定することはできず，α，βのどちらかを何らかの方法で決める必要がある。また，χ^2分布のχ^2から液滴径への変換には

$$\chi^2 = 2\,Ad_p^B \tag{3.40}$$

と，A，Bの二つの定数が必要となる。この定数A，Bが自由度だけで表現できる粒径分布でないかぎり，自由度だけを決めても粒径分布を規定できない。ロジン・ラムラー粒径分布とχ^2分布の関数形を式(3.41)，(3.42)に示す。

ロジン・ラムラー分布：

$$\frac{dm_l}{m_l} = \frac{\beta}{\left[\Gamma\left(\frac{\beta-1}{\beta}\right)\right]^{\beta}}\left(\frac{d_p}{D_{32}}\right)^{\beta-1}\exp\left\{-\frac{1}{\left[\Gamma\left(\frac{\beta-1}{\beta}\right)\right]^{\beta}}\left(\frac{d_p}{D_{32}}\right)^{\beta}\right\}d\left(\frac{d_p}{D_{32}}\right) \tag{3.41}$$

χ^2分布：

$$\frac{dm_l}{m_l} = \frac{1}{2^{\phi/2}\Gamma\left(\frac{\phi}{2}\right)}(\chi^2)^{\phi/2-1}\exp\left(-\frac{\chi^2}{2}\right)d(\chi^2) \tag{3.42}$$

計測結果との比較により，修正が施されたMTABモデル[16]では，参考文献7)で示されたモデル定数であるKを10/3から8/9へ，分裂後のχ^2分布を$\phi=2$から6に変更している。**図3.3**に，分裂後の粒径分布例を示す。

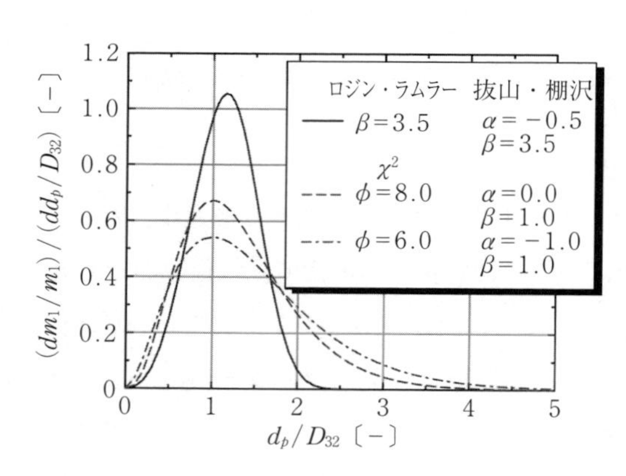

図3.3　分裂後の粒径分布例

3.2.5 液滴衝突・合体モデル[17)]

O'Rourke と Bracco によって提案された**液滴衝突・合体モデル**（droplet collision and coalescence model）は，同一セル内にあるパーセルどうしでのみ考慮され，衝突する確率は**ポアソン分布**（Poisson distribution）に従うと仮定している。衝突の判定を行う二つの液滴に対して，大きな径の液滴を**コレクタ**（collector），小さな径の液滴を**液滴**（droplet）と呼ぶ。両者の衝突頻度 v_0 は

$$v_0=\frac{N_2}{V_{ijk}}\pi(r_{l,1}+r_{l,2})^2|\boldsymbol{v}_{p,1}-\boldsymbol{v}_{p,2}| \tag{3.43}$$

で，n 回衝突する確率は，ポアソン分布により

$$P_n=\frac{(v_0\Delta t)^n}{n!}\exp(-v_0\Delta t) \tag{3.44}$$

となる。ここで，V_{ijk} はコレクタと液滴が存在しているセルの体積，N は液滴数，r_l は液滴半径，$\boldsymbol{v}_p$ は液滴速度であり，添え字 1，2 はコレクタ，液滴を表している。液滴の衝突判定は，式 (3.43) のように V_{ijk} を用い，同一セル内のパーセルのみに適用しているため，本モデルは格子サイズの影響を受ける。

衝突・合体の形態は，乱数を用いて，衝突なし，衝突後の再分裂，合体の 3 条件に分けている。一度も衝突しない確率は，$P_0=\exp(-v_0\Delta t)$ となるので，0 ～ 1 の乱数を発生させ，この乱数が P_0 未満ならば衝突なし，P_0 以上ならば衝突ありとする。衝突ありとなった場合には，さらに乱数 x_2 を発生させ，式 (3.45) ～ (3.48) に示す衝突パラメータ b と**臨界衝突パラメータ**（critical impact parameter）b_{cr} によって，再分裂と合体を判断する。なお，再分裂の場合は $b\geqq b_{cr}$，合体の場合は $b<b_{cr}$ となる。

$$b=\sqrt{x_2}(r_{l,1}+r_{l,2}) \tag{3.45}$$

$$b_{cr}^2=(r_{l,1}+r_{l,2})^2\min\left[1.0,\ \frac{2.4f(\gamma)}{We_L}\right] \tag{3.46}$$

$$f(\gamma)=\gamma^3-2.4\gamma^2+2.7\gamma,\quad \gamma=\frac{r_{l,1}}{r_{l,2}} \tag{3.47}$$

$$We_L=\frac{\rho_l(\boldsymbol{v}_{p,1}-\boldsymbol{v}_{p,2})^2 r_{l,2}}{\sigma_l} \tag{3.48}$$

臨界衝突パラメータは，物理的には合体した液滴が持ちつづけている角運動量のエネルギーと再分裂した場合の表面張力の増加分が等しいときの液滴中心間距離 X[18] である。**図 3.4** に液滴衝突の概念図を示すが，エネルギー保存を考えると，合体している液滴を等価半径 $(r_{l,1}{}^3+r_{l,2}{}^3)^{1/3}$ の球としたときの重心 G まわりの回転運動エネルギーと表面張力の和と分裂後の表面張力が等しいので

$$\frac{\Omega_0{}^2}{2I}+4\,\pi\sigma_l(r_{l,1}{}^3+r_{l,2}{}^3)^{2/3}=4\,\pi\sigma_l(r_{l,1}{}^2+r_{l,2}{}^2) \tag{3.49}$$

$$\Omega_0=\frac{4\,\rho_l UXr_{l,1}{}^3 r_{l,2}{}^3}{3(r_{l,1}{}^3+r_{l,2}{}^3)},\quad I=\frac{8}{15}\,\pi\rho_l(r_{l,1}{}^3+r_{l,2}{}^3)^{5/3} \tag{3.50}$$

が得られる。ここで，Ω_0 は角運動量，I は慣性モーメントである。これを代入，展開すると

$$\left(\frac{X}{r_{l,1}+r_{l,2}}\right)^2=\frac{2.4}{We_L}\,\frac{[1+\gamma^2-(1+\gamma^3)^{2/3}]\ (1+\gamma^3)^{11/3}}{\gamma^6(1+\gamma)^2} \tag{3.51}$$

となり，γ の関数を式 (3.47) のように簡素化すれば，$X=b_{cr}$ とした式 (3.46) と一致する。

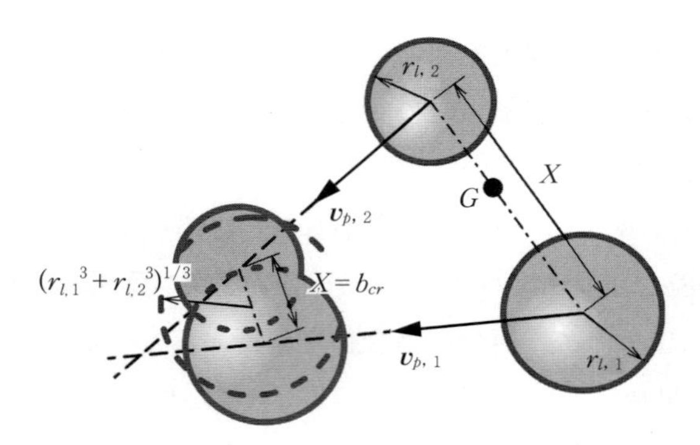

図 3.4　液滴衝突の概念図

再分裂する場合には両者の速度が変化し，合体する場合には合体する個数に対して液滴径，速度，温度が変更される。再分裂時の各液滴速度は非弾性衝突とし，2 球体衝突における反発係数 $S_g=(\boldsymbol{v}_{p,2}{}^{new}-\boldsymbol{v}_{p,1}{}^{new})/(\boldsymbol{v}_{p,1}-\boldsymbol{v}_{p,2})$ と，運動量保存 $m_{l,1}\boldsymbol{v}_{p,1}+m_{l,2}\boldsymbol{v}_{p,2}=m_{l,1}\boldsymbol{v}_{p,1}{}^{new}+m_{l,2}\boldsymbol{v}_{p,2}{}^{new}$ から，式 (3.52) ～ (3.54) のように表される。

$$\boldsymbol{v}_{p,1}{}^{new}=\frac{m_{l,1}\boldsymbol{v}_{p,1}+m_{l,2}\boldsymbol{v}_{p,2}+m_{l,2}(\boldsymbol{v}_{p,1}-\boldsymbol{v}_{p,2})\varsigma_g}{m_{l,1}+m_{l,2}} \tag{3.52}$$

$$\boldsymbol{v}_{p,2}{}^{new}=\frac{m_{l,1}\boldsymbol{v}_{p,1}+m_{l,2}\boldsymbol{v}_{p,2}+m_{l,1}(\boldsymbol{v}_{p,2}-\boldsymbol{v}_{p,1})\varsigma_g}{m_{l,1}+m_{l,2}} \tag{3.53}$$

$$\varsigma_g=\frac{b-b_{cr}}{r_{l,1}+r_{l,2}-b_{cr}} \tag{3.54}$$

本モデルにおいて，反発係数ς_gは合体（$b<b_{cr}$）では完全非弾性衝突（$\varsigma_g=0$），再分裂では衝突時の液滴間距離 X によって分けられ，液滴間距離が（$r_{l1}+r_{l2}$）のときは完全弾性衝突（$\varsigma_g=1$），b_{cr} から（$r_{l1}+r_{l2}$）の間のときは非弾性衝突として，線形補間している。

3.2.6 液滴蒸発モデル

〔1〕 単成分モデル，多成分モデル[19),20)]

液滴の蒸発は，熱と物質が同時に輸送される複雑な現象であるため，現象のモデル化には，以下のようなさまざまな仮定をおいている。モデル化のための仮定は，周囲気体と液滴（およびその蒸気）の化学種のみが存在，液滴は球形状，気相のフィルム（境界層）は準定常変化で厚みは液滴まわりに一様，フィルム内温度は 1/3 ルール[21)]

$$T_f=T_l+\frac{1}{3}(T_g-T_l) \tag{3.55}$$

とし，境界層内の物性値は空間的に一定，圧力は一定，放射は無視，液滴内部温度は一様，液滴間の直接的な干渉はない，としている。物質と熱の拡散のしやすさを表す**ルイス数**（Lewis number）$Le\,(=\rho C_p D/\lambda)$ は 1 とするが，この仮定の使用については定式化の過程で説明する。

液滴球の中心を原点（$r=0$）として，気体側の燃料質量流量とエネルギーは式 (3.56)，(3.57) のようになる。

$$\frac{dm_l}{dt}=4\,\pi r^2 v\rho Y_F-4\,\pi r^2 D\rho\frac{dY_F}{dr} \tag{3.56}$$

$$-\Delta H_v\frac{dm_l}{dt}=4\,\pi r^2 v\rho C_p(T_g-T_l)-4\,\pi r^2\lambda\frac{dT_g}{dr} \tag{3.57}$$

ここで，v，ρ，C_p，λ，D はそれぞれ燃料–空気混合気の速度，密度，定圧比熱，熱伝導率，混合気中を拡散する燃料の拡散係数で，T_g は雰囲気温度，Y_F は燃料の質量分率である。式 (3.56) の右辺第1項は，燃料–空気混合気が対流によって平均速度で輸送される流量，第2項は燃料蒸気が混合気中を拡散することによって輸送される流量である。式 (3.57) も同様に右辺第1項は質量輸送に伴うエネルギー輸送，第2項は熱伝導によって輸送されるエネルギー，左辺は液滴内へ導入されるエネルギーによって蒸発に使われる蒸発潜熱を表している。なお，この段階では顕熱（液滴を加熱するための熱）は考えていない。$4\pi r^2 v\rho$ はある球面を単位時間当りに通過する正味質量なので，dm_l/dt となる。式 (3.56)，(3.57) を，**図 3.5** に示す単成分蒸発モデルの概念図にあるような，球の周囲に厚さ δ のフィルムを配置するフィルムモデル[22]に基づいて，半径方向 r に対してフィルム内（$r=r_l \sim r_\infty$）で解くと，ρD，λ/C_p が r に対して一定，つまりフィルム内で一定であるとすれば

$$\frac{dm_l}{dt}=4\pi r_l \rho D \frac{1}{1-r_l/r_\infty}\ln\left(1+\frac{Y_{Fl}-Y_{F\infty}}{1-Y_{Fl}}\right) \tag{3.58}$$

$$\frac{dm_l}{dt}=4\pi r_l \frac{\lambda}{C_p}\frac{1}{1-r_l/r_\infty}\ln\left[1+\frac{C_p(T_g-T_l)}{\Delta H_v}\right] \tag{3.59}$$

となる。ここで，r_∞ は液滴中心からフィルム外側までの距離，Y_{Fl} は液滴表面の，$Y_{F\infty}$ はフィルム外の燃料質量分率である。熱伝達率 α_h と物質移動係数 α_D

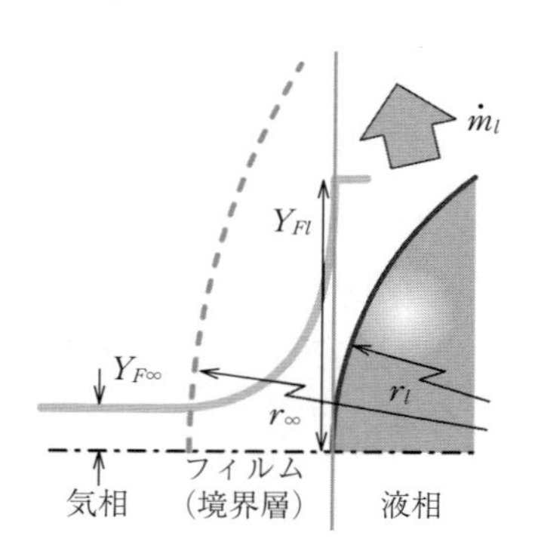

図 3.5　単成分蒸発モデルの概念図

の定義

$$Q = 4\pi r_l^2 \alpha_h (T_g - T_l), \quad \dot{m}_l = 4\pi r_l^2 \alpha_D (\rho Y_{Fl} - \rho Y_{F\infty}) \tag{3.60}$$

と，$(Y_{Fl} - Y_{F\infty})/(1 - Y_{Fl})$，$C_p(T_g - T_l)/\Delta Hv \ll 1$ とすると

$$\ln\left(1 + \frac{Y_{Fl} - Y_{F\infty}}{1 - Y_{Fl}}\right) \approx Y_{Fl} - Y_{F\infty} \tag{3.61}$$

$$\ln\left[1 + \frac{C_p(T_g - T_l)}{\Delta H_v}\right] \approx \frac{C_p(T_g - T_l)}{\Delta H_v} \tag{3.62}$$

に近似され，式 (3.58)，(3.59) に代入し，式 (3.60) のエネルギー Q を蒸発潜熱とする。これらを**シャーウッド数**（Sherwood number）Sh と**ヌッセルト数**（Nusselt number）Nu の定義式に代入すると

$$Sh = \frac{\alpha_D d_p}{D} = \frac{d_p}{D} \frac{\dot{m}_l}{4\pi r_l^2 \rho (Y_{Fl} - Y_{F\infty})} = \frac{2}{1 - r_l / r_\infty} \tag{3.63}$$

$$Nu = \frac{\alpha_h d_p}{\lambda} = \frac{d_p}{\lambda} \frac{\Delta H_v \dot{m}_l}{4\pi r_l^2 (T_g - T_l)} = \frac{2}{1 - r_l / r_\infty} \tag{3.64}$$

となる。式 (3.58)，(3.59) の ln 内第 2 項のそれぞれを mass transfer number B_M, heat transfer number B_T とすれば

$$\frac{dm_l}{dt} = 2\pi r_l \rho D Sh \ln(1 + B_M) \tag{3.65}$$

$$\frac{dm_l}{dt} = 2\pi r_l \frac{\lambda}{C_p} Nu \ln(1 + B_T) \tag{3.66}$$

$$B_M = \frac{Y_{Fl} - Y_{F\infty}}{1 - Y_{Fl}}, \quad B_T = \frac{C_p(T_g - T_l)}{\Delta H_v} \tag{3.67}$$

が得られる。式 (3.65) と式 (3.66) は等しくなければならないので，$Le = 1$ を仮定すれば $B_M = B_T$ でなければならない。以上により，液滴質量の式が導かれる。エネルギー式については，式 (3.57) の右辺が液滴に流入する方向を－，もしくは流出する方向を＋としたエネルギーを示しているので，液滴と気相間のエネルギー輸送量 $\dot{Q}_v$ は

$$\dot{Q}_v = \dot{m}_l C_p (T_g - T_l) - 4\pi r^2 \lambda \frac{dT_g}{dr} \tag{3.68}$$

となる。前述と同様に半径方向 r に対してフィルム内で解いて，Q_v を求めると

$$\dot{Q}_v = \frac{\dot{m}_l C_p (T_g - T_l)}{\exp\left[\dot{m}_l C_p (1 - r_l / r_\infty) / (4\pi r_l \lambda)\right] - 1} \tag{3.69}$$

となり，式 (3.66) を代入すれば

$$\dot{Q}_v = 2\pi r_l \lambda Nu (T_g - T_l) \frac{\ln(1 + B_T)}{B_T} \tag{3.70}$$

が得られる。輸送されたエネルギーは，液滴の顕熱と潜熱に使われることになるので，式 (3.7) の

$$\dot{Q}_v = m_l C_{pl} \frac{dT_l}{dt} - \Delta H_v \frac{dm_l}{dt} \tag{3.71}$$

に式 (3.70) を代入し，$Le = 1$ の仮定から $B_M = B_T$ とすることで，液滴温度の式 (3.72) が導かれる。

$$\frac{dT_l}{dt} = \frac{6\lambda Nu}{\rho_l d_p{}^2 C_{pl}} (T_g - T_l) \frac{\ln(1 + B_M)}{B_M} + \frac{1}{m_l C_{pl}} \Delta H_v \frac{dm_l}{dt} \tag{3.72}$$

シャーウッド数 Sh とヌッセルト数 Nu は，式 (3.73) に示す Ranz-Marshall の式[23]から算出される。

$$Sh = 2 + 0.6 Re_d{}^{1/2} Sc^{1/3}, \quad Nu = 2 + 0.6 Re_d{}^{1/2} Pr^{1/3} \tag{3.73}$$

シュミット数（Schmidt number, Sc）とプラントル数 Pr は，燃料蒸気-空気の拡散係数 D，気相の動粘度 ν_g，気相密度 ρ_g，定圧比熱 C_{pg}，熱伝導率 λ_g から求められる（式 (3.74)）。

$$Sc = \frac{\nu_g}{D}, \quad Pr = \frac{\rho_g \nu_g C_{pg}}{\lambda_g} \tag{3.74}$$

以上が単成分蒸発モデルであるが，**図 3.6** の多成分蒸発モデルの概念図に示すように，燃料を多成分にするための大きな変更点は，気液界面における飽和蒸気と，各時間における各成分の蒸発割合である。各成分の飽和蒸気圧については，UNIFAC 法や ASOG 法などによる推定手法があるが，ここでは，下記の**ラウールの法則**（Raoult's law）

$$Y_{Fil} = \frac{P_{vpi} M_{wi}}{\sum_j P_{vpj} M_{wj}} \tag{3.75}$$

を考える。ここで，P_{vp} は飽和蒸気圧，M_w は分子量である。そのほかの混合

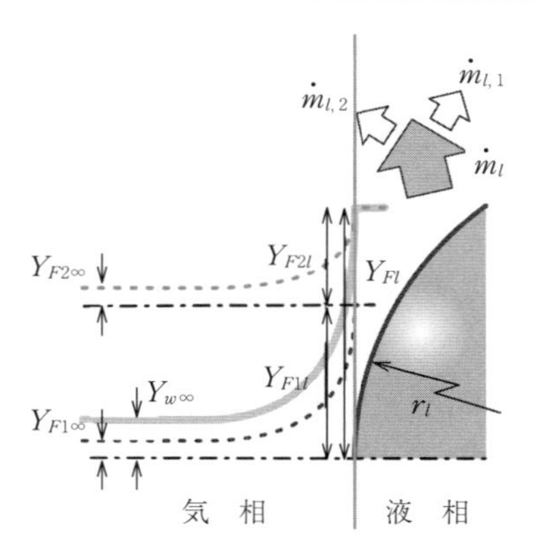

図 3.6　多成分蒸発モデルの概念図

燃料の物性値は各成分のモル比，質量比から求めている。式 (3.65)，(3.72) の液滴質量，温度に関する式の物性値を多成分系のものに変更し，多成分燃料全体での質量，温度変化を求める。このときの mass transfer number は式 (3.76) になる。

$$B_M = \frac{\sum_j Y_{Fjl} - \sum_j Y_{Fj\infty}}{1 - \sum_j Y_{Fjl}} \tag{3.76}$$

この全体の蒸発質量から各成分の蒸発質量を求める方法は，以下のとおりである。全体の蒸発量と各成分 i の蒸発量の比 ε_i を

$$\varepsilon_i = \frac{dm_{l,i}/dt}{dm_l/dt} \tag{3.77}$$

と定義し，式 (3.56) と同様に

$$\begin{aligned}\frac{dm_{l,i}}{dt} &= \varepsilon_i \frac{dm_l}{dt} \\ &= \frac{dm_l}{dt} Y_{Fi} - 4\pi r^2 D\rho \frac{dY_{Fi}}{dr}\end{aligned} \tag{3.78}$$

を r に対して解くと

$$\frac{dm_l}{dt} = 2\pi r_l \rho D Sh \ln\left(1 + \frac{Y_{Fil} - Y_{Fi\infty}}{\varepsilon_i - Y_{Fil}}\right) \tag{3.79}$$

が導かれる。式 (3.79) が全体の質量変化を求めた式 (3.65) と等しくなるため

には，燃料全体と各成分の拡散係数が等しいと仮定すれば

$$B_M = \frac{\sum_j Y_{Fjl} - \sum_j Y_{Fj\infty}}{1 - \sum_j Y_{Fjl}} = \frac{Y_{Fil} - Y_{Fi\infty}}{\varepsilon_i - Y_{Fil}} \tag{3.80}$$

とならないといけない。式 (3.80) から各成分の質量変化は

$$\frac{dm_{l,i}}{dt} = \left(Y_{Fil} + \frac{Y_{Fil} - Y_{Fi\infty}}{B_M} \right) \frac{dm_l}{dt} \tag{3.81}$$

となるため，時間ごとの各成分の蒸発量が計算できる。

〔2〕 **減圧沸騰モデル**

減圧沸騰は，燃料の飽和蒸気圧が周囲圧力を上回ることで生じる現象である。その噴霧はノズル出口直下から急速な蒸発を伴いながら体積を膨張させるため，一般的な噴霧とは異なる様相を呈しながら，混合気形成に大きな影響を及ぼす。したがって，飽和蒸気圧の高い燃料を吸気行程中の低圧場へ噴射するガソリンエンジンの数値計算においては，その考慮が不可欠である。ここでは，燃料噴射ノズル内の減圧沸騰の諸過程，およびそのモデル化方法について述べる。

図 3.7（a）に示すように，燃料噴射ノズル内において噴孔部に燃料が高速で流入すると，その入口角度では**縮流**（vena contracta）が生じ，圧力が低下する。その圧力が気泡分離圧 p_{g0} に達すると燃料中の空気[24]が気泡として析出し，さらに燃料の飽和蒸気圧 p_v 以下まで減圧されると，気泡成長遅れの後，その空気を気泡核とした蒸気キャビテーション気泡が成長を始める。

蒸気キャビテーション気泡の直径は，周囲流体圧力の影響を受けて変化する。図（b）のように，①～③の後に流体圧力が飽和蒸気圧を上回る場合は，気泡が収縮し，やがて崩壊する。これがノズル内キャビテーションと呼ばれる現象である。一方，図（c）のように，①～③の後においても飽和蒸気圧が流体圧力より高い状態が維持される場合，気泡は成長を続けながら過熱状態でノズル外へと噴出される。

気泡核の発泡数 N は，液体の過熱度の増大に伴い指数関数的に増大するこ

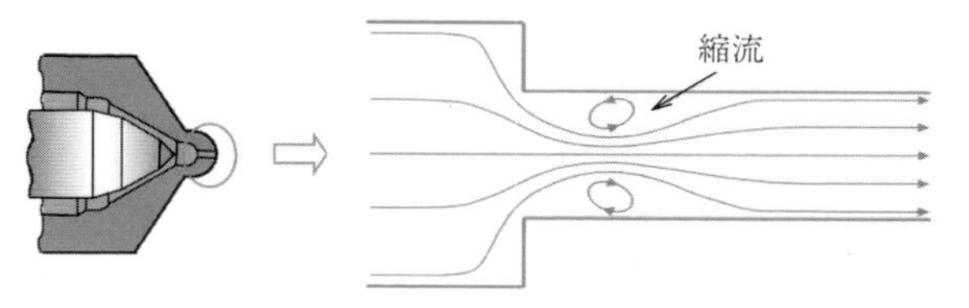

（a）燃料噴射ノズル内の流れ

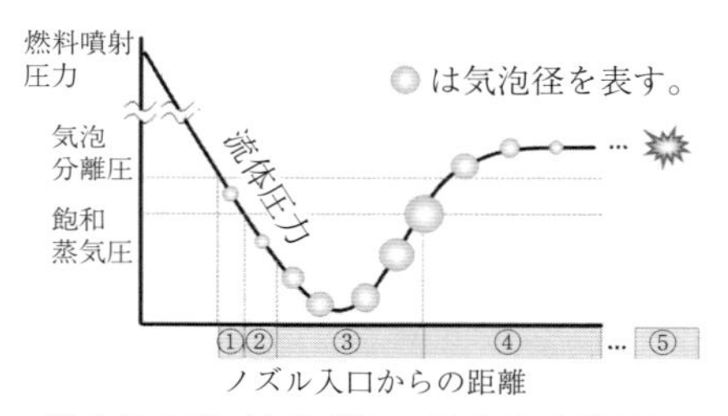

① 気泡分離（気泡核），② 気泡成長遅れ，
③ 気泡の成長，④ 気泡の収縮，
⑤ 気泡の崩壊

（b）ノズル内キャビテーションの場合

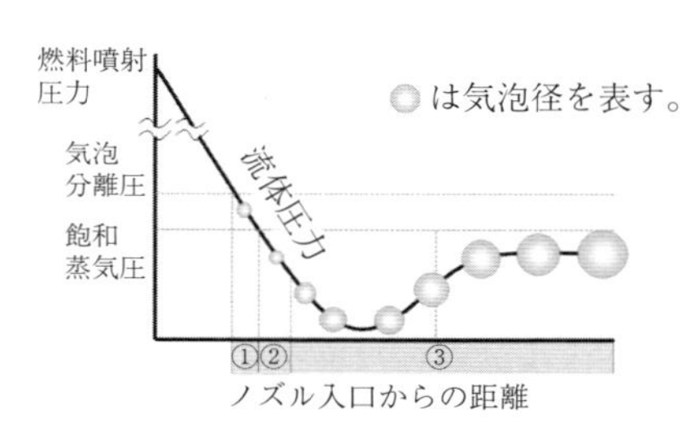

① 気泡分離（気泡核），② 気泡成長遅れ，
③ 気泡の成長

（c）飽和蒸気圧が流体圧力より高い状態が維持される場合

図 3.7　燃料噴射ノズル内の流れと噴孔部の圧力・気泡径分布

とが知られており[25]，過熱度 ΔT（後出の図 3.9 参照）の液体中における半径 R の気泡核については式 (3.82)，(3.83) で与えられる。

$$N = C\exp\left(-\frac{\Delta A}{k\Delta T}\right) \tag{3.82}$$

$$\Delta A = \frac{4}{3}\pi R^2\sigma_l \tag{3.83}$$

ここで，C は液体中の気泡核数から決まる定数，k は**ボルツマン定数**（Boltzmann constant）であり，ΔA は気泡を作り出す活性化エネルギーを表している。千田ら[26]は，ガソリンエンジンの吸気管噴射用のピントルノズルに対し，$C=5.757\times10^{12}$，$\Delta A/k=5.279$ を採用している。

この気泡核が蒸気キャビテーション気泡群として成長することにより燃料蒸気を生成することから，蒸気生成量は発泡気泡数 N とその成長過程を計算することで予測できる。気泡の成長・収縮過程は，一般に無限液体中における球形気泡の運動方程式である**レイリー・プリセット式**（Rayleigh-Plesset equation）に従うと考えられる（式 (3.84)）。

$$R\frac{d^2R}{dt^2}+\frac{3}{2}\left(\frac{dR}{dt}\right)^2=\frac{p_w-p_\infty}{\rho_l} \tag{3.84}$$

ここで，R は気泡半径，t は時間，p_∞ は無限遠における流体圧力であり，気泡壁における流体圧力 p_w は，つぎの式 (3.85) で表される。

$$p_w=p_v+\left(p_{r0}+\frac{2\sigma_l}{R_0}\right)\left(\frac{R_0}{R}\right)^{3n}-\frac{2\sigma_l}{R}-4\mu_l\frac{dR/dt}{R}-4\chi\frac{dR/dt}{R^2} \tag{3.85}$$

ここで，p_{r0} は初期の気泡核周囲の流体圧力で，R_0 は気泡核半径であるから，$p_{r0}+2\sigma_l/R_0$ は気泡核内のガス圧力に相当する。また，n はポリトロープ指数，μ_l は液体の粘性係数である。χ は Scriven[27] の提案した表面粘性係数であり，気液界面の変形に抵抗する粘性効果を表している。これを含む右辺最終項を考慮すると気泡径はある一定値に漸近する傾向を示す。

このようにして得られる気泡群の体積変化を利用して，千田ら[26] および川野ら[28] は，減圧沸騰による液膜および液滴の分裂モデルを提案している。その概要を**図 3.8** に示す。このモデルでは，液相内における気泡の成長限界を，気液二相流中の気相の体積割合を示すボイド率で規定する。ボイド率 ε は式 (3.86) で定義される。

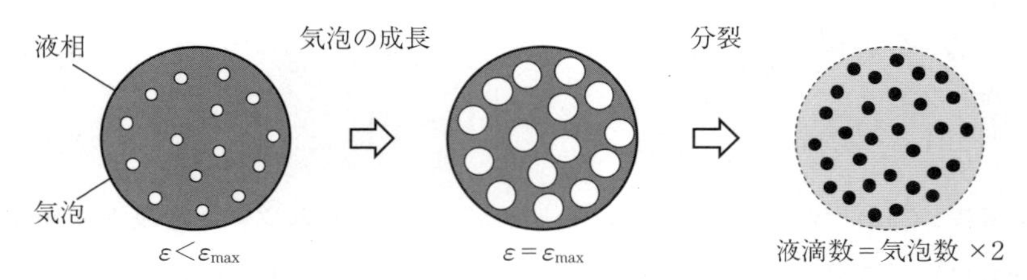

図 3.8　減圧沸騰による液膜および液滴の分裂モデルの概要

$$\varepsilon=\frac{V_{bubble}}{V_{bubble}+V_{liquid}} \tag{3.86}$$

ここで，液相中において，V_{liquid} は液相部分の体積，V_{bubble} は気泡の体積である。この値が燃料噴射条件あるいは雰囲気条件に対して定める臨界ボイド率

ε_{crit}[25),29)]に達した時点で，液体は気泡数の2倍の液滴群に分裂する。

減圧沸騰を伴う噴霧内においては，先に述べた周囲気体からの伝熱と拡散による蒸発のほか，気泡の成長による蒸発，および液体の過熱度に起因する蒸発を考慮する必要がある。

蒸気キャビテーション気泡は，気泡壁から液体が蒸発することによって成長する。そこで，気泡半径が r_{b0} から r_b に成長する場合，気泡の成長による蒸発量 dM_{cb} は式 (3.87) で表すことができる。

$$dM_{cb} = \frac{4}{3}\pi\rho_v N(r_b{}^3 - r_{b0}{}^3) \tag{3.87}$$

したがって，蒸発に必要な熱量 dQ_{cb} は式 (3.88) のようになる。

$$dQ_{cb} = \frac{4}{3}\pi\rho_v N(r_b{}^3 - r_{b0}{}^3)\Delta H_v \tag{3.88}$$

ここで，ρ_v は気泡内の気相密度，N は気泡数であり，この熱量は気泡周囲の液相から供給される。

図 3.9 に，減圧沸騰を伴う燃料噴射過程を圧力-温度線図に表す。この図のように，噴射された燃料液体は過熱度 ΔT_0（$= T_{f0} - T_{sat}$，T_{f0} は初期燃料温度，T_{sat} は燃料の飽和温度）を有するため，その初期に過熱度に起因する蒸発量が大きく，時間の経過とともに燃料温度 T_f が低下して T_{sat} に達すると蒸発は生じなくなる。その蒸発に必要な熱量 dQ_{sh} と蒸発量 dM_{sh} は，式 (3.89)，(3.90)

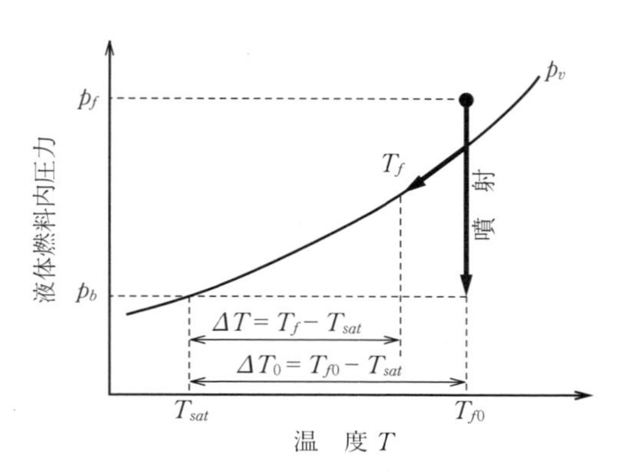

図 3.9　減圧沸騰を伴う燃料噴射過程における液体燃料の圧力-温度線図

で表すことができる。

$$dQ_{sh}=\alpha_{sh}(T_f-T_{sat})Adt \tag{3.89}$$

$$dM_{sh}=\alpha_{sh}(T_f-T_{sat})A\frac{dt}{\Delta H_v} \tag{3.90}$$

ここで，A は液滴の表面積であり，熱伝達率 α_{sh} は，ピントルノズルにおいて n-ペンタンの減圧沸騰を対象とした Adachi らの研究[29]においては

$$\left.\begin{aligned}
&\alpha_{sh}=760\Delta T^{0.26}\ \text{〔W/m}^2\text{K〕}\quad (0\leqq\Delta T\leqq 5)\\
&\alpha_{sh}=27\Delta T^{2.33}\ \text{〔W/m}^2\text{K〕}\quad (5\leqq\Delta T\leqq 25)\\
&\alpha_{sh}=13\,800\Delta T^{0.39}\ \text{〔W/m}^2\text{K〕}\quad (\Delta T\geqq 25)
\end{aligned}\right\} \tag{3.91}$$

とされる。

〔3〕 燃料物性

上記の液滴に関する物理量変化算出に用いる物性値は，温度，圧力に対しデータベース化された数値データから引用する方法が用いられることが多い。しかしながら，データのない燃料種も多く，より容易に多くの燃料成分に対応できるようにするため，**物性推算法**（estimation method of physical properties）によって燃料の**臨界圧力**（critical pressure）P_c，**臨界温度**（critical temperature）T_c，**臨界容積**（critical volume）V_c などから推算する方法をここでは述べる。臨界圧力，臨界温度，臨界容積は，物質の状態曲面において，気液が共存できる曲線の上限値である臨界点のときの温度，圧力，容積のことである。

物性推算法にはさまざまな手法があるが，ここではなるべく必要な定数の少ない手法を示す。以下に示す物性推算に必要な定数は，分子量 M_W〔g/mol〕，臨界圧力 P_c〔Pa〕，臨界温度 T_c〔K〕，臨界容積 V_c〔m^3/mol〕，沸点 T_b〔K〕，既知の容積 V^R〔m^3/mol〕とそのときの温度 T^R〔K〕，氷点 T_{fp}〔K〕，標準沸点における蒸発潜熱 ΔH_{vb}〔J/mol〕の 9 個になる。これらは参考文献 30）にある物性データバンクに収録されている。このように物質データバンクでは，定数を物質量〔mol〕当りにしているため，ここで示す各物性値も物質量当りになっている。

物性推算に用いる **Pitzer の偏心因子**（Pitzer acentric factor）ω は，以下の

式[31]で与えられる（式 (3.92) ～ (3.94)）。

$$\omega = -\frac{\ln(P_c/101\,325) + f^{(0)}(T_{br})}{f^{(1)}(T_{br})} \tag{3.92}$$

$$f^{(0)} = \frac{A_0(1-T_{br}) + B_0(1-T_{br})^{1.5} + C_0(1-T_{br})^{2.5} + D_0(1-T_{br})^5}{T_{br}},$$
$$A_0 = -5.97\,616,\quad B_0 = 1.298\,74,\quad C_0 = -0.603\,94,\quad D_0 = -1.068\,41 \tag{3.93}$$

$$f^{(1)} = \frac{A_1(1-T_{br}) + B_1(1-T_{br})^{1.5} + C_1(1-T_{br})^{2.5} + D_1(1-T_{br})^5}{T_{br}},$$
$$A_1 = -5.033\,65,\quad B_1 = 1.115\,05,\quad C_1 = -5.412\,17,\quad D_1 = -7.466\,28 \tag{3.94}$$

ここで，T_{br} は，沸点 T_b を用いた対臨界温度 T_b/T_c である。

液体密度 ρ〔mol/m^3〕は，Yamada-Gunn の修正 Rockett 式[32]より求める（式 (3.95)，(3.96)）。

$$\frac{\rho^R}{\rho} = Z_{cr}^{(1-Tr)^{2/7} - (1-T_r^R)^{2/7}} \tag{3.95}$$

$$Z_{cr} = 0.290\,56 - 0.087\,75\omega \tag{3.96}$$

なお，T_r は対臨界温度 T/T_c，ρ^R は基準の対臨界温度 T_r^R（$= T^R/T_c$）における液体密度〔mol/m^3〕である。

表面張力 σ_l〔N/m〕は，Miller による Brank-Bird の修正式[33]から推算する（式 (3.97)，(3.98)）。

$$\sigma_l = \left[\left(\frac{P_c}{10^5}\right)^{2/3} T_c^{1/3} Q(1-T_r)^{11/9}\right] \times 10^{-3} \tag{3.97}$$

$$Q = 0.119\,6\left(1 + \frac{T_{br}\ln(P_c/101\,325)}{1-T_{br}}\right) - 0.279 \tag{3.98}$$

液体粘性係数 μ_l〔Pa･s〕は，Przezdziecki-Sridhar 式[34]を用い，氷点でのモル容積は，Gunn-Yamada の方法[35]から求められる（式 (3.99) ～ (3.105)）。

$$\mu_l = \frac{V_0}{E(V - V_0)} \times 10^{-3} \tag{3.99}$$

$$E=-1.12+\frac{V_c\times 10^6}{12.94+0.10M_w-0.23P_c\times 10^{-5}+0.0424T_{fp}-11.58(T_{fp}/T_c)} \tag{3.100}$$

$$V_0=\left[0.0085\omega T_c-2.02+\frac{V_{fp}\times 10^6}{0.342(T_{fp}/T_c)+0.894}\right]\times 10^{-6} \tag{3.101}$$

$$V_{fp}=\frac{f(T_{fp})}{f(T^R)}V^R,\quad V=\frac{f(T)}{f(T^R)}V^R \tag{3.102}$$

$$f(T)=H_1(1-\omega H_2) \tag{3.103}$$

$$H_1=0.33593-0.33953T_r+1.5194T_r^2-2.02512T_r^3+1.11422T_r^4 \tag{3.104}$$

$$H_2=0.29607-0.09045T_r-0.04842T_r^2 \tag{3.105}$$

ここで，Vは，その液滴温度におけるモル容積〔m^3/mol〕，T_rは対臨界温度T/T_c，T_{fp}は氷点，V_{fp}は氷点でのモル容積〔m^3/mol〕である。

蒸気圧P_{vp}〔Pa〕はRiedelの蒸気圧式[36]を用いた（式(3.106)～(3.110)）。

$$\ln P_{vpr}=A^+-\frac{B^+}{T_r}+C^+\ln T_r+D^+T_r^6 \tag{3.106}$$

$$A^+=-35Q,\quad B^+=-36Q,\quad C^+=42Q+\alpha_c,\quad D^+=-Q,$$
$$Q=0.0838(3.758-\alpha_c) \tag{3.107}$$

$$\alpha_c=\frac{0.315\phi_b+\ln(P_c/101325)}{0.0838\phi_b-\ln T_{br}} \tag{3.108}$$

$$\phi_b=-35+\frac{36}{T_{br}}+42\ln T_{br}-T_{br}^6 \tag{3.109}$$

$$P_{vpr}=\frac{P_{vp}}{P_c} \tag{3.110}$$

蒸発潜熱ΔH_v〔J/mol〕は，Fish-Lielmezsの式[37]から式(3.111)，(3.112)のようになる。

$$\Delta H_v=\Delta H_{vb}\frac{T_r}{T_{br}}\frac{\chi+\chi^q}{1+\chi^p} \tag{3.111}$$

$$\chi=\frac{T_{br}}{T_r}\frac{1-T_r}{1-T_{br}} \tag{3.112}$$

ここで，ΔH_{vb}は標準沸点における蒸発潜熱〔J/mol〕である。p，qは定数であり，有機および無機液体の場合，$p=0.138\,56$，$q=0.352\,98$ である。

液体熱容量 C_{pl}〔J/(mol·K)〕は，Sternling-Brown 式[38]から推定される（式(3.113)）。

$$\frac{C_{pl}-C_p^{\,0}}{R}=(0.5+2.2\omega)[3.67+11.64(1-T_r)^4+0.634(1-T_r)^{-1}] \tag{3.113}$$

ここで，$C_p^{\,0}$ は同一温度での気体の定圧比熱〔J/(mol·K)〕，R はガス定数 8.314 J/(mol·K) である。

拡散係数 D〔m²/s〕は，Fuller-Scheltter-Giddings の式[39]を用いた（式(3.114)）。

$$D=\frac{[(M_{WA}+M_{WB})/(M_{WA}M_{WB})]^{0.5}}{[(\sum v)_A^{\,1/3}+(\sum v)_B^{\,1/3}]^2}\,\frac{T_g^{\,1.75}}{P_g/101\,325}\times10^{-3} \tag{3.114}$$

ここで，$\sum v$ は原子拡散体積で，炭素は 16.5，水素は 1.98 として，炭化水素燃料の炭素，水素の原子数倍の和で表される。また，P_g，T_g はそれぞれ雰囲気の圧力，温度である。なお，空気は $\sum v=20.1$ となる。

3.2.7 壁面衝突モデル

ガソリンエンジンおよびディーゼルエンジンにとって，噴霧と壁面の干渉はその後の混合気形成ならびに燃焼過程に影響を及ぼす重要な過程である。特に，シリンダ内直接噴射や吸気管内噴射を行い，ボア径も大きくない自動車用エンジンにおいては，噴霧内の液滴が壁面に衝突するため，その数値モデルには液滴の壁面衝突挙動を高精度に予測することが求められる。

種々の液滴‒壁面衝突形態の概念図を**図 3.10** に示す[40]。Bai と Gosman は，このような現象を式(3.115)の入射液滴のウェーバー数 We_1 と壁面温度 T_w について，**図 3.11** のように分類している[40]。

$$We_1=\frac{\rho_l d_p v_{n,1}^{\,2}}{\sigma_l} \tag{3.115}$$

ここで，ρ_l は燃料密度，d_p は入射液滴径であり，$v_{n,1}$ は壁面に垂直な入射液滴の速度，σ_l は表面張力である。図 3.11 において，T_B は液体の沸点，T_N は

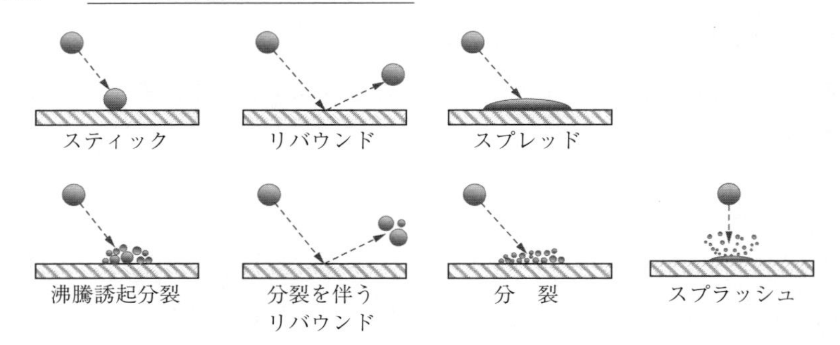

図 3.10　種々の液滴-壁面衝突形態の概念図[40)]

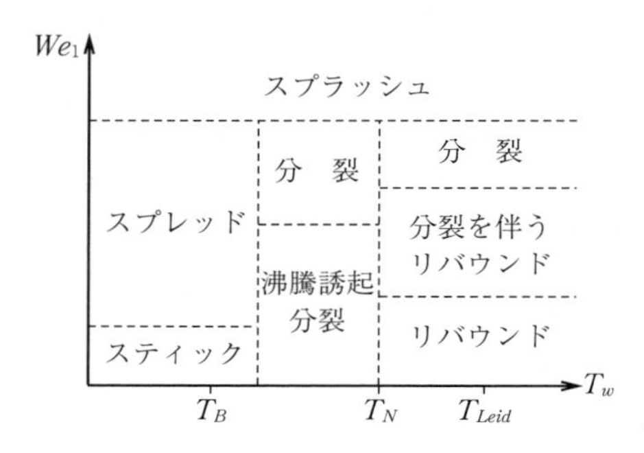

図 3.11　入射液滴のウェーバー数 We_1 と
壁面温度 T_w の分類[40)]

液滴の蒸発率が最大となる**抜山点**（Nukiyama temperature），T_{Leid} は液滴の蒸発率が最小となる **Leidenfrost 温度**（Leidenfrost temperature）であり，① ～ ⑥ のようにまとめられる。

① スティック（stick）：液滴の衝突エネルギーが小さく，壁面温度が低い場合に生じ，液滴がほぼ球形を保ったまま壁面に付着する。

② リバウンド（rebound）：壁面衝突後に液滴が反射する現象である。高温の乾き壁面では，蒸気膜が液滴と壁面の干渉を妨げ，濡れ壁面では，液滴 -液膜間に捕捉された空気が衝突時のエネルギー損失を緩和することで生じる。また，反射後に分裂する場合もある（rebound with breakup）。

③ スプレッド（spread）：より高速な液滴の衝突時に液滴が壁面上に広がる

現象であり，乾き壁面においては液膜を形成し，濡れ壁面においては液膜と混ざり合う。

④ 沸騰誘起分裂（boiling-induced breakup）：抜山点 T_N 近傍の壁面温度において，急速な沸騰により生じる分裂である。

⑤ 分　裂（breakup）：高温壁面に衝突後，液膜状に広がった液滴が熱的な不安定性により分裂する。

⑥ スプラッシュ（splash）：衝突エネルギーの大きな液滴によりクラウンが形成されると，その縁から噴流が成長して不安定化することで，多数の液滴が形成される。

本項では，沸騰による分裂が生じない壁面温度範囲に適用可能な壁面衝突モデルを紹介する。

Naber-Reitz の壁面衝突モデル[41]は，衝突前の壁面垂直方向入射ウェーバー数 We_1（式 (3.115)）から衝突後の出射ウェーバー数 We_2 を算出するモデルであり，壁面衝突した液滴は，反射（reflect），もしくは壁面に沿って移動（wall jet）することになる。両者は We_1 が 80 以下（reflect）と 80 より大きい（wall jet）場合に分けられる。そのときの We_1 と We_2 の関係は，**図 3.12** に示す計測結果から求められる以下の式 (3.116) を用いる。

$$We_2 = 0.678\,5\,We_1 \exp(-4.415\,1 \times 10^{-2} \times We_1) \tag{3.116}$$

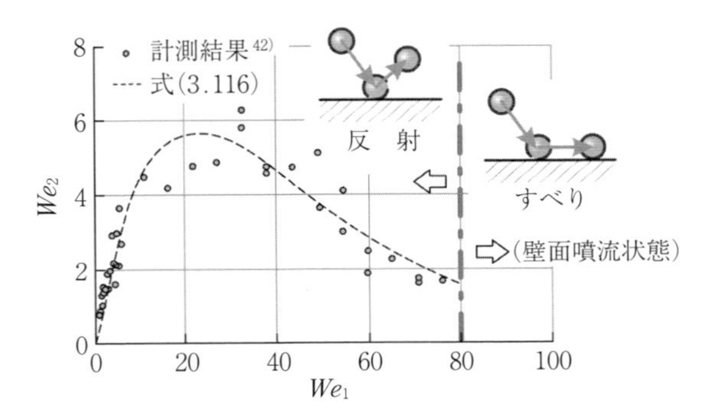

図 3.12　壁面衝突前後の液滴ウェーバー数の関係（Wachters と Westerling の実験[42]より）

反射後の垂直方向速度 $v_{n,2}$ はウェーバー数の定義から

$$v_{n,2} = -\left(We_2 \frac{\sigma_l}{\rho_l d_p}\right)^{1/2} \tag{3.117}$$

となる。衝突前後の液滴質量，運動量，液滴径，液滴の壁面と水平方向における移動方向は保存されているため，液滴の壁面垂直方向の移動速度，方向が変更されることになる。

Bai と Gosman は，**スプラッシュ**（splash）まで含めたより詳細なモデルを提案している[40]。このモデルは，スティックとスプレッドをまとめて**付着**（adhesion）として扱い，各現象の遷移境界を定義するために，式 (3.118) に示す**ラプラス数**（Laplace number，La）を用いて**臨界ウェーバー数**（critical Weber number，We_{cr}）を求めている。

$$La = \frac{\rho_l \sigma_l d_p}{{\mu_l}^2} \tag{3.118}$$

ここで，μ_1 は液体の粘性係数である。

乾き壁面における臨界ウェーバー数は式 (3.119) のとおりである。

付着 ⇔ スプラッシュ

$$We_{cr} = ALa^{-0.18} \tag{3.119}$$

なお，A は壁面の表面粗さに依存する値である。

濡れ壁面における臨界ウェーバー数は以下のように与えられる。

リバウンド ⇔ スプレッド

$$We_{cr} \approx 5 \tag{3.120}$$

スプレッド ⇔ スプラッシュ

$$We_{cr} = 1\,320 La^{-0.18} \tag{3.121}$$

式 (3.119) の係数 A に相当する値は，液膜の表面が粗いと仮定した 1 320 が与えられている。

壁面衝突後の液滴速度は，その形態に応じて以下のように求められる。

（1）　リバウンドした液滴の速度　　壁面に平行な方向の入射液滴速度 $v_{t,1}$ とリバウンドした液滴速度 $v_{t,2}$ の関係は式 (3.122) のように与えられる。

$$v_{t,2}=\frac{5}{7}v_{t,1} \tag{3.122}$$

壁面に垂直な方向の入射液滴速度 $v_{n,1}$ と，リバウンドした液滴速度 $v_{n,2}$ の関係は

$$v_{n,2}=-e\,v_{n,1} \tag{3.123}$$

であり，反発係数 e は，液滴が壁面に衝突する際の入射角度 θ_1 の関数として

$$e=0.993-1.76\theta_1+1.56\theta_1{}^2-0.49\theta_1{}^3 \tag{3.124}$$

のように与えられる。

（2） スプラッシュ液滴の速度　スプラッシュ時には，質量が $m_s/2$ で等しく直径の異なる二つの液滴が生成すると仮定して，スプラッシュした液滴の総量 m_s を式 (3.125) により求める。

$$\left.\begin{aligned}\frac{m_s}{m_p}&=0.2+0.6\,\alpha \quad (\text{乾き壁面})\\ \frac{m_s}{m_p}&=0.2+0.9\,\alpha \quad (\text{濡れ壁面})\end{aligned}\right\} \tag{3.125}$$

ここで，m_p は入射液滴の質量であり，α は 0 から 1 の乱数である。

生成した液滴の個数 $n=n_{s1}+n_{s2}$ は

$$n=5\left(\frac{We_1}{We_{cr}}-1\right) \tag{3.126}$$

である。n_{s1} は 1 から n の間で無作為に与えるため，以下の質量保存から新液滴の直径 d_{s1} および d_{s2} を求めることができる（式 (3.127)，(3.128)）。

$$n_{s1}d_{s1}{}^3=\frac{1}{2}\frac{m_s}{m_p}d_p{}^3n_p \tag{3.127}$$

$$n_{s2}d_{s2}{}^3=\frac{1}{2}\frac{m_s}{m_p}d_p{}^3n_p \tag{3.128}$$

ここで，d_p および n_p はそれぞれ入射液滴の直径および個数である。

生成した二つの液滴の速度成分 $\boldsymbol{v}_{s1}=(v_{n,s1},\ v_{t,s1})$ および $\boldsymbol{v}_{s2}=(v_{n,s2},\ v_{t,s2})$ は以下のエネルギー保存の関係による（式 (3.129)）。

$$\frac{1}{4}m_s(\boldsymbol{v}_{s1}{}^2+\boldsymbol{v}_{s2}{}^2)+\pi\sigma_l(n_{s1}d_{s1}{}^2+n_{s2}d_{s2}{}^2)=E_k-E_{k,cr} \tag{3.129}$$

ここで，E_k は入射液滴のエネルギーである。$E_{k,cr}$ はスプラッシュに要する臨界エネルギーであり，臨界ウェーバー数（We_{cr}）を用いて式 (3.130) で表される。

$$E_{k,cr}=\frac{We_{cr}}{12}\pi\sigma_l d_p^2 \tag{3.130}$$

また，新液滴の速度と直径の相関は経験的に

$$\frac{|\boldsymbol{v}_{s1}|}{|\boldsymbol{v}_{s2}|}\approx\frac{\ln(d_{s1}/d_p)}{\ln(d_{s2}/d_p)} \tag{3.131}$$

である。

壁面に平行な運動量の保存を考えると

$$\frac{m_s}{2}\boldsymbol{v}_{s1}\cos\theta_{s1}+\frac{m_s}{2}\boldsymbol{v}_{s2}\cos\theta_{s2}=c_f m_p v_p\cos\theta_1 \tag{3.132}$$

が成り立つ。壁面摩擦係数 c_f は 0.6 から 0.8 の間を取り，新たに生成された液滴の一つの飛び出し角度 θ_{s1} を 10° から 160° の間で無作為に与えると，式 (3.132) からもう一つの液滴の飛び出し角度 θ_{s2} が求められる。

以上により，スプラッシュ時に生成した液滴の速度を与えることができる。

Senda ら[43]は，液滴壁面衝突および液膜形成過程に関する広範な実験データに基づいて，分裂・飛散現象，液滴どうしの干渉効果，液膜の形成過程，液滴と液膜の干渉効果を考慮した**図 3.13** に示す衝突液滴の分裂形態の分類を提案

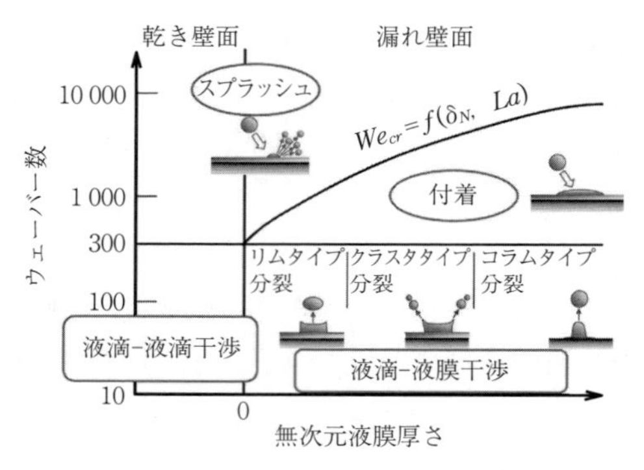

図 3.13　衝突液滴の分裂形態の分類

している。

壁面衝突時および壁面上における液膜形成挙動は入射液滴のウェーバー数（We_1）により判定し，その値が低い場合（$We_1 \leqq 300$）と高い場合（$We_1 > 300$）に分類する。衝突エネルギーが低い場合は，連続して液滴が衝突する場合の液滴-液滴および液滴-液膜の干渉効果を考慮したモデル化を行う一方，衝突エネルギーが高い場合はスプラッシュ現象に着目しモデル化している。壁面衝突挙動は壁面上の液膜の有無により異なるため，衝突液滴の分裂形態は液膜厚さを液滴径で除した無次元数（$\delta_N = \delta / d_p$，δ：液膜厚さ，d_p：入射液滴径）およびウェーバー数によって分類している。ここでは，**図 3.14** に示すような壁面衝突モデルおよび液膜形成モデルについて述べる。

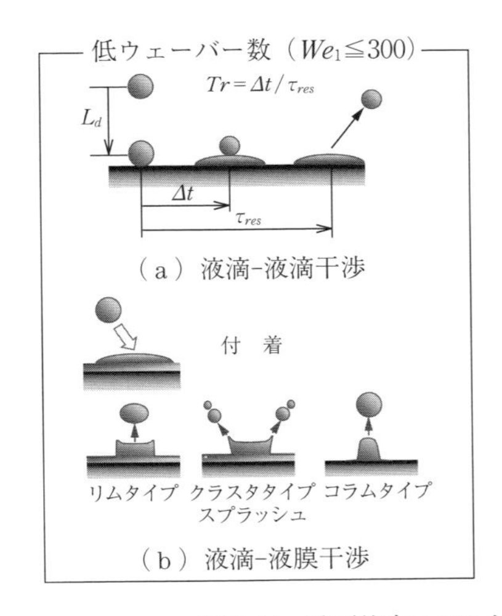

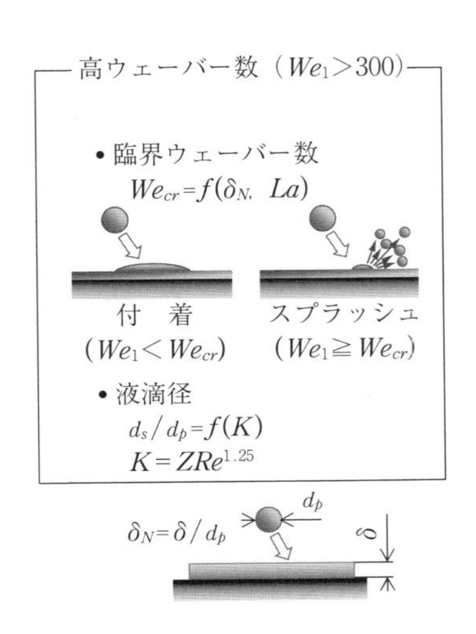

図 3.14　壁面衝突モデルおよび液膜形成モデルの概要

〔1〕 低ウェーバー数モデル（$We_1 \leqq 300$）

（1） 乾き壁面への衝突　液膜のない乾き面に衝突した液滴は壁面上で広がり，再び収縮して跳ね返ることがあり，この液滴の壁面上での滞留時間中に後続の液滴が衝突すると，分裂を生じる。この干渉効果は Al-Roub らの水滴を用いた実験において詳しく検討[44]されており，液滴間距離 L_d と入射液滴径 d_p の比および式 (3.133) に示す時間間隔パラメータ T_r によって分裂確率が整理されている。

$$T_r = \frac{\Delta t}{\tau_{res}} \tag{3.133}$$

ここで，Δt は液滴の衝突時間間隔，τ_{res} は液滴の壁面上滞留時間であり，式(3.134) で表される。

$$\tau_{res} = \pi\sqrt{\frac{\rho_l d_p^{\,3}}{16\sigma_l}} \tag{3.134}$$

Al-Roub らの実験[44]によれば，分裂確率は入射液滴のウェーバー数によらず，T_r が 0.4 ～ 0.6 において高い。

（2） 濡れ壁面への衝突　液膜が形成された濡れ壁面上に液滴が衝突する場合，図 3.14 に示したように液膜からの分裂形態は ① ～ ③ のように分類される[44]ことがわかっている。

① リムタイプ　　：液膜の縁に隆起したリム状の突起から一つの液滴が分裂するタイプ

② クラスタタイプ：クラウン状の突起から複数個の小さな液滴群が分裂するタイプ

③ コラムタイプ　：液膜中央部に表面波の反射により大きく隆起したコラムが生じ，比較的大きな液滴が分裂するタイプ

この際，液膜から分裂した液滴の径 d_s は無次元液膜厚さ δ_N を用いて式(3.135) のように表される。

$$\frac{d_s}{d_p} = 0.6478 - 0.5480\,\delta_N + 1.9825\,\delta_N^{\,2} - 2.1082\,\delta_N^{\,3} + 0.6894\,\delta_N^{\,4} \tag{3.135}$$

（3） 分裂後の液滴速度　分裂後の液滴の飛散速度は Al-Roub らの実験[44]を参考に，無次元液膜厚さ δ_N と分裂液滴のウェーバー数の相関から決定する。ここで，壁面に平行なウェーバー数 $We_{t,2}$ およびそれに垂直なウェーバー数 $We_{n,2}$ はそれぞれ式 (3.136)，(3.137) で与えられる。

$$We_{t,2} = 0.3818 - 0.00537\,\delta_N - 0.8937\,\delta_N^{\,2} + 0.8644\,\delta_N^{\,3} - 0.2301\,\delta_N^{\,4} \tag{3.136}$$

$$We_{n,2} = -2.1518 + 1.1493\,\delta_N + 26.238\,\delta_N^{2} - 24.480\,\delta_N^{3} - 5.5650\,\delta_N^{4} \tag{3.137}$$

〔2〕 **高ウェーバー数モデル**（$We_1 > 300$）

（1） **臨界ウェーバー数**　高ウェーバー数条件において，液滴が乾き壁面あるいは液膜の上に衝突すると，液滴自体の分裂あるいは液膜からの液滴の分裂飛散が生じる。このときの臨界ウェーバー数 We_{cr} は，Cossali ら[45]が無次元液膜厚さ δ_N, および ラプラス数（La）を用いた以下の実験式 (3.138) を提案しており，これを用いてスプラッシュの有無を判別する。

$$We_{cr} = (2100 + 5880\,\delta_N^{1.44})La^{-0.2} \tag{3.138}$$

（2） **スプラッシュ後の液滴径と液滴数**　Mundo ら[46]は，スプラッシュ時における分裂液滴群のザウタ平均液滴径と入射液滴径の比 d_s/d_p を，壁面衝突時の液滴の状態を表す無次元パラメータ K（$K = ZRe^{1.25}$，$Z = \mu_l/\sqrt{\rho_l \sigma_l d_p}$：オーネゾルゲ数，$Re = \rho_l d_p v_p/\mu_l$：レイノルズ数）を用いて整理している。その結果をもとに，Senda らは d_s/d_p と K の関係をつぎのように定式化[43]している（式 (3.139)，(3.140)）。

$$\frac{d_s}{d_p} = 3.932 \times 10^{2} \times K^{-1.416} \quad (\text{粗い壁面}) \tag{3.139}$$

$$\frac{d_s}{d_p} = 3.903 \times 10^{10} \times K^{-5.116} \quad (\text{滑らかな壁面}) \tag{3.140}$$

なお，濡れ壁面には粗い壁面を仮定して式 (3.139) を適用し，乾き壁面には滑らかな壁面を仮定して式 (3.140) を適用している。

壁面衝突後のスプラッシュ液滴の数 n_s は，式 (3.141) で与えられる。

$$n_s = n_p \frac{\gamma\, d_p^{3}}{d_s^{3}} \tag{3.141}$$

ここで，n_p は入射液滴数であり，Yarin らの実験値[47]によれば分裂質量分率 γ はおよそ 0.8 と見なすことができる。

（3） **スプラッシュ液滴の飛散速度**　高ウェーバー数条件におけるスプラッシュ液滴の飛散速度を求めるために，式 (3.129) と同様に，液滴衝突前後のエネルギー保存を考える。液滴衝突前後において

$$E_{in}-E_{cr}=E_s+E_f \tag{3.142}$$

が成り立つと仮定する。ここで，E_s はスプラッシュした飛散液滴の保有エネルギー，E_f は壁面に付着した液膜の保有エネルギー，E_{in} は衝突前の入射液滴の保有エネルギー，E_{cr} は液膜からの分裂に必要なエネルギーであり，式 (3.130) から求める。

入射液滴角度 θ_1 とスプラッシュ液滴の飛散角度 θ_2 の関係は Mundo ら[46]の実験結果から

$$\theta_2=60.010+0.248\,67\,\theta_1 \quad (\text{粗い壁面}) \tag{3.143}$$

$$\theta_2=61.293+0.354\,40\,\theta_1 \quad (\text{滑らかな壁面}) \tag{3.144}$$

と与えられる。ここでも，濡れ壁面に対しては式 (3.143) を適用し，乾き壁面に対して式 (3.144) が用いられる。

スプラッシュ液滴の速度は，実験式を用いて求めることも考えられる。Kalantari と Tropea[48]は，壁面に垂直な方向の入射液滴速度 $v_{n,1}$ とスプラッシュ液滴速度 $v_{n,2}$ の関係を式 (3.145) のように与えている。

$$\frac{v_{n,2}}{v_{n,1}}=-1.1\,We_1^{-0.36} \tag{3.145}$$

また，壁面に平行方向の入射液滴速度 $v_{t,1}$ とスプラッシュ液滴速度 $v_{t,2}$ は

$$v_{t,2}=0.862v_{t,1}-0.094 \tag{3.146}$$

である。

3.2.8　液膜流動モデル

3.2.7 項で述べた壁面衝突モデルのみでは，壁面に付着した液膜が計算セルごとに保存される，もしくは壁面上にとどまることなく移動を続けることになり，膜厚に依存する液滴衝突後の挙動を正しく記述することができない。

そこで，**図 3.15** に示す液膜流動モデルのように，運動量保存則から簡易的に液膜の流動をモデル化する[49]。これには入射液滴と反射液滴の運動量の差，周囲気体のせん断力および液膜と壁面間の摩擦力を考慮して，式 (3.147) で表す。

$$M_f \Delta V_f=\sum (m_p\,\boldsymbol{v}_1-m_s\,\boldsymbol{v}_2)+\boldsymbol{\tau}_{air}\,A_c\,dt-\boldsymbol{\tau}_f\,A_c\,dt \tag{3.147}$$

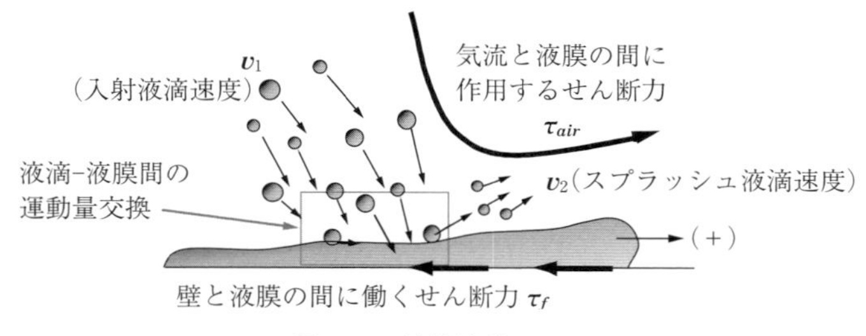

図 3.15　液膜流動モデル

ここで，A_c は液膜の表面積である。τ_{air} は気流と液膜の間に作用するせん断力であり

$$\tau_{air} = \rho_g(\nu_g + \varepsilon_m)\frac{d\bar{u}}{dy} \tag{3.148}$$

となる。なお，ρ_g は気体の密度，ν_g は気体の動粘性係数，ε_m は気体の乱流粘性係数である。また，τ_f は壁と液膜の間に働くせん断力であり，平均液膜移動速度を v_f とすると

$$\tau_f = \frac{2\mu v_f}{\delta} \tag{3.149}$$

となる。

3.2.9　液膜伝熱モデルおよび液膜蒸発モデル

壁面に付着した液膜は，周囲気体および壁面との熱の授受を経てやがて蒸発する。**図 3.16** に示す液膜伝熱モデルの模式図のように，O'Rourke と Amsden[50]

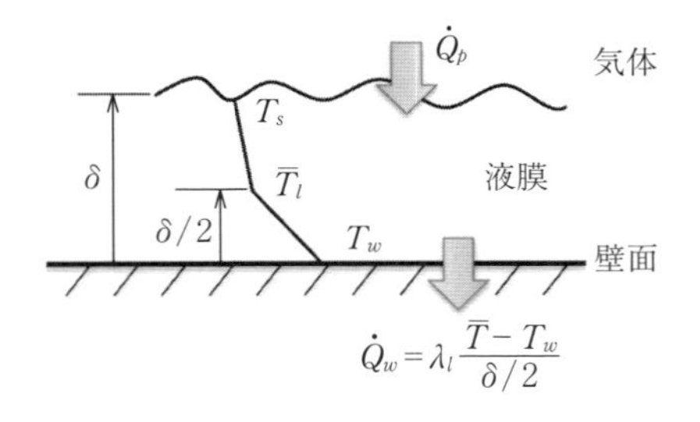

図 3.16　液膜伝熱モデルの模式図

は，液膜を壁〜液膜中心，および液膜中心〜液膜表面の2領域に分割した液膜伝熱モデルおよび液膜蒸発モデルを提案している。

このモデルは壁面，液膜中心および液膜表面の温度をそれぞれ T_w，$\overline{T}_l$ および T_s として液膜のエネルギー保存則を式 (3.150) で表す。

$$\rho_l \delta C_l \left\{ \frac{\partial \overline{T}_l}{\partial t} + \left[(\overline{\boldsymbol{u}}_l - \boldsymbol{v}_w) p \cdot \boldsymbol{\nabla}_s \right] \overline{T}_l \right\} = \lambda_l \left(\frac{T_s - \overline{T}_l}{\delta/2} - \frac{\overline{T}_l - T_w}{\delta/2} \right) + \dot{Q}_{imp} - I_l(\overline{T}_l) \dot{M}_{imp} \tag{3.150}$$

ここで，C_l は液体の比熱，λ_l は液体の熱伝導率，右辺の $\dot{Q}_{imp} - I_l(\overline{T}_l)\dot{M}_{imp}$ は計算タイムステップの間に対象とするセルに付着した液滴によるエネルギーの授受を表し，$\dot{Q}_{imp}$ は液滴衝突によるエネルギー流速，$\dot{M}_{imp}$ はその質量流速，I_l $(\overline{T}_l)$ は温度 $\overline{T}_l$ における液体の内部エネルギーである。また，気液界面における熱伝達量を $\dot{Q}_p$ とすると，式 (3.151) が成り立つ。

$$\dot{Q}_p = \dot{M}_{vap} \Delta H_v + \frac{2\lambda_l}{\delta} (T_s - \overline{T}_l) \tag{3.151}$$

ここで，$\dot{M}_{vap}$ は液膜の蒸発速度，ΔH_v は液膜表面温度における蒸発潜熱，右辺第2項は液膜内部の熱伝導量である。

気体と液膜の間の熱伝達量は，その熱伝達率を α_T とすると

$$\dot{Q}_p = \alpha_T (T_g - T_s) \tag{3.152}$$

である。ここで，T_g は雰囲気温度である。

液膜の蒸発速度 $\dot{M}_{vap}$ は，後述の無次元座標 y^+ における燃料蒸気成分 i の濃度を $y_{i,v}$ とし，気液界面における蒸気濃度成分 i の濃度を $y_{i,s}$ とすると

$$\dot{M}_{vap} = \alpha_Y \ln \left(\frac{1 - \sum_i y_{i,v}}{1 - \sum_i y_{i,s}} \right) \tag{3.153}$$

であり，質量輸送係数 α_Y は

$$\alpha_Y = \begin{cases} \dfrac{\rho_g u_\tau}{y_c^+ Sc_L + \dfrac{Sc_T}{\kappa} \ln \left(\dfrac{y^+}{y_c^+} \right)}, & y^+ \geqq y_c^+ \\[2ex] \dfrac{\rho_g u_\tau}{y^+ Sc_L}, & y^+ < y_c^+ \end{cases} \tag{3.154}$$

となる。ここで，Sc_T は乱流シュミット数，Sc_L は層流シュミット数であり，ここでは簡単化のため，蒸気成分による差異を考慮していない。カルマン定数 κ は 0.433，臨界無次元座標 $y_c{}^+$ は 11.05 とされる。$u_\tau=\sqrt{\tau_w/\rho_g}$ は摩擦速度であり，y^+ については式（3.155）のように定義する。

$$y^+=\frac{yu_\tau}{\nu_l} \tag{3.155}$$

ここで，ν_l は液体の動粘性係数である。また，熱伝達率 α_T は，Pr_L，Pr_T をそれぞれ層流プラントル数，乱流プラントル数とした

$$\frac{\dot{Q}_p}{\rho_g C_p u_\tau (T_g-T_s)}=\begin{cases}\dfrac{M^*}{\exp\left(y_c{}^+M^*Pr_L\right)\left(\dfrac{y^+}{y_c{}^+}\right)^{M^*Pr_T/\kappa}-1}, & y^+\geqq y_c{}^+\\[2ex] \dfrac{M^*}{\exp\left(y^+M^*Pr_L-1\right)}, & y^+<y_c{}^+\end{cases} \tag{3.156}$$

から，$\alpha_T=\dot{Q}_p/(T_g-T_s)$ として求めることができる。なお

$$M^*=\frac{\dot{M}_{vap}}{\rho_g u_\tau} \tag{3.157}$$

である。

3.3　HINOCA による計算事例

3.3.1　自　由　噴　霧

〔1〕　非蒸発噴霧[51)]

非蒸発噴霧（non-evaporating spray）では，噴霧モデルとして，噴孔出口モデル，液滴の運動，液滴の分裂，合体モデルが使われ，**噴霧形状**（spray shape），**噴霧先端到達距離**（spray tip penetration），**平均粒径**（mean droplet diameter）などが解析結果として得られる。液滴分裂モデルは解析結果に最も大きな影響を与え，3.2.4 項の KH-RT モデルでの KH，RT 分裂のそれぞれについて，分裂が生じるまでの時間，分裂後の液滴径を考察，検討対象にすることが多い。ガソリン噴霧およびディーゼル噴霧は，基本的には雰囲気圧力が異なるため，

各種噴霧における分裂モデルの効果を比較検討した。結果を**図 3.17** に示す。**表 3.1** はガソリン噴霧およびディーゼル噴霧の計算条件である。両条件では雰囲気圧力，密度，燃料，燃料質量，噴射速度が異なっている。KH 分裂は，式 (3.29)，(3.30)，RT 分裂は，式 (3.31)，(3.32) にこれら条件を代入している。ガソリン条件，ディーゼル条件に共通して，モデル定数は，$B_0=0.61$，$B_1=1.0$，$B_3=1.0$ とした。

図 3.17（a）は，KH 分裂におけるガソリン条件およびディーゼル条件での液滴直径 d_p に対する分裂が生じるまでの時間 τ_{bu} と分裂後液滴直径 $2r_c$ の関係を，パラメータを気液相対速度 U として整理している。分裂時間は，両条件とも液滴径に対して比例的に増加する。また，相対速度が大きくなると分裂時間は短縮される。ディーゼル条件とガソリン条件では，ディーゼル条件のほうが分裂時間が 1 桁ほど小さい。現在のガソリン噴霧，ディーゼル噴霧における平均粒径は，ほぼ同じオーダになっている。分裂モデルによって，これを実現するためには，両噴霧で分裂時間のオーダを等しくするよう，特性時間の定数である B_1 をディーゼル条件において 10 倍程度大きくする必要がある。KH 分裂後の液滴径は，初期の液滴径が増加してもほとんど変わらないが，相対速度が増加すると減少する傾向がある。このことは，KH 分裂後の液滴径が初期の液滴径に関係なく気液間における相対速度のみによって決まることを示している。

KH モデルでは，液面上の波の成長によって液滴が生成されるため，波の成長を促進する相対速度が生成液滴径に依存しているのは，モデルの特徴といえる。ディーゼル条件では，KH 分裂によって生成される分裂後の液滴径が最大でも 2 μm 以下であるのに対し，ガソリン条件では条件にもよるが，相対速度が 60 ～ 120 m/s の範囲では 10 ～ 55 μm 程度となり，ディーゼル条件のほうが KH 分裂によって生成される液滴直径が小さくなる。

図 3.17（b）は，RT 分裂時の液滴直径 d_p に対する分裂するまでの時間 τ_{bu} および分裂後の液滴径 $2r_c$ の関係を示している。パラメータは図（a）と同様にして気液相対速度 U である。また，図中に RT 分裂の判定条件[13]，$d_p>2r_c$ のしきい値を示している。RT 分裂に要する時間 τ_{bu} は，相対速度が速く，か

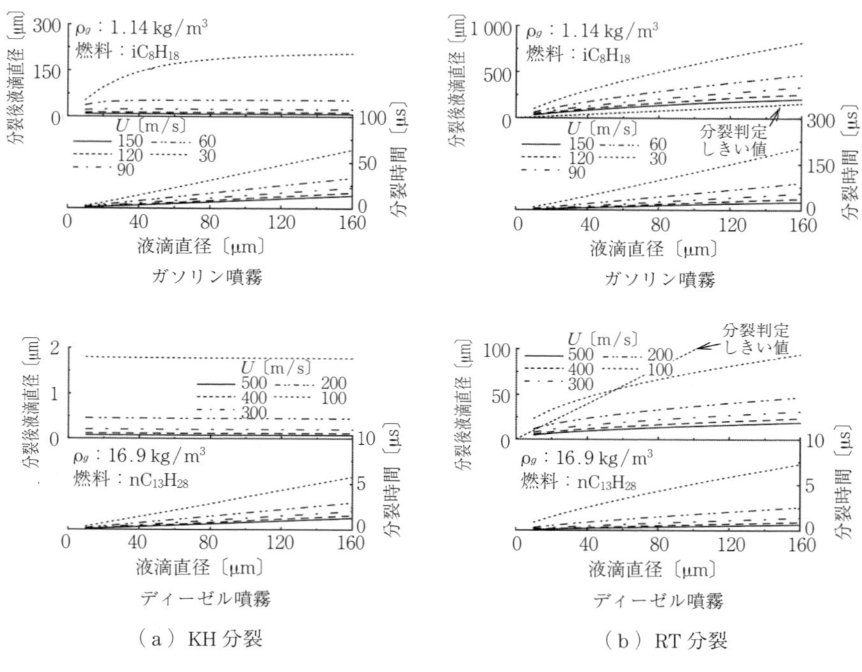

図3.17 ガソリン噴霧およびディーゼル噴霧における分裂モデルの効果の比較結果 (B_0：0.61, B_1：1.0, C_3：1.0)

表3.1 非蒸発計算条件

	ガソリン噴霧	ディーゼル噴霧
雰囲気温度〔K〕	300	300
雰囲気圧力〔MPa〕	0.1	1.5
雰囲気密度〔kg/m³〕	1.14	16.9
雰囲気	窒素	
燃料	2,2,4-トリメチルペンタン（イソオクタン） iC_8H_{18}	トリデカン $nC_{13}H_{28}$
燃料質量〔mg〕	4.14	21
噴射期間〔ms〕	2.0	2.1
噴射速度〔m/s〕	120	380
噴射角度〔°〕	20	
噴孔径〔mm〕	0.16	

つ初期液滴径が小さいほど短くなる。これは，KH 分裂時間 τ_{bu} と同様の特性を有していることを示している。また，$d_p>2\,r_c$ が満たされていればディーゼル条件のほうが短い時間で RT 分裂に至ることになる。分裂後の液滴径を小さくするためには，相対速度を速く，初期液滴径を小さくする必要がある。ディーゼル条件では，大部分の $2\,r_c$ が分裂判定を示す図中点線よりも下側の領域に含まれるのに対し，ガソリン条件では $2\,r_c$ がしきい値より大きくなっている。

以上のことは，ディーゼル条件でしばしば用いられる $C_3=1$ にすると，ガソリン条件の場合ではほとんどの条件で RT 分裂に至らないことを示しており，CFD 解析において，RT 分裂を発生させ，小粒径の液滴を生成させるためには C_3 を 1 以下，少なくとも 1 桁，条件によっては 2 桁程度小さくする必要がある。

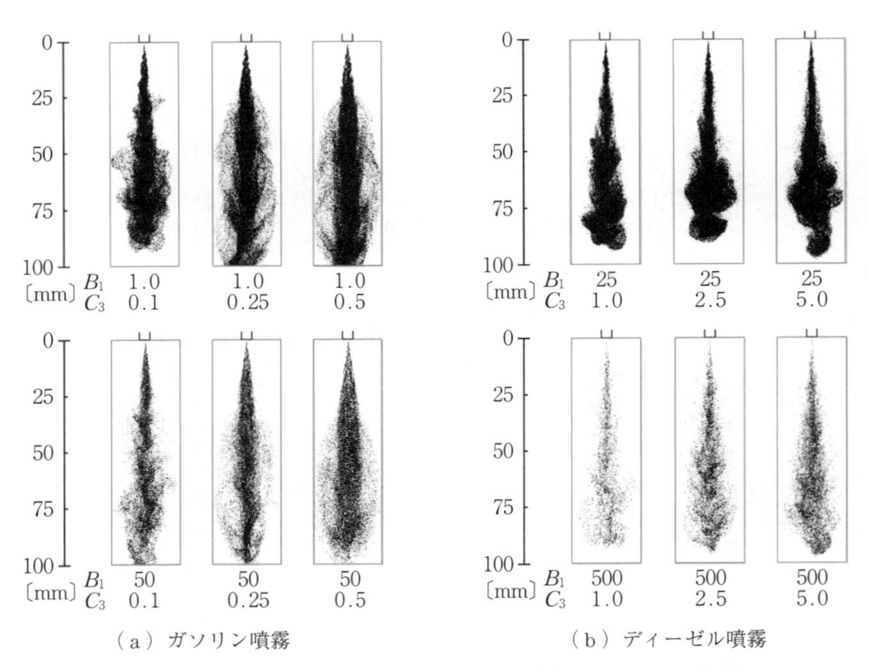

図 3.18　HINOCA によって計算されたガソリン条件，ディーゼル条件での噴霧形状（噴射開始後の時間 t_{inj}：2.0 ms，B_0：0.61，C_b：5.0）

HINOCA によって計算されたガソリン条件，ディーゼル条件での噴霧形状を**図 3.18** に示す。それぞれの条件において，KH，RT モデルのモデル定数 B_1，C_3 は 1 桁異なって設定されている。これらは噴射開始後の時間 $t_{inj}=2.0$ ms の結果であり，液柱長さに関する式 (3.35) の定数 $C_b=5.0$ とした。噴霧画像は全パーセルをプロットしているが，等しい噴射質量にもかかわらず，計算結果に濃淡が現れる。これは，B_1 が小さい条件において KH 分裂による新パーセル生成が促進されていることを示している。分裂モデル定数によって，噴霧形状は変化する。ガソリン噴霧の場合，噴霧半径方向への広がりが C_3 の増加によって大きくなるが，噴霧外縁部の間欠性は失われる。これは，式 (3.32)，(3.34) の RT 分裂による生成液滴径が大きくなることで，気相との運動量交換が相対的に小さくなり，液滴が進行方向の速度を維持しやすいからである。ディーゼル噴霧の場合，モデル定数を変更した際のガソリン噴霧のような噴霧の間欠性から平均化されるような噴霧形状の変化は見られない。

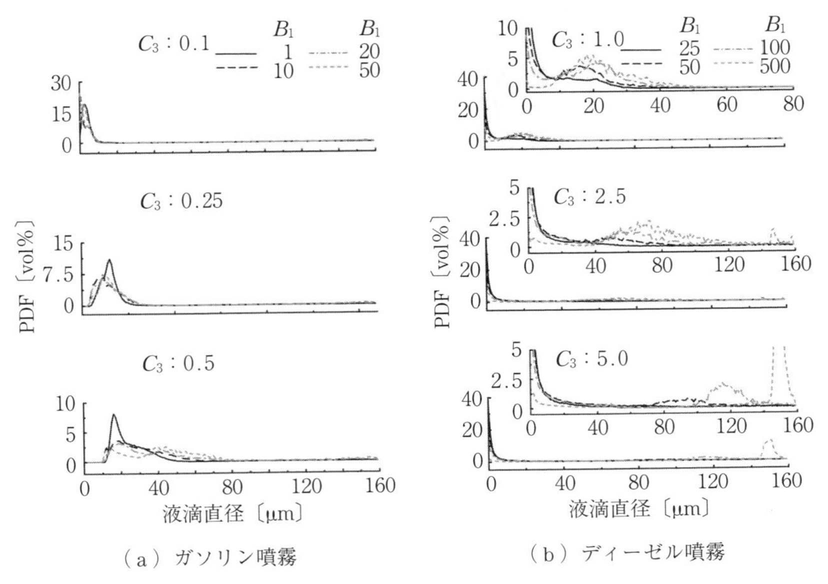

図 3.19 分裂モデル定数変更による体積基準の粒径分布（噴射開始後の時間 t_{inj} : 2.0 ms，B_0 : 0.61，C_b : 5.0）

分裂モデル定数変更による体積基準の粒径分布を**図 3.19** に示す。なお，ディーゼル噴霧では，5 μm 以下の頻度が大きく，そのほかの液滴径の結果を表示するため，拡大した結果を併せて示している。ガソリン噴霧では，粒径分布のピークが一つになる傾向があり，最頻値は C_3 が小さくなると小液滴径側に移動している。また，C_3 によって取りうる液滴径分布も変わり，C_3 の増加が粒径をより広範に分布させる。ディーゼル噴霧の場合，$B_1=500$ を除いて，5 μm 以下と 5 μm 以上に二つのピーク値がある 2 峰性の粒径分布になる。5 μm 以下の粒径の燃料パーセルは KH 分裂によって生成される液滴であるため，$B_1=500$ と KH 分裂を抑制することで，5 μm 以下の液滴はほとんど生成されていない。それに対して，5 μm 以上の燃料パーセルは親パーセルと判断され，C_3 を 1.0 ～ 5.0 に変更すると，ピーク値は約 20 ～ 100 μm まで変化し

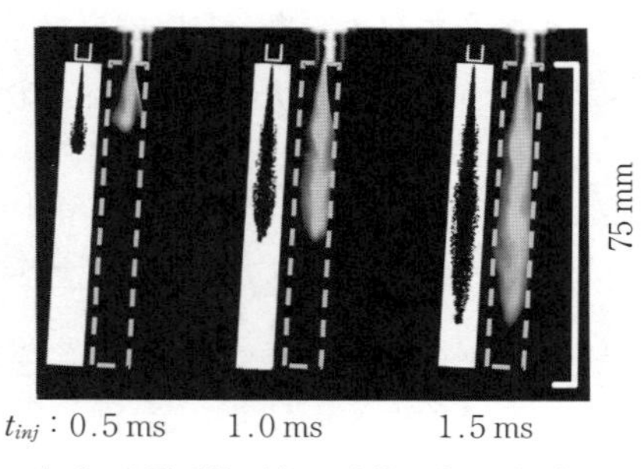

（a）噴霧形状（左：計算，右：計測）

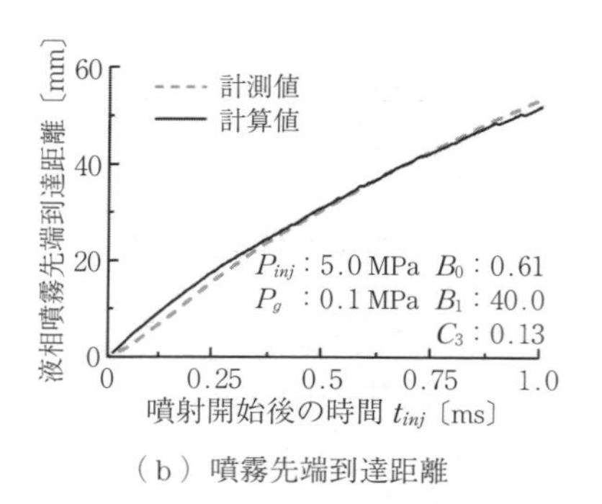

（b）噴霧先端到達距離

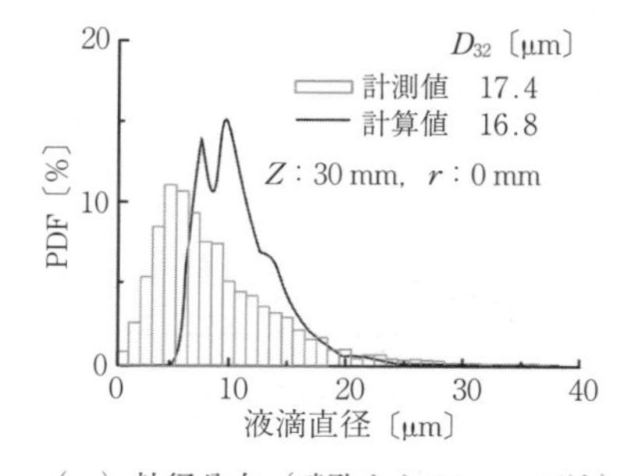

（c）粒径分布（噴孔から 30 mm 下流）

図 3.20　非蒸発噴霧に関する計測結果との比較
（計測値：岡山大学 河原伸幸 准教授，群馬大学 座間淑夫 准教授提供）

ている。

図3.20に，非蒸発噴霧に関する計測結果との比較を示す。雰囲気圧力，温度は常温，常圧，噴射圧力は5.0 MPaである。図（a）の噴霧形状は噴射開始後の時間t_{inj}が0.5，1.0，1.5 msのときの結果を示している。粒径分布は，計測はPDA（phase Doppler anemometry）による計測であるため，計算でも噴霧軸上で噴孔から30 mm下流の位置を通過する液滴の積算値を算出している。液滴分裂モデルの定数（B_1，C_3）を調整することで，噴霧形状（図（a）），噴霧先端到達距離（図（b）），粒径分布（図（c））について，ほぼ計測結果と一致する結果が得られている。

〔2〕 蒸 発 噴 霧[52)]

蒸発噴霧（evaporating spray）の数値計算には，非蒸発時のモデルに加えて液滴蒸発モデルが必要になる。まず，蒸発モデル単体の検証を行うため，静止雰囲気，静止単一液滴の蒸発速度を計測結果[53)]と比較した。燃料は，単一燃料（ヘプタン，ヘキサデカン）とその混合物（体積比で3：7，5：5，7：3），雰囲気圧力，温度は1.0 MPa，600 ℃，初期液滴径は1.285 mmである。**図3.21**に，単成分燃料および2成分燃料の液滴径変化と蒸発中の液滴温度変化を示す。液滴の**蒸発速度定数**（evaporation rate constant）は$k_e = -d(d_p^2)/dt$と定義されるが，初期液滴径の影響を排除するため，$k_e = -d(d_p/d_{p0})^2/d(t/d_{p0}^2)$

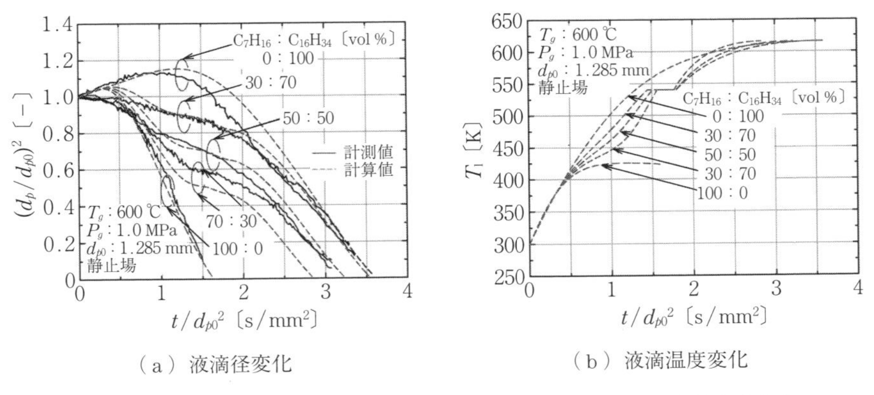

（a）液滴径変化　　（b）液滴温度変化

図3.21　単成分燃料および2成分燃料の液滴径変化と蒸発中の液滴温度変化

と変形できる。時間と液滴径は蒸発速度定数の分母，分子であり，それに合わせて縦軸，横軸は初期液滴径の2乗によって正規化されている。液滴径変化における計測結果と計算結果はほぼ一致している。単成分燃料では，液滴径が大きくなる初期加熱期間の後，d_p^2 に対して直線的な変化をする準定常期間になる。それに対して，2成分燃料は蒸発途中で液滴径変化率が低下し，ほぼ一定の液滴径を維持する区間がある。このときの液滴温度は，ほぼ540 K になることが予測され，これはヘプタンの臨界温度である。つまり，ヘプタンは液体のまま臨界温度以上になることはできないので，ヘプタンの蒸発が終了するまで液滴温度が大きく変わることはないことが予測された。ヘプタン単成分の場合には，液滴温度は最高でも425 K 程度で液滴に入るエネルギーと蒸発潜熱がバランスすることで一定になるが，混合燃料になることで，ヘプタン自体の温度が結果として臨界温度付近まで上がることが示された。

HINOCA による噴霧非蒸発および蒸発解析の計算条件を**表3.2**に示す。非蒸発条件は蒸発条件と同密度であり，液滴分裂モデルの決定のために実施している。**図3.22**は，非蒸発条件で分裂モデル定数を $B_1=1.0$，$C_3=0.05$，$C_b=5.0$ と調整した後の非蒸発条件および蒸発条件での液相噴霧先端到達距離を示している。非蒸発条件で調整されたモデル定数を使うことで，蒸発条件でも到達距離を再現できる。**図3.23**に，同密度場での液相噴霧形状および全燃料（液相＋気相）の2次元空間分布を示す。図（a），（b）は，噴射開始後2.0 ms の噴霧形状（液相）を示す。計算では6噴孔のうち，鉛直方向の1本の噴霧のみを

表3.2　蒸発解析の計算条件

	蒸発条件	非蒸発条件
雰囲気温度〔K〕	613	300
雰囲気圧力〔MPa〕	0.8	0.393
雰囲気密度〔kg/m^3〕	4.44	
雰囲気	燃焼ガス	窒素
燃料	オクタン　nC_8H_{18}	
燃料質量〔mg〕	25.2	
噴孔数，噴孔径	$6\times\phi 0.18$ mm	
噴射圧力〔MPa〕	10	

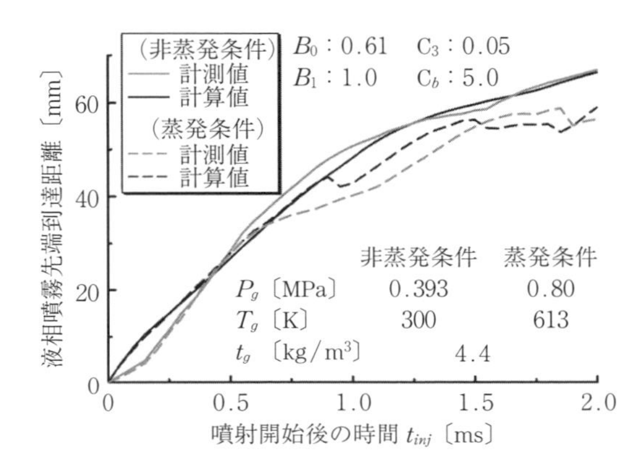

図 3.22　非蒸発条件および蒸発条件での液相噴霧先端到達距離

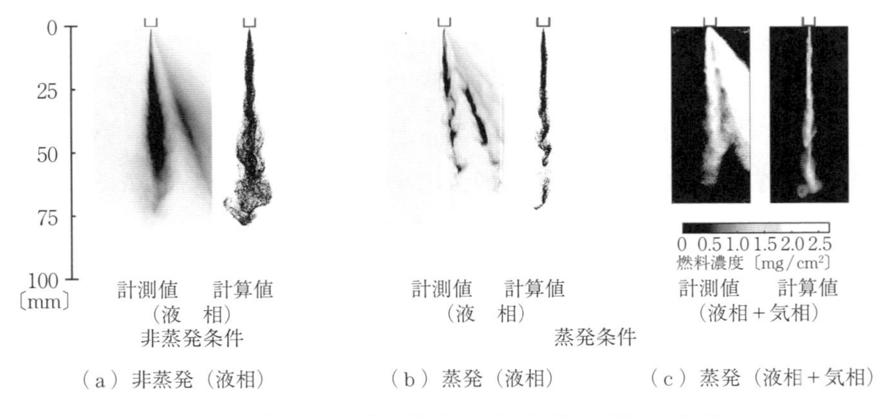

図 3.23　同密度場での液相噴霧形状および全燃料（液相＋気相）の2次元空間分布（噴射開始後の時間 t_{inj}：2.0 ms）

対象にしているが，計測結果で示された蒸発による噴霧半径方向の広がり抑制が計算でも再現できている。図 3.23（c）に，全燃料の空間分布を示す。計測では透過光減衰を用いているため，計算でも計測と同様に気相，液相の燃料を噴霧進行方向に垂直な方向に対して積算することで，2次元空間分布を算出している。噴霧全体の形状，到達距離とも計算結果は計測結果と一致している。

図 3.24 は，非蒸発条件および蒸発条件での噴霧内全液滴の粒径分布の変化

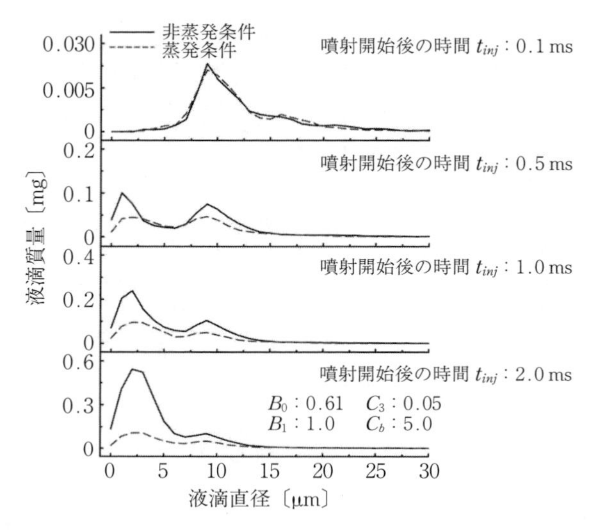

図 3.24　非蒸発条件および蒸発条件での噴霧内全液滴の粒径分布の変化

を示している。噴射開始直後にある 9 μm 付近の液滴径のピークは，時間の経過に従って RT 分裂により 3 μm 付近に移動し，2 峰性粒径分布になる。ただし，噴射期間中であるため各時間の総噴射質量は増加するが，9 μm 付近の質量は 1.0 ～ 2.0 ms ではほぼ一定になっている。蒸発条件では蒸発によって液体質量が減少し，液滴の存在している範囲の分布が非蒸発時よりも均一化しているが，ピークになる液滴径は変わらない。これは，蒸発による液滴径の減少よりも分裂によってピーク値に達する液滴径の液滴が，噴射中のため噴霧内に供給されているからであると考えられる。

図 3.25 に，蒸発条件での RT 分裂定数による液相噴霧先端到達距離への影響を示す。C_3 が小さくなると，より小径化した液滴を生成することになる。この計算条件では，$C_3 = 0.075$ 以上になると到達距離への効果がなくなる。これは $C_3 = 0.075$ 以下では噴霧全体の液滴径が小さくなることで，液滴の蒸発により噴霧先端部の液滴がすべて気化，消失していることを示している。C_3 がより小さくなれば微粒化が促進されるので，その効果がより噴霧上流で生じ

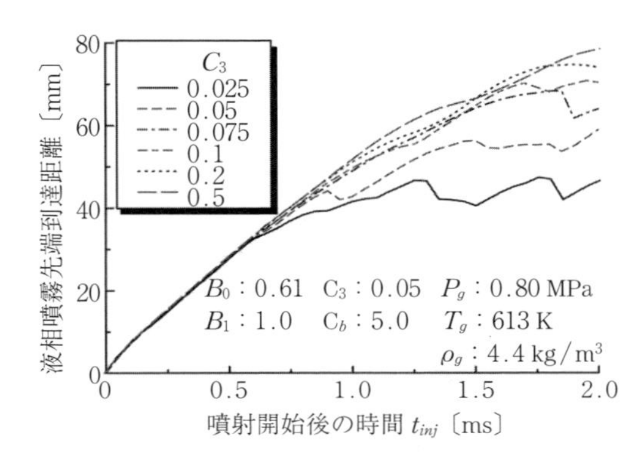

図 3.25 蒸発条件での RT 分裂定数による液相噴霧先端到達距離への影響

る。C_3＝0.075 より大きくなると，C_3 が小さいほうが全体的な液滴径は小さくなるが，すべての燃料が気化する大きさの液滴径ではないことが予測された。

これらのモデル検証結果が得られた手法を用いて，HINOCA で無過給ガソリン直噴エンジンの混合気形成過程の数値解析を行った。計算条件および使用モデルを**表 3.3** に，エンジンシリンダ内燃料と当量比分布の時間変化を**図 3.26** に示す。各図の左側が燃料パーセル分布（液体燃料）を，右側がシリンダ中央断面の燃料蒸気分布を示している。燃料噴射を開始してから約 15° 経過した −285° aTDC（図（a））では，燃料液体は下降中のピストンに衝突している。

表 3.3 計算条件および使用モデル

（a）計算条件

エンジン回転数〔rpm〕	2 000
燃料噴射時期〔° aTDC〕	−300
当量比	1.0（シリンダ内直接噴射）
噴射期間〔°〕	32.76
噴射速度〔m/s〕	110
噴孔数	6
燃料	2,2,4-トリメチルペンタン（イソオクタン）iC_8H_{18}

（b）HINOCA 基本モデル

乱流モデル	LES WALE モデル
噴霧モデル	DDM
分裂モデル	KH-RT
蒸発モデル	Spalding
壁面衝突モデル	Naber-Reitz
液滴抗力モデル	Liu
液滴合体モデル	—

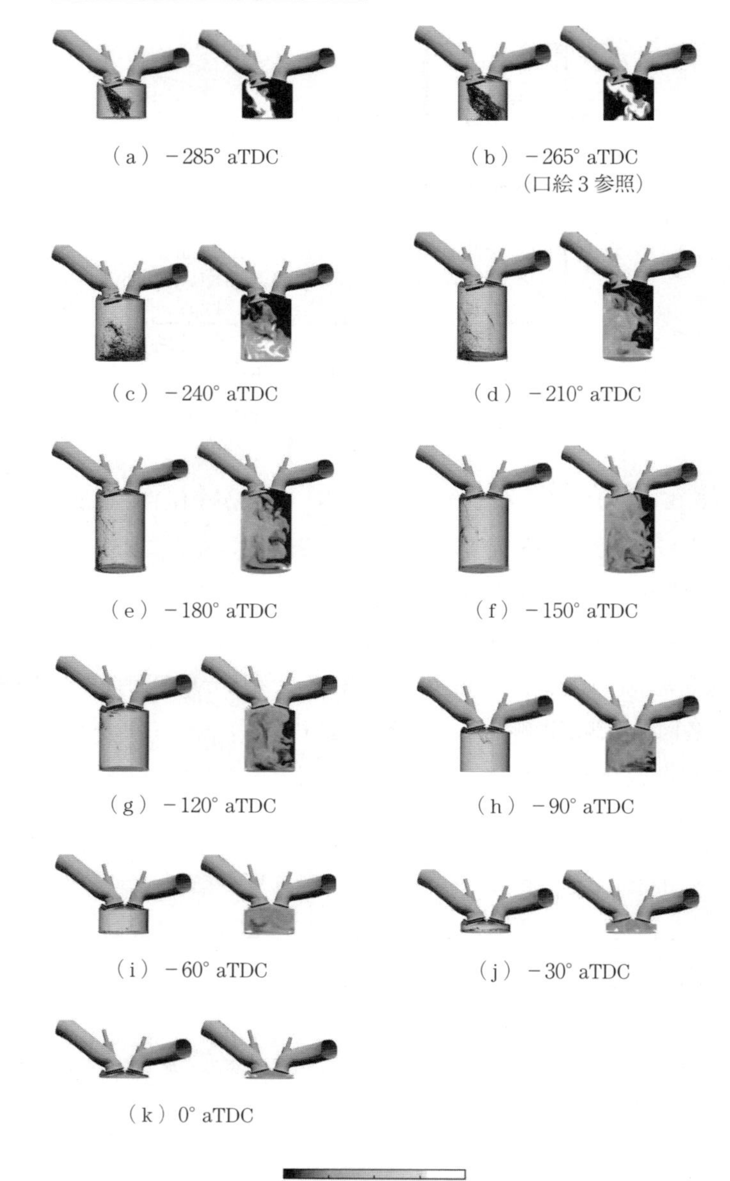

図 3.26　エンジンシリンダ内燃料の液滴直径分布（左）と当量比分布（右）

燃料蒸気は，噴射期間中には燃料噴霧付近のみに存在し，下死点（−180° aTDC（図（e）））時には当量比2以上の過濃混合気はほぼない。液体燃料は，下死点以降ではピストン，シリンダライナ，シリンダヘッドの壁面近傍のみに偏在し，圧縮に伴うシリンダ内温度上昇によって，徐々に蒸発することでピストン壁面付近に局所的な高当量比領域が発生している。その後，−90° aTDC（図（h））以降は全体的にはほぼ当量比1の混合気が形成されていることが確認できる。

3.3.2 壁面衝突噴霧

〔1〕 液膜面積

壁面衝突噴霧の計算事例として，まずは，室温の大気圧場において，室温壁面に衝突した噴霧が形成する液膜面積を示す。

計測および計算の条件を**表3.4**に示す。燃料は単一成分のイソオクタンであり，噴射期間一定のもと噴射圧力を変化させている。**図3.27**に，室温壁面に衝突する噴霧のレイアウトと壁面の関係を示す。インジェクタには6噴孔のノズルが取り付けられており，⑥の噴霧軸が壁面と23°をなすように燃料が噴射される。この場合，②，③，④，⑥の噴霧のみが壁面に衝突するため，計算はこの4本の噴霧のみを対象とした。

噴射圧力13 MPaの燃料噴射終了後0.2 msにおける液膜分布を**図3.28**に示す。実験はすりガラス上に形成された液膜を下方（図3.27（c）の右側）から

表3.4 室温壁面に衝突する噴霧の計測条件および計算条件

項目	条件
雰囲気圧力〔MPa〕	0.10
雰囲気温度〔K〕	300
壁面温度〔K〕	300
噴孔径〔mm〕	0.13
噴射圧力〔MPa〕	5，13，20
噴射期間〔ms〕	2.5
燃料	2,2,4-トリメチルペンタン（イソオクタン）iC_8H_{18}

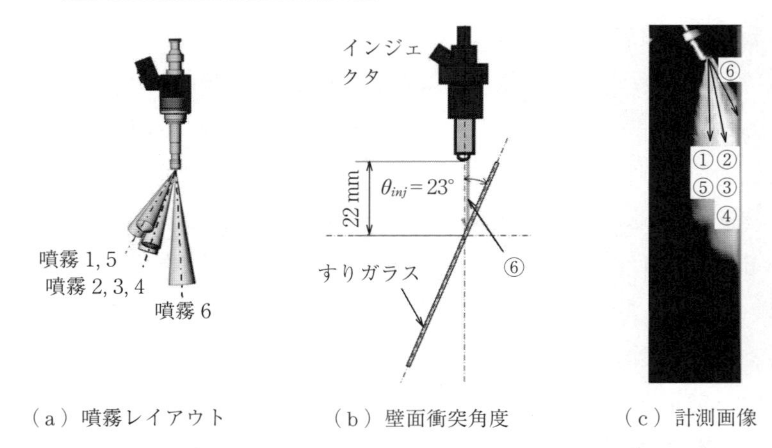

（a）噴霧レイアウト　（b）壁面衝突角度　（c）計測画像

図 3.27　室温壁面に衝突する噴霧のレイアウトと壁面の関係
（計測画像：群馬大学 座間淑夫 准教授提供）

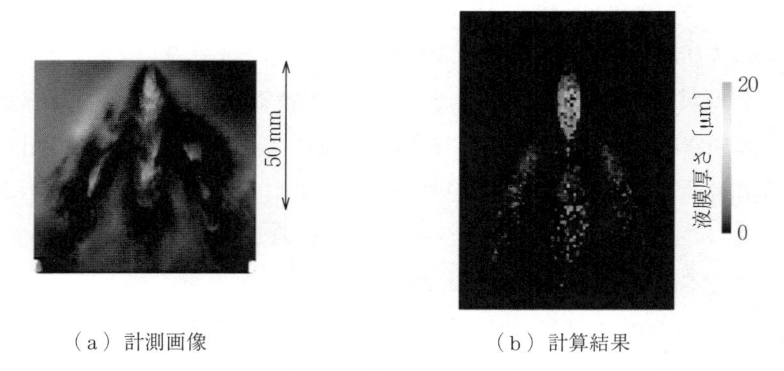

（a）計測画像　（b）計算結果

図 3.28　（口絵 4 参照）液膜分布の計測画像と計算結果の比較（燃料噴射圧力 13 MPa）
（計測画像：群馬大学 座間淑夫 准教授提供）

撮影しており，液膜領域では光強度が減衰し，その内部でも厚い液膜は白色として撮影される。HINOCA により計算された液膜は，計測結果と同様な位置に形成されていることに加え，噴霧の各衝突点よりやや下方で厚さが増すなどの特徴を再現している。

図 3.29 に，噴射圧力に対する液膜面積の変化を示す。計算結果は，噴射圧力 5 MPa において計測時の液膜面積をやや下回るものの，噴射圧力 13 MPa および 20 MPa においては計測値をよく再現する。

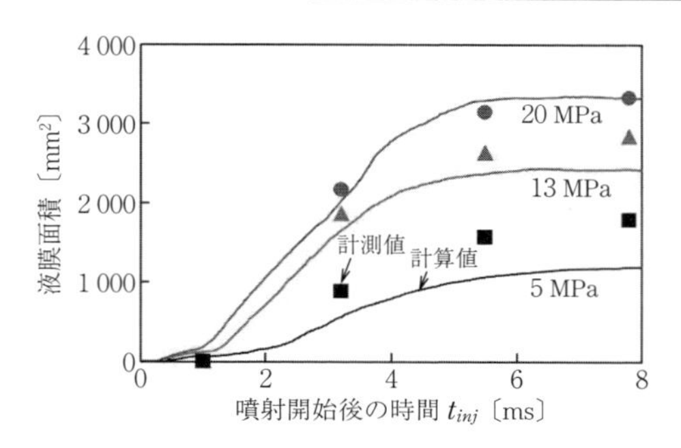

図 3.29　噴射圧力に対する液膜面積の変化
（計測値：群馬大学 座間淑夫 准教授提供）

〔2〕　液膜–壁面間の熱流束

壁面に付着した液膜は，周囲気体および壁面からの伝熱により加熱され，蒸発し，混合気を形成する。この過程は直接噴射式ガソリン機関における微粒子生成および未燃成分の排出と密接な関係にあり，近年注目を集めている[54)]。また，微粒子の排出特性は壁面温度の影響を受けることが知られており[55)]，壁面熱伝達の高精度な予測は重要な課題といえる。そこで，燃料噴霧の壁面衝突領域における壁面熱流束の計測値[56)]と HINOCA の計算結果を比較することで，予測精度を検証する。

表 3.5 に計測条件および計算条件を示す。室温の大気圧場において，1 本の噴霧を壁面に直角に衝突させる。壁面温度は 30℃ から 120℃ の間で変化させ，ノズルと壁面間の距離は 30 mm から 50 mm まで変化させる。計測では薄膜型熱電対により測定される温度を用いて，壁表面におけるエネルギーバランスから壁面熱流束を算出した。計算では式（3.150）の熱伝導項 $\lambda_l[(\overline{T}_l - T_w)/(\delta/2)]$ から壁面熱流束を評価した。

図 3.30 に，噴霧が壁面温度 30℃ の壁面に垂直に衝突した場合の液膜の広がり方を示す。噴霧の衝突点は画像中心であり，液膜はそこから同心円状に広がる。液膜厚さは衝突点近傍において薄く，液膜外縁において厚い。衝突点近傍では，後続の噴霧が運動量を供給するため，液膜が半径方向に移動するのに対し，外縁では壁面摩擦によって運動量を失った液膜が重なり合い，厚さを増

表 3.5　液膜-壁面間の熱流束評価のための計測条件および計算条件

雰囲気圧力〔MPa〕	0.10
雰囲気温度〔K〕	296
壁面温度〔K〕	303, 333, 373, 393
衝突距離〔mm〕	30, 40, 50
噴孔径〔mm〕	0.248
噴射圧力〔MPa〕	10
噴射期間〔ms〕	4
燃料	2,2,4-トリメチルペンタン（イソオクタン）iC_8H_{18}

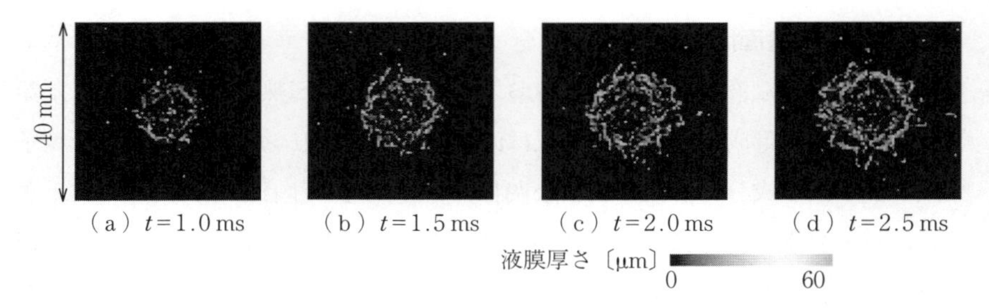

図 3.30　液膜の広がり方（壁面温度 30℃，衝突距離 40 mm）

す。このような特徴はほかの研究でも得られており[57]，実装した液膜流動モデルが実現象を再現することを示している。

壁面温度 120℃における熱流束の計測値と計算値を**図 3.31** に示す。熱流束のマイナス方向は壁面から液膜への熱の移動を意味している。熱流束は噴霧の壁面衝突直後に急速に低下して，噴射終了（噴射開始後 4 ms）までほぼ一定値を保ち，その後は速やかに 0 MW/m^2 程度まで回復する。計算結果はこの時系列的な変化を高精度にとらえており，噴射期間中の準定常的な熱流束も計測値とおよそ一致している。

図 3.32 は壁面温度に対する熱流束の変化であり，熱流束は準定常期間中の平均値である。壁面温度が上昇すると熱流束は直線的に減少する。計算結果は計測値よりも熱流束の絶対値をわずかに小さく見積もるものの，壁面温度に対する熱流束の変化をよく再現している。熱流束の変化は計測値と定性的に一致

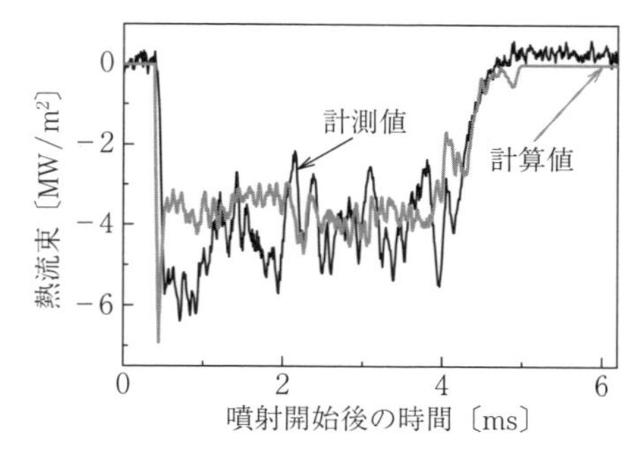

図 3.31　壁面熱流束の比較（壁面温度：120℃，衝突距離：40 mm）（計測値：窪山達也ほか（2015）[56]）

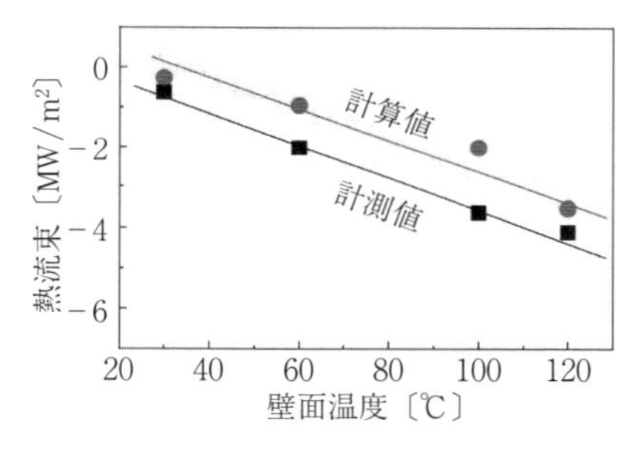

図 3.32　壁面温度が熱流束に及ぼす影響（衝突距離：40 mm）（計測値：窪山達也ほか（2015）[56]）

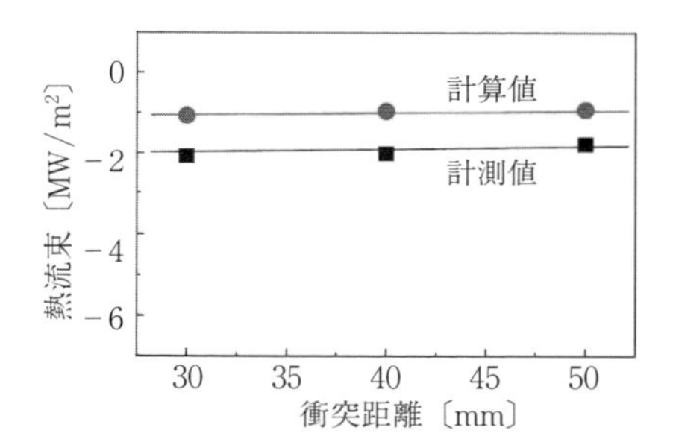

図 3.33　衝突距離が熱流束に及ぼす影響（壁面温度：60℃）（計測値：窪山達也ほか（2015）[56]）

している。

壁面温度を 60℃一定にして，衝突距離を変化させた際の熱流束の変化を**図 3.33** に示す。衝突距離が近いほど壁面衝突時の噴霧速度は速く，熱流束が増加する。衝突距離に対する熱流束の変化は，HINOCA による計算と計測で同等といえる。

コラム 3

ディーゼル噴霧モデル開発の思い出　（同志社大学理工学部 千田二郎 教授）

私は CFD（数値解析）の専門家ではまったくなく，光学計測，燃料解析，噴霧動力学，燃焼制御などを研究対象とした実験屋であるが，これまで必要に迫られて KIVA をベースとして種々のサブモデルの開発を，研究室に在籍した修士課程や博士課程の学生諸君と一緒に行ってきた。当時は噴霧内部やエンジン燃焼室内部でのさまざまな現象把握のための高精度なモデルなどはなく，自身で開発せざるを得ない状況だった。その内容を**図 1** にまとめる。

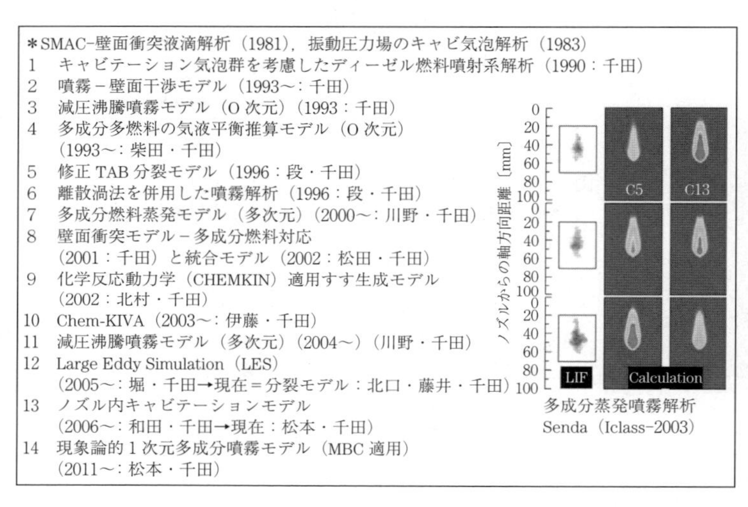

図 1　ディーゼル噴霧解析の取組み

古くは自身の博士課程学生時代に，高温壁面に衝突する微小液滴の変形挙動を SMAC 法で解析し，その後の噴霧−壁面衝突モデルの基点となった。また，エンジンのシリンダブロック内部の冷却水中の変動圧力場でのキャビテーション気泡計測と，その挙動解析のための気泡力学解析の経験が，その後の減圧沸騰噴霧モデルやノズル内部のキャビ解析の原点となった。20 代半ばの若い研究者時代に注力した内容が，その後の各種のモデル開発を支えてきたわけである。

その後，1994 年 8 月（当時はまだ 30 代ぎりぎりで若かった！）から 1 年間，在学研究で University of Wisconsin-Madison の Engine Research Center に在籍した。あるとき，Reitz 先生の部屋で歓談していた際に，私が，噴霧の分裂モデルとして当時存在していた TAB モデル，その修正版である DDB モデル，また KH-RT wave model の前駆的モデルでは，噴霧中の液滴径の時間変化などが実験を十分に再現していないと申し上げたら，Reitz 先生は**図 2** に示す KIVA FAMILY TREE を 5 分ほどでスラスラ書き，KIVA FAMILY TREE には歴史があること，噴霧内部の詳細より噴霧バルクとエンジン燃焼性能がある程度予測できればいいんだと主張された。お説ごもっともなのであるが，このときの会話や

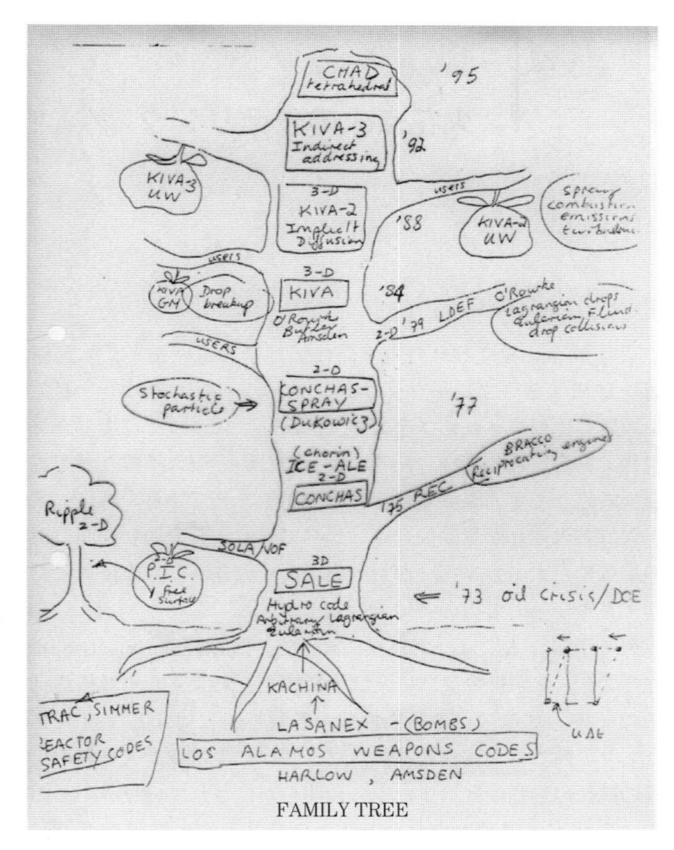

図 2 University of Wisconsin-Madison の Rolf Reitz 教授の KIVA FAMILY TREE メモ（1995）

ERC での体験が，帰国後の種々の噴霧の分裂モデルの開発と提案の起点になっている。

実験屋が分不相応に種々のディーゼル噴霧関連のサブモデルの開発を学生諸兄の協力のもと行ってきたが，いまから考えると，それぞれのモデル開発にはそれなりの因縁があるとつくづく思っている。HINOCA の開発に際して，私が関連したモデルの一部でも参考になれば，これ以上の喜びはない。今後も HINOCA の発展に大いに期待している。

4 火花点火のモデリング

火花点火は数 mm 程度離れた電極間に数万 V の電圧を与え，電極間の気体の絶縁を破壊する（**ブレークダウン**，breakdown）。その後，蓄えられた電気量を放電し，形成された**プラズマ**（plasma）によって可燃混合気を着火させる過程である。近年では，熱効率改善のため，着火困難な希薄混合気を強乱流場で安定して着火させる技術の確立が望まれている。特に，希薄混合気への点火は着火遅れが量論混合気に比べて長く，着火遅れ期間における放電経路の挙動や点火エネルギーが点火成否，着火遅れ，点火位置に影響を及ぼし，サイクル変動の要因の一つとなりうる。

火花点火を予測するには，ブレークダウン，**放電経路**（electric discharge channel），プラズマが燃焼反応に及ぼす影響などを考慮した数値解析が望まれる。その一方，プラズマの熱物性値，各種燃料に対するプラズマ燃焼反応，プラズマの熱物性・輸送物性値，プラズマによる初期火炎核の生成，初期火炎核の成長の過程などはまだ十分に明らかにされていない。このようなことから，火花点火機関の点火を予測する計算手法は発展途上である。また，プラズマを考慮した数値解析は計算コストを要するために，計算精度と計算コストのバランスも重要である。よって，火花点火機関の点火予測には，放電経路の挙動や点火エネルギーの影響を考慮しつつ，計算負荷を抑えて計測結果をロバストに再現できる点火モデルが必要とされる。

4.1 放電の理論

4.1.1 放電経路の開始

気体は**絶縁体**（insulator）の一種であり，通常電圧を与えても電流は流れない。ある電圧（放電開始電圧）以上で電極間の絶縁が破壊され，電極間に伝導性の高い放電プラズマ（放電経路）が形成されて，電極間に電流が流れる。

放電開始に関する理論にはタウンゼント（Townsent）の放電理論がある。タウンゼントの放電理論では，電極間の電圧を徐々に上昇させると，電極間の自然中に存在していた電子（遇存電子）が陽極側へと移動し中性子に衝突して**電離**（ionization）する効果（α 作用）と，正イオンが陰極に衝突して電離する効果（γ 作用）で，電極間の電子が増加する現象（**電子なだれ**，electron avalanche）が生じてプラズマ化するとされている。一般に気体圧力が低い状態で成り立つが，火花点火エンジンの高圧環境下では電圧印加から放電までの遅れ時間を過大に評価する。

これに対して，ミーク（Meek）らはストリーマの理論を提唱した。**ストリーマ理論**（streamer theory）では，陰極を出た電子は電子なだれを形成しながら陽極に向かい，速度の遅いイオンは後に残される。電子なだれが陽極に達すると，電子は陽極に流入し，電極間には正イオンの柱が形成される。これによって，陽極付近で小さな電子なだれが複数形成され，電子が正イオンの柱に流入してプラズマの放電経路が形成される。ストリーマ理論は γ 作用を起こす必要がないため，電圧印加後ごく短時間で放電開始となる。

4.1.2 容量放電と誘導放電

点火システムは，二次コイルを利用した**誘導電圧**（induced voltage）によって数万V程度の高電圧場を誘起させて放電を開始する。放電開始後の電流波形および電圧波形のイメージを**図4.1**に示す。

放電は放電直後の高電圧の期間とその後に電圧が低下してからも続く期間に分かれる。前者を**容量放電**（capacitive discharge），後者を**誘導放電**（inductive discharge）として区別する。容量放電はコンデンサに蓄えられた**静電エネルギー**（electrostatic energy）の放出により生じる。容量放電の電圧はきわめて大きいが，持続期間はきわめて短い。誘導放電はコイルに蓄えられた**磁気エネルギー**（magnetic energy）の放出により生じる。放電されるエネルギーの大部分は，誘導放電の磁気エネルギーである。火花点火の点火モデリングでは，

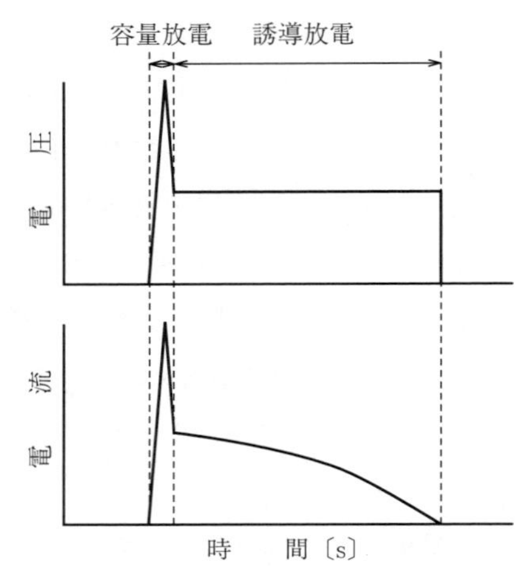

図 4.1 放電開始後の電流波形および電圧波形

容量放電を無視し，誘導放電を考慮することが多い。

4.1.3 放電経路の伸長

大気圧下での火花放電の場合，横風を受けても放電経路はほとんど伸長しない。一方，火花点火機関の場合，シリンダ内の圧力が高圧のため，流動によって放電経路が下流側に伸張する。放電経路が伸長するメカニズムについては十分に明らかにされていないが，実験によると放電経路は雰囲気圧力および気体速度の上昇に伴って，気体速度への追従性が改善されると報告されている[1)]。後述のように，放電経路の伸長は，点火成否，放電期間，着火位置などに影響する。放電直後に点火する量論混合気よりも，着火遅れ時間が長い希薄混合気での点火において，その影響が大きくなると考えられる。

4.1.4 再　放　電

放電経路が伸長すると，電極間の電位差が上昇する。電極間の電位差が一定値を超えると，新しい放電経路が形成され，これまでの放電経路は消滅する。この現象を**再放電**（restrike），再放電が生じる電圧を**再放電電圧**（restrike voltage）という。火花点火エンジンの場合，1回の放電で再放電は数回現れる。再放電電圧は放電時の密度，雰囲気圧力，雰囲気の組成，エンジンの点火システムなどに影響されて変化する。

4.1.5 電 気 回 路

火花点火エンジンの高圧縮された混合気中で火花放電を形成するには，1 mm 程度の電極隙間に数万 V の電圧を印加する必要がある。この高電圧は点火コイルを用いて発生させる。点火コイルを含めた点火装置の**電気回路**（electric circuit）を**図 4.2** に示す。実際の電気回路は複雑なため，最小限の機能を示した電気回路（**等価回路**，equivalent circuit）を示している。等価回路は電源，抵抗，点火コイル，スイッチから構成されている。点火コイルは中央に鉄芯（コア）があり，そのまわりに**一次コイル**（primary coil）および**二次コイル**（secondary coil）が巻かれている。スイッチを ON にすると，一次コイルに電流が流れ，磁気エネルギーが蓄えられる。点火時期でスイッチを OFF にすると，**自己誘導**（self induction）作用により一次コイルに**誘導起電力**（induced electromotive force）が発生すると同時に，**相互誘導**（mutual induction）作用により二次コイル側にも誘導起電力が生じる。誘導起電力の大きさは一次コイルと二次コイルの巻き数に比例する。したがって，巻き数を調整し，数万 V の誘導起電力を二次回路側に発生させ，放電経路を形成する。放電は二次コイルの磁気エネルギーが消費されるまで続く。

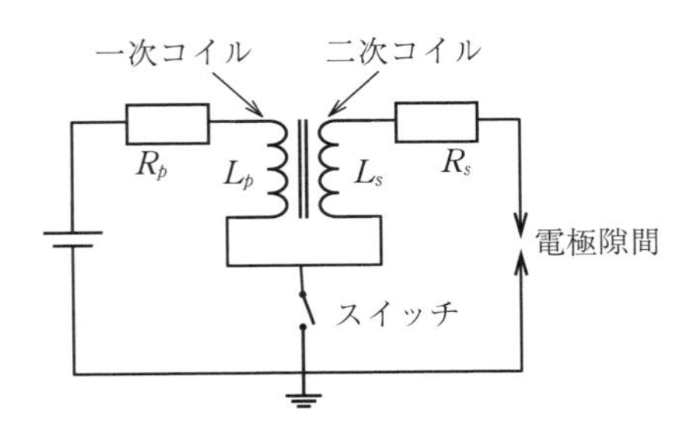

図 4.2 点火装置の電気回路

4.1.6 火　炎　核

火花放電によって可燃混合気を点火すると，球状の火炎が徐々に発達する。この球状の火炎を**火炎核**（flame kernel）と呼ぶ。火炎核がある一定値以上に発達すると，**火炎伝播**（flame propagation）に遷移する。火炎伝播に遷移する火炎核の直径を**臨界直径**（critical diameter）と呼ぶ。火炎核の成長速度は**層流燃焼速度**（laminar flame speed）とは異なる。火炎核の成長速度は混合気の空気過剰率に加えて，点火エネルギー，火炎核の曲率などの影響を受けて変化する。

4.1.7 最小点火エネルギー

火花放電の点火エネルギーを減少させると，火炎核の直径が臨界直径まで成長せず，着火に失敗する。静止場において着火に成功する最小の点火エネルギーを**最小点火エネルギー**（minimum ignition energy，**MIE**）という。最小点火エネルギーは空気過剰率によって変化し，希薄化するにつれて最小点火エネルギーは増大する。

流動場における最小点火エネルギーは，混合気の乱れの増加によって上昇する。混合気の乱れが一定値を超えると，乱れの増加につれて最小点火エネルギーが著しく増加する。この現象を**MIE 遷移**（MIE transition）という[2)]。希薄混合気への点火を安定化させるため，点火エネルギーの強化やタンブル流の制御が行われている。MIE 遷移を含めた最小点火エネルギーは，火花点火機関の点火成否を予測するうえで重要である。

4.2 各種点火モデル

4.2.1 点火エネルギー供給モデル

最も簡単な点火モデルは，プラズマの影響を省略し点火エネルギーを熱エネルギーとして計算領域に直接与える方法である。このモデルでは，電極間に点火エネルギーを与える領域を定義し，エネルギーを供給する。**総括反応**（overall reaction），shell model，**簡略化反応機構**（reduced reaction mechanism）などを用いて反応を計算し，点火（着火）を計算する。この手法は，火花放電による着火を再現する手法として最も簡便であり，多くの研究で利用されている。一方，供給するエネルギーが格子内で瞬時に拡散するため，解析結果は計算格子の大きさに依存する。

4.2.2 DPIK モデル[3)]

DPIK（discrete particle ignition kernel）モデルは，火炎核を粒子で計算する手法である。**図 4.3** に示すように，想定した初期火炎核表面にラグランジュ粒子を配置し，初期火炎核の成長はラグランジュ粒子を移動させて表現する。初期火炎核の直径が任意のしきい値を超えると，点火したものと判定し，火炎伝播モデルでその後の火炎発達を計算する。

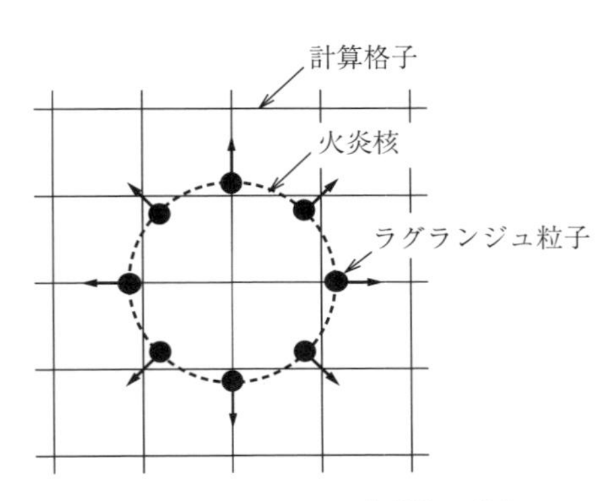

図 4.3　DPIK による火炎核の計算

DPIK はラグランジュ粒子で火炎核を追跡するため，計算格子の解像度の影響は少ない。また，火炎核界面を明確に定義できるため，例えば火炎伝播モデルに G 方程式を適用できる。

4.3 放電経路を考慮した点火モデル

4.3.1 モ デ ル 式

量論混合気へ火花放電する場合，点火から火炎伝播へ遷移する時間が短く，放電経路の伸長が点火に及ぼす影響はほとんどない。しかしながら，混合気が希薄化されると点火から火炎伝播へ遷移する時間が長くなり，伸長の程度，再放電，放電期間などが点火性能に影響を及ぼす。したがって，希薄混合気への点火を計算する場合，放電経路の伸長を考慮した点火モデル[4)~6)]が必要になる。ここでは，火花点火機関の希薄燃焼に対応した点火モデル[7),8)]について述べる。

〔1〕 放電モデル

ブレークダウンから容量放電までは無視し，点火開始直後に誘導放電の放電経路が形成されるとする。放電経路の直径を解像する格子の利用は困難なため，**図 4.4** に示すように，放電経路を任意の数の**放電粒子**（spark particle）でラグランジュ的に表現する。また，放電経路の伸張を模擬するため，放電粒子が存在する位置の気体速度を用いて放電粒子の移動を計算する。

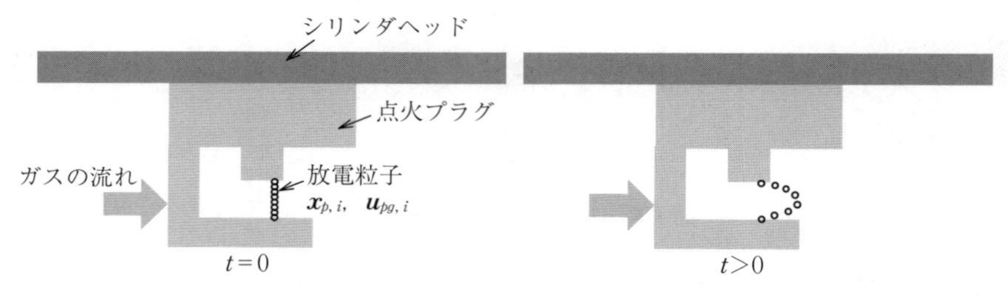

図 4.4 放電経路の伸長のモデル化

放電経路を形成する i 番目の放電粒子の座標を $\boldsymbol{x}_{p,i}$ とすると，放電粒子の移動速度は放電粒子位置に働く気体速度 $\boldsymbol{u}_{pg,i}$ を用いて式 (4.1) で計算できる。

$$\frac{d\boldsymbol{x}_{p,i}}{dt}=C_g\boldsymbol{u}_{pg,i} \tag{4.1}$$

ここで，C_g は気体速度への追従性を表す定数であり，雰囲気圧力や気体速度により放電経路が伸長する度合いの変化を考慮できる。C_g は計測値から回帰式を作成するなどして与える。

放電粒子が気体速度によって伸長すると，時間の経過とともに放電粒子の間隔が不均一となる。このため，粒子間隔が初期値の2倍を超えると，その間隔に新たな粒子を追加し，粒子間隔を一定に保つ。新しい粒子の位置は線形補間で与える。放電経路長 l_{spk} は粒子間距離の合計で計算できる。

〔2〕 電気回路モデル

図4.2の**一次回路**（primary circuit）と**二次回路**（secondary circuit）からなる火花点火システムの等価回路を考える。一次回路のコイルに蓄えられる（磁気）エネルギー $E_{mag,prim}$ は，インダクタンスを L_p，電流を i_p とすると

$$E_{mag,prim} = \frac{1}{2} L_p i_p^2 \tag{4.2}$$

と与えられる。添え字 p は一次回路を示す。

二次側コイルに誘導されるエネルギー E_s は一次側コイルのエネルギーを用いて，式(4.3)で定義する。

$$E_s = 0.6\, E_{mag,prim} \tag{4.3}$$

さらに，二次コイルの抵抗を R_s，二次コイルの電流を i_s，電極間の電圧を V_{ie} とすると，E_s の時間変化は

$$\frac{dE_s(t)}{dt} = -R_s i_s^2(t) - V_{ie} i_s(t) \tag{4.4}$$

となる。二次回路の電流は二次回路のリアクタンス L_s を用いて，式(4.5)で計算できる。

$$i_s = \sqrt{\frac{2\,E_s}{L_s}} \tag{4.5}$$

電極間の電圧 V_{ie} は**正極**（**カソード**，cathode）の電圧降下 V_{cf}，**負極**（**アノード**，anode）の電圧降下 V_{af}，放電経路の電圧降下 V_{gc} の合計で与えられる（式(4.6)）。

$$V_{ie}(t) = V_{cf} + V_{af} + V_{gc}(t) \tag{4.6}$$

電極での電圧降下は電極と放電経路の間に形成される**空間電位層**（シース，sheath）によるものである。カソードとアノードの電圧降下は放電期間内で一定と仮定し[9]，カソードの電圧降下 V_{cf} は式 (4.7) で与える[10]。

$$V_{cf}=3\frac{B}{A}\log\left(1+\frac{1}{\gamma}\right) \tag{4.7}$$

ここで，実験定数 A，B はそれぞれ，$A=14.6$，$B=365$ とする。γ は電子放出比である。電極にインコネル材が適用されると想定し，$\gamma=0.036$ とする。アノードの電圧降下 V_{af} は 18.75 V の一定値で与えることが多い[10]。

放電経路の電圧降下 V_{gc} は放電経路長，電流，圧力の依存性を考慮した式 (4.8) が提案されている[10]。

$$V_{gc}(t)=40\,460\,l_{spk}(t)i_s(t)^{-0.32}\left(\frac{p}{p_0}\right)^{0.51} \tag{4.8}$$

ここで，p_0 は大気圧である。

なお，式 (4.4) において二次回路の抵抗 R_s が小さく無視できる場合，右辺第 1 項が省略され，式 (4.9) のように簡略化される。

$$\frac{dE_s(t)}{dt}=-V_{ie}i_s(t) \tag{4.9}$$

この場合，放電開始直後の二次側の誘導エネルギー $E_s(0)$ と電流 $i_s(0)$ から，二次回路のリアクタンス L_s は式 (4.10) で与えられ，計算を簡略化できる。

$$L_s=\frac{2\,E_s(0)}{i_s^2(0)} \tag{4.10}$$

〔3〕 再放電モデル

電極間電圧 V_{ie} が再放電電圧 V_{re} を超えると，放電粒子の位置を再配置し，再放電を模擬する。再放電電圧は点火システムや雰囲気組成の影響を受けて変化するため，計測値を用いる。再放電後は再放電前の放電粒子にエネルギーは供給されないが，火炎核粒子として，火炎核の成長を引き続き計算する。

一方，再放電で新たに形成される放電経路は電極間に直線状で形成されず，下流側に伸長して形成されることが実験で確かめられている[1]。これは，1 回目の放電で電極間の気体が電離しているためと考えられる。再放電時における放電経路の初期状態は電極間電圧に影響して放電期間を変化させるため，二次曲線を用いて考慮する。

例えばいま，z 座標に沿って放電経路が形成され，主流の平均速度成分は x 方向のみで y，z 方向成分はゼロとする。また，$-z$ 側の電極に接する放電パーセルを $i=1$，$+z$ 側の電極に接する放電パーセルを $i=n$ とすると，再放電時の放電パーセル位置は式 (4.11) で与えられる。

$$\boldsymbol{x}_{re,i}=\begin{bmatrix} x_0 \\ y_0 \\ z_1+\dfrac{(z_n-z_1)}{n-1}(i-1) \end{bmatrix}+\Delta\boldsymbol{x}_{re}=\begin{bmatrix} x_0+C_r d_{gap}\left|\dfrac{(z_i-z_1)(z_i-z_n)}{(z_c-z_1)(z_c-z_n)}\right| \\ y_0 \\ z_1+\dfrac{(z_n-z_1)}{n-1}(i-1) \end{bmatrix} \tag{4.11}$$

ここで，Δx_{re} は再放電時の補正量，d_{gap} は電極間距離，z_c は電極間中心の z 座標，添え字 0 は初期放電位置を示す。モデル定数 C_r は二次曲線の高さを示し，再放電直後の電圧値から値を求める。

〔4〕 火炎核成長モデル

放電経路の生成と同時に，放電粒子と同じ位置で球形の火炎核を定義する。火炎核は放電粒子と同様に気体流動により移動すると仮定する。火炎核は火炎核の成長速度に従って成長する。火炎核の直径が一定値を超えると，着火したと判定し，例えば G 方程式の初期値を与えて**火炎面**（flame front）を定義する。その後は火炎伝播モデルで燃焼を計算することになる。火炎核の直径は格子サイズに比べて小さく，また発熱も微小なため，CFD のエネルギー方程式の生成項で考慮しない。熱発生は点火判定後の火炎伝播モデルで計算される。

火炎核の成長速度は火炎核の質量保存の式から算出する。火炎核の質量 m_K の時間変化は式 (4.12) で定義できる。

$$\frac{dm_K}{dt}=\frac{d}{dt}(\rho_K V_K)=\rho_u A_K S=\rho_u A_K(s_t+s_{plasma}) \tag{4.12}$$

ここで，ρ_K は火炎核の密度，A_K は火炎核表面積，V_K は火炎核の体積，S

は火炎核成長の特性速度である。特性速度は乱流燃焼速度 s_t とプラズマによる放電経路の熱膨張速度 s_{plasma} の合計とする。火炎核の半径 r_K の成長速度に関する式は，状態方程式を用いて式 (4.12) を変形すると得られる。

$$\frac{dr_K}{dt}=\frac{\rho_u}{\rho_K}(s_t+s_{plasma})+r_K\left(\frac{1}{T_K}\frac{dT_K}{dt}-\frac{1}{p}\frac{dp}{dt}\right) \tag{4.13}$$

火炎核内の温度変化と圧力変化を無視すると，式 (4.13) の右辺第 2 項は省略され

$$\frac{dr_K}{dt}=\frac{\rho_u}{\rho_K}(s_t+s_{plasma}) \tag{4.14}$$

となる。

火炎核成長に利用されるエネルギーは，電極の気体間に与えられるジュール熱 $i_s V_{gc}$ とし，プラズマによる放電経路の熱膨張速度 s_{plasma} は，式 (4.15) で計算する。

$$s_{plasma}=\frac{i_s V_{gc}}{4\pi r_K{}^2\left[\rho_u(I_K-h_u)+p\dfrac{\rho_u}{\rho_K}\right]} \tag{4.15}$$

ここで，I_K は火炎核の比内部エネルギー，h_u は未燃ガスの比エンタルピーである。

乱流燃焼速度は火炎の曲率を考慮する。例えば，層流速度 $s_L{}^0$ に対するひずみ係数 I_0 を導入した式 (4.16) から求める[11]。

$$\frac{s_T}{s_L{}^0}=I_0+I_0{}^{1/2}\left(\frac{\sqrt{\overline{U}^2+u'^2}}{\sqrt{\overline{U}^2+u'^2}+s_L{}^0}\right)^{1/2}\left[1-\exp\left(-\frac{r_k}{L}\right)\right]^{1/2}$$
$$\left[1-\exp\left(-\frac{\sqrt{\overline{U}^2+u'^2}+s_L{}^0}{L}t_s\right)\right]^{1/2}\left(\frac{u'}{s_L{}^0}\right)^{5/6} \tag{4.16}$$

ここで，$\overline{U}$ は平均速度，u' は乱流強度，L は積分長，t_s は放電開始からの時間である。また，I_0 は式 (4.17) で与えられる。

$$I_0=1-\left(\frac{l_f}{15L}\right)^{1/2}\left(\frac{u'}{s_l}\right)^{3/2}-2\frac{l_f}{r_K}\frac{\rho_u}{\rho_b} \tag{4.17}$$

ここで，l_f は**層流火炎厚さ**（laminar flame thickness）である。層流火炎厚さは式 (4.18) で与える。

$$l_f = \frac{\lambda_u / c_{p,u}}{\rho_u s_l} \tag{4.18}$$

ここで，λ_u は未燃ガスの熱伝導率，$c_{p,u}$ は未燃ガスの定圧比熱である。層流燃焼速度は例えばGülder の式[12]により計算する。

4.3.2　0次元計算による検証

電極間の気体流れをプラグ流と仮定した0次元でモデル精度を検証した。放電経路は「コの字」の形状で伸長すると仮定し，放電経路長 l_{spk} を式 (4.19) で求める。

$$l_{spk} = d_{gap} + 2\,C_g u_g t \tag{4.19}$$

〔1〕 非 燃 焼 場

計算対象は，定容容器で電極間に流動を与えた実験[1]とする。雰囲気圧力は 100 ～ 1 000 kPa，雰囲気温度 25℃，電極間の気体速度 0 ～ 7.9 m/s，点火エネルギー 50 mJ，点火直後の電流 $i_s(0)$ は 50 mA である。

非燃焼場における点火モデルを検証する指標の一つとして，点火開始から最初の再放電に至る時間 t_1 を採用する。**図 4.5** に結果を示す。計算においても，気体速度への追従性を表す定数 C_g の導入や，再放電電圧に計測値を採用した

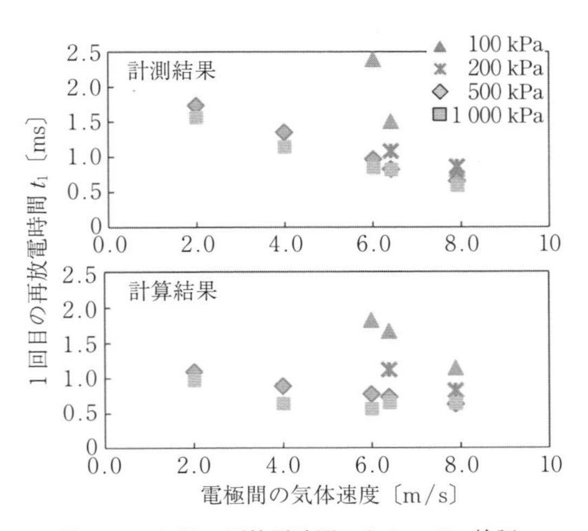

図 4.5　1回目の再放電時間によるモデル検証

ことにより，計測値の傾向をおおむね再現できている。

図 4.6 は，計算によって得られた 1 回目の再放電時における放電経路長である。気体速度および雰囲気圧力の増加とともに放電経路長が増加する。雰囲気圧力 1 000 kPa，気体速度 7.9 m/s では放電経路長が 9 mm を超える。電極間の距離が 1.1 mm であることを考慮すると，放電経路は電極間距離の 4 倍程度，下流に伸長することがわかる。

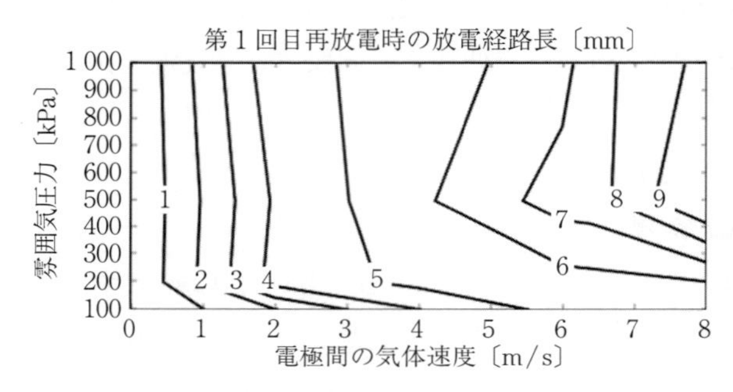

図 4.6　第 1 回目再放電時の放電経路長

図 4.7 に，計算によって得られた電極間電圧 V_{ie}，二次側の電流 i_s，無次元放電経路長 l_{spk}/d_{gap} の時系列変化を示す。放電伸張がない場合は V_{ie} が約 500 V 一定となり，放電期間は 3.2 ms となる。放電伸張のある場では，V_{ie} の値が時間とともに増大し，二次側の誘導エネルギーの減少率が増加するため，放電期間は 1.2 ms と短くなる。電気回路を考慮することで，気体流動によって放電期間が減少する影響を再現できる。

放電期間は，火炎核成長に利用できるエネルギーに影響する。点火エネルギーのうち，電極近傍のシース層で消費されるエネルギーは火炎核成長に影響しないとし，電極の気体間のエネルギーのみが火炎核成長に利用されるとする。この場合，火炎核成長に利用される電力の割合（電力利用率）η_{gc} は式 (4.20) で定義できる。

$$\eta_{gc}=\frac{q_{gc}}{q_{spk}}=\frac{V_{gc}}{V_{ie}} \tag{4.20}$$

ここで，q_{spk} は V_{ie} と i_s の積で計算される点火エネルギーの電力，q_{gc} は V_{gc}

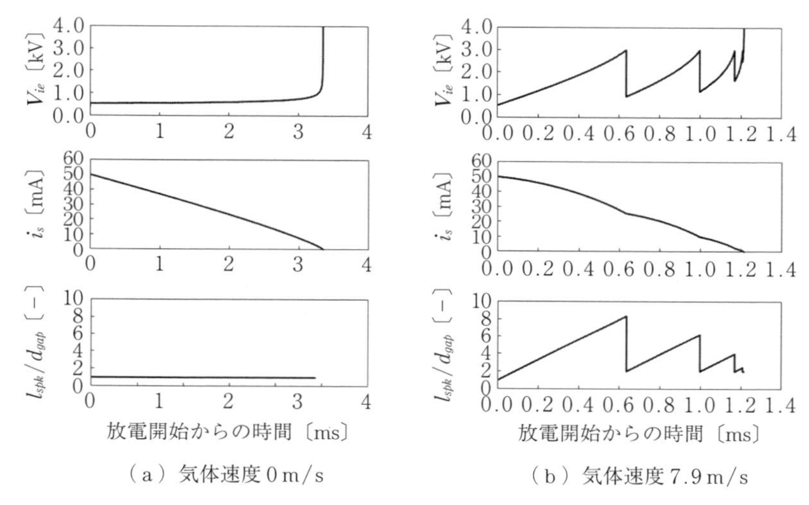

（a）気体速度 0 m/s　　（b）気体速度 7.9 m/s

図 4.7　放電経路伸長の影響

と i_s の積で計算される火炎核成長に利用される電力である。

図 4.8 は，周囲気体が静止状態で放電経路が伸長しない場合の電力の計算結果である。電極間に印加される電力 q_{spk} と q_{gc} は放電開始時に最大となり，時間とともに減少する。η_{gc} は放電期間の大部分で約 0.5 であり，点火エネルギーの約半分しか火炎核成長に利用されない。

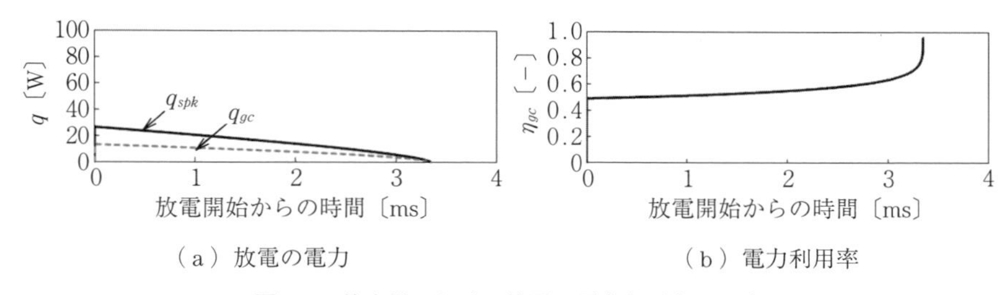

（a）放電の電力　　（b）電力利用率

図 4.8　静止場における放電の電力と電力利用率

図 4.9 は，放電経路の伸張がある場合の計算結果である。電極間に印加される電力 q_{spk} と q_{gc} は，放電経路の伸張による増加，再放電による減少を繰り返す。q_{spk} と q_{gc} は最初の再放電前に最も大きい値となる。放電開始直後の η_{gc} は放電経路の伸長がない場合と同様に約 0.5 であるが，最初の再放電前に約 0.9

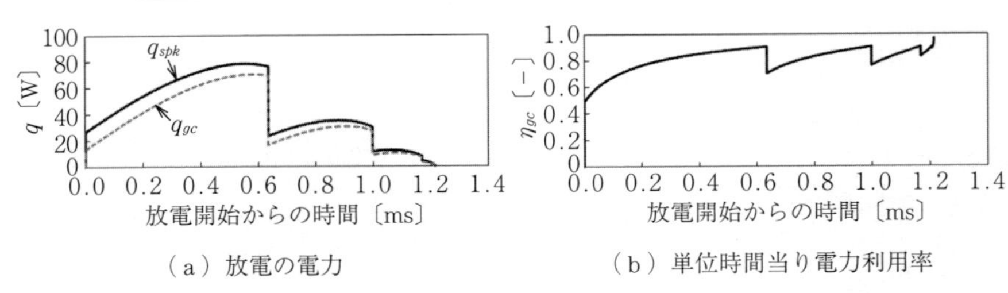

（a）放電の電力　　（b）単位時間当り電力利用率

図 4.9　流動場における放電の電力と単位時間当り電力利用率

の高い値を取る。放電経路の伸張は，気体にエネルギーを供給する手段として有効である。

〔2〕 燃　焼　場

燃焼場における点火モデルの検証には，急速圧縮装置を用いて旋回流中の点火挙動を得た実験[11]によって計測された火炎核を用いることが多い。燃料はプロパン（C_3H_8）であり，空気過剰率は 1.0，1.3，1.5 の 3 種類である。雰囲気圧力は 500 kPa 一定，雰囲気温度は 100 kPa，300 K の予混合気が 500 kPa まで断熱圧縮された温度とする。放電ギャップ速度は 12.4 m/s，変動速度は 1.0 m/s である。再放電電圧は実験データより 1.5 kV としている。積分長は 4 mm である。

図 4.10 は，火炎核半径の時間変化である。計算により得られた火炎核半径は空気過剰率の増加とともに減少し，計測値と同様の傾向を示している。

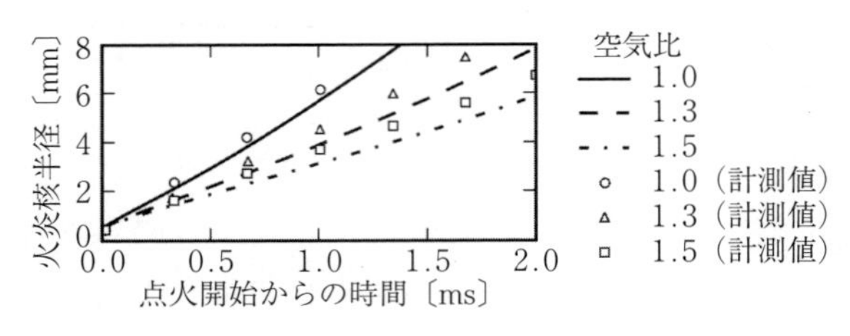

図 4.10　火炎核半径の時間変化

図 4.11 にプラズマによる熱膨張速度 s_{plasma}，乱流燃焼速度，火炎核成長速度の計算結果を示す。s_{plasma} は放電直後が最も大きく，時間の経過とともに値が低下し，放電の終了後は 0 となる。一方，乱流燃焼速度は火炎核の曲率の影響

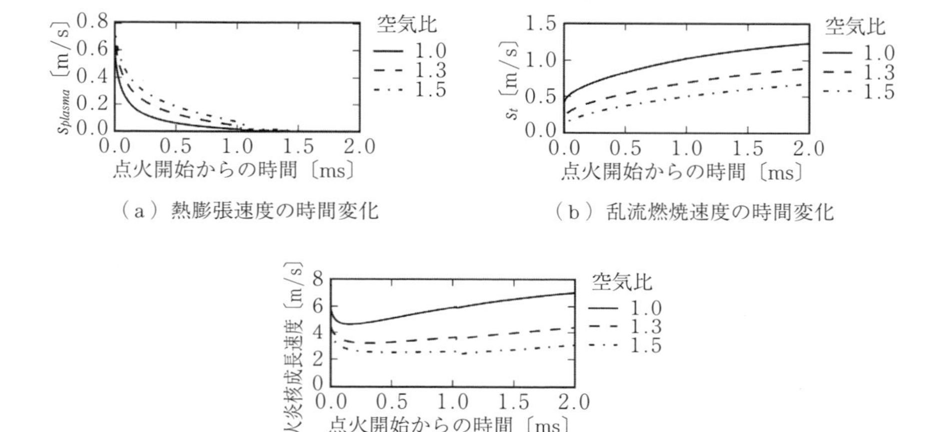

（a）熱膨張速度の時間変化

（b）乱流燃焼速度の時間変化

（c）火炎核成長速度の時間変化

図 4.11　プラズマによる熱膨張速度，乱流燃焼速度，火炎核成長速度の時間変化

を考慮しているため，火炎核の半径が小さい点火初期の値は小さく，時間の経過とともに増加している。つまり，点火直後の火炎核成長には s_{plasma} が支配的となる。火炎核の成長とともに s_{plasma} の影響が小さくなり，火炎核は乱流燃焼速度により成長する。

4.3.3　HINOCA による点火モデルの計算事例

〔1〕　非 燃 焼 場

図 4.12 は，3 次元計算で用いた計算領域とスパークプラグの形状である。計算領域は x，y，z 方向にそれぞれ 20 mm，20 mm，50 mm の直方体とし，計算領域の上面（$+z$）に実形状の点火プラグを設置している。電極間距離は 1.1 mm である。図に示すように，流入と流出境界を設けた。流入と流出境界以外は壁関数を適用したすべりなし壁面とした。格子の一辺は 0.25 mm である。これにより電極間に 4 格子を配置できる。格子数は 123 万である。計算刻みは 1 μs 一定とした。

領域内の初期条件は 298 K，500 kPa，静止状態，組成は空気とし，モル分

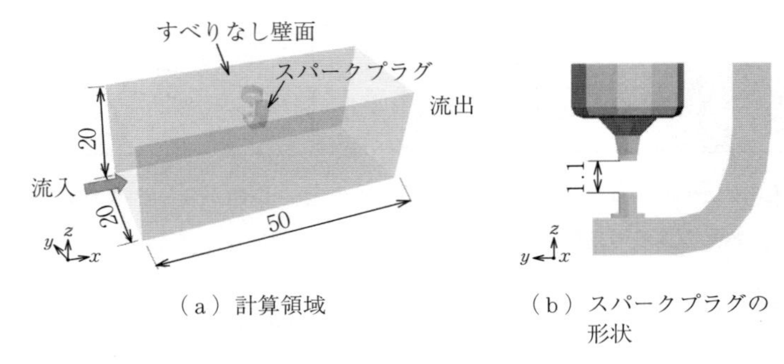

（a）計算領域　　（b）スパークプラグの形状

図 4.12　計算領域とスパークプラグの形状（単位：mm）

率で酸素 0.21，窒素 0.79 とした。定常状態でギャップ間の最大速度が 7.9 m/s となるように流入境界の速度を決めた。点火初期の粒子数は放電経路上の計算格子に少なくとも 1 個の放電粒子が含まれるように設置する必要があり，10 個の粒子で模擬している。点火エネルギーは 50 mJ，C_g は 0.8，R_s は 0，C_r は 0.0，再放電電圧は 3 kV とした。計算検証には 4.3.2 項と同様に 0 次元の場で放電経路，電圧，電流，電力などを計算し，その結果と 3 次元計算結果を比較した。

図 4.13 は，放電経路長，電極間電圧，および気体に供給されるエネルギーの時間変化の計算結果である。電極間距離で無次元化した放電経路長 l_{spk}/d_{gap}，電極間電圧 V_{ie}，気体に供給されるエネルギー q_{gc} は 0D 計算の傾向をおおむね再現している。

図 4.14 に放電粒子の可視化画像を示す。流動により放電経路が伸長し，再放電によって放電経路が新しく生成されている。また，放電の伸張で粒子間隔が開いた場合，放電粒子を追加しているため，放電の粒子間隔が一定に保たれている。これによって，放電経路が伸張した場合でも，放電経路上のセルには必ず 1 個以上の放電粒子が配置できる。

〔2〕 燃　焼　場

流動を与えた定容容器内での点火実験[13]を計算対象とする。燃料はプロパンであり，EGR を模擬するために，空気過剰率 1.0 の混合気を窒素で希釈してい

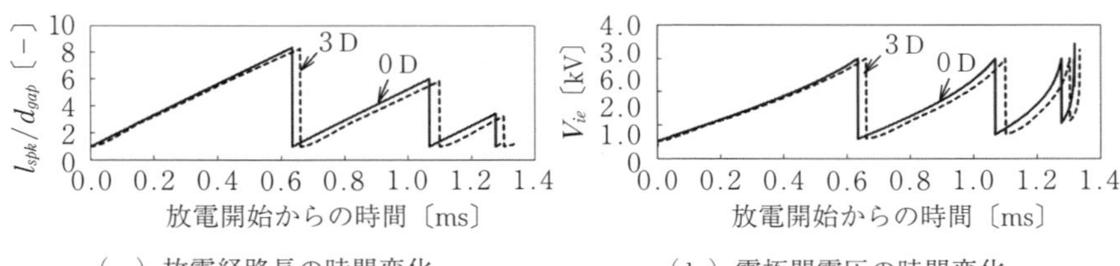

（a）放電経路長の時間変化　　（b）電極間電圧の時間変化

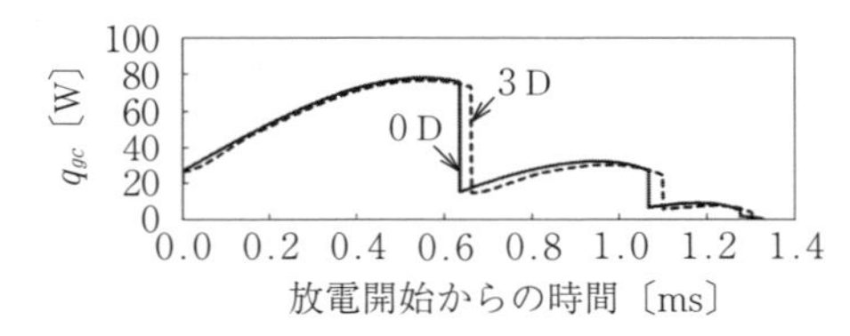

（c）気体に供給されるエネルギーの時間変化

図 4.13　放電経路長，電極間電圧，および気体に供給されるエネルギーの時間変化（3 D：HINOCA，0 D：0 次元計算）

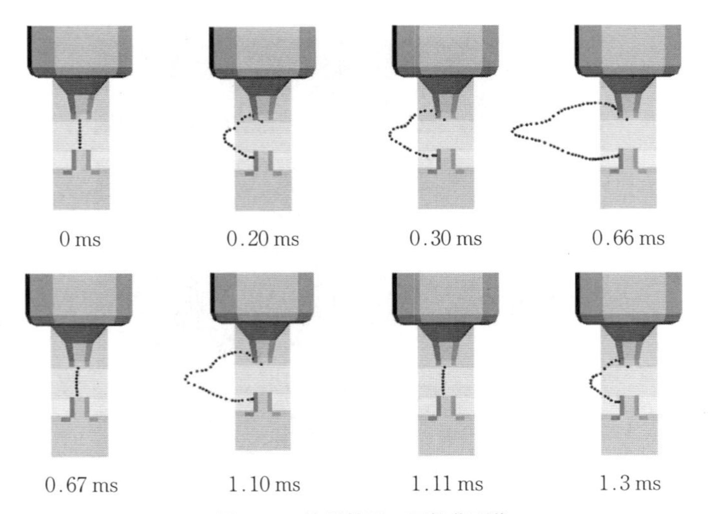

図 4.14　放電粒子の可視化画像

る。希釈率は 22％である。雰囲気圧力は 100 kPa，温度は 300 K，電極間の気体速度は 7.9 m/s，積分長は 4 mm である。点火エネルギーは 50 mJ，初期電流は 70 mA である。最初に 0 次元計算を用い，大気圧静止状態および燃焼時

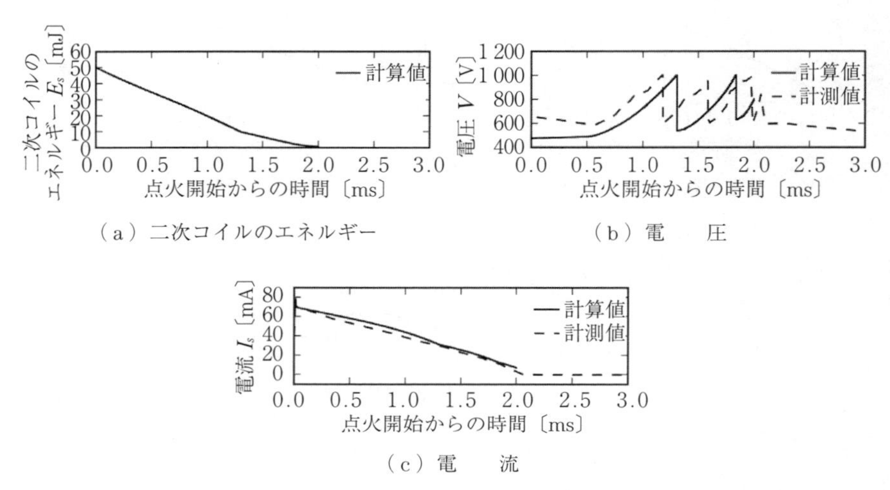

（a）二次コイルのエネルギー　　（b）電　　圧

（c）電　　流

図 4.15　二次コイルのエネルギー，電圧，および電流の計算結果

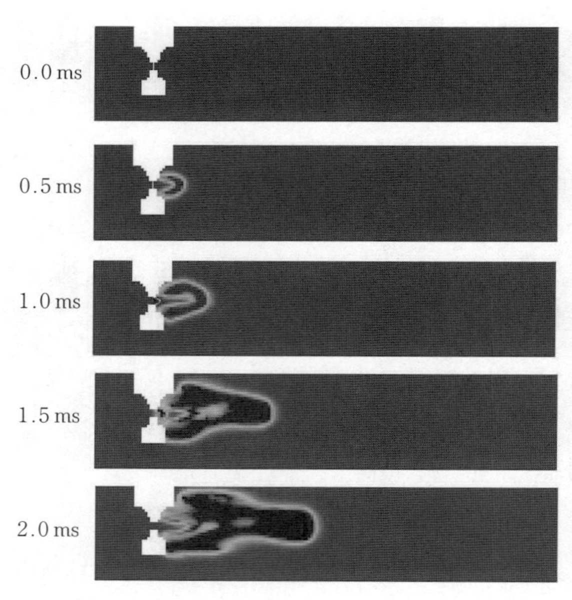

図 4.16　（口絵 5 参照）火花点火過程における中心断面の温度分布と放電粒子

の電気回路の実測データからパラメータを調整し，モデル定数を $C_g=2.0$，$C_{gc}=1.0$ としている。

図 4.15 に，3 次元計算で得られた二次コイルのエネルギー，および電圧，電流の計算結果を示す。0 次元モデルによって，パラメータを調整したため，電流と電圧ともに計測値をよく再現している。**図 4.16** に中心断面の温度分布と放電粒子を示す。放電直後に火炎核半径が計算格子幅の 2 倍（0.5 mm）に達する。すぐに火炎伝播モデルによって温度変化が計算されている。

4.4 超希薄燃焼での火炎核成長モデル[14)]

4.4.1 モ デ ル 式

4.3.1 項の〔4〕で説明した火炎核成長モデルは，火炎核が成長しやすく，量論付近の混合気では有効であるが，混合気の希薄化や乱れ増加による点火失敗の予測は難しい。超希薄燃焼での点火成否や火炎核成長速度の算出には，エネルギー方程式や化学種保存式を火炎核ごとに計算することが考えられる。その一方，CFD での利用を想定すると，計算負荷が増大する。そこで，火炎核成長の成長速度は，1 次元方程式の解を解析的に算出するつぎの二次連立方程式 (4.21)[15)] を用いる。

$$\Omega T_f+\Omega_Q Q=\frac{\dfrac{1}{Le}R^{-2}e^{-ULeR}}{\displaystyle\int_R^{\infty}\tau^{-2}e^{-ULe\tau}d\tau}=\exp\left[\frac{Z}{2}\frac{T_f-1}{\sigma+(1-\sigma)T_f}\right] \tag{4.21}$$

ここで，U は無次元有効燃焼速度，T_f は無次元の火炎帯温度，Q は無次元化された放電経路から火炎核に供給される熱エネルギー，R は無次元半径，Le はルイス数，Z は**ゼルドドビッチ数**（Zel' dovich number），σ は膨張比，Ω と Ω_Q は定数である。火炎核の無次元半径 R を与えれば未知数の無次元有効燃焼速度 U と無次元火炎帯温度 T_f が得られる。定数 Ω と Ω_Q は輻射伝熱を無視すると，次式で定義される[15)]。

$$\Omega = \frac{R^{-2} e^{-UR}}{\int_R^{\infty} \tau^{-2} e^{-U\tau} d\tau} \tag{4.22}$$

$$\Omega_Q = -R^{-2} e^{-UR} \tag{4.23}$$

各無次元量は式 (4.24) ～ (4.26) で定義できる。

$$U = \frac{s_{eff}}{s_L{}^0} \tag{4.24}$$

$$Q = \frac{\tilde{Q}}{4\pi\tilde{\lambda}\tilde{\delta}_f{}^0 (\tilde{T}_{ad} - \tilde{T}_\infty)} \tag{4.25}$$

$$T = \frac{\tilde{T} - \tilde{T}_\infty}{\tilde{T}_{ad} - \tilde{T}_\infty} \tag{4.26}$$

ここで，s_{eff} は電気エネルギーによる熱膨張速度 s_{plasma} と火炎核の曲率を考慮した燃焼速度（**有効燃焼速度**，effective flame velocity），λ は熱伝導率，添え字「∞」は遠方場の雰囲気気体（計算セルの値），「~」は有次元の値を示す。火炎核成長は s_{eff} を用いて

$$\frac{dr_K}{dt} = \frac{\rho_u}{\rho_K} s_{eff} \tag{4.27}$$

とする。また，放電経路から供給される熱エネルギーは一定値でなく，火炎核核の直径に比例すると考え

$$\tilde{Q} = \frac{2\, r_k}{l_{spk}} i_s V_{gc} \tag{4.28}$$

とする。乱流場で確認される MIE 遷移を考慮するため，乱流によってみかけの熱伝導率が増加し，放電経路から供給されるみかけの熱エネルギーが低下すると考え，乱流強度 u' とモデル定数 C を用い，式 (4.25) を乱流場へ拡張する（式 (4.29)）。

$$Q = \frac{\tilde{Q}}{4\,\pi\tilde{\lambda}\left(1 + C\dfrac{u'}{s_L{}^0}\right)\tilde{\delta}_f{}^0 (\tilde{T}_{ad} - \tilde{T}_\infty)} \tag{4.29}$$

ここで，モデル定数 C は 0.464 とする。

4.4.2 0次元モデルでの検証

図 4.17 は，火炎核成長の計算例である。当量比は1とし，投入エネルギーを変化させている。投入エネルギーを増加させると，放電期間が増加するとともに，火炎核成長に利用されるエネルギーが増加する。点火開始直後の無次元有効燃焼速度は点火エネルギーの影響で大きい。火炎核径が十分に大きくなると，無次元有効燃焼速度は約1となる。これは，平面火炎と同じ燃焼速度となることを表す。一方，点火エネルギーが0.1 mJの場合，放電期間の終了後は，式 (4.21) の解がなくなり，有効燃焼速度が定義できない。これは，点火エネルギーで火炎核が十分に成長できず，点火に失敗したことを表す。点火エネルギーが0.25 mJ以上の場合，火炎核が成長して点火に成功している。

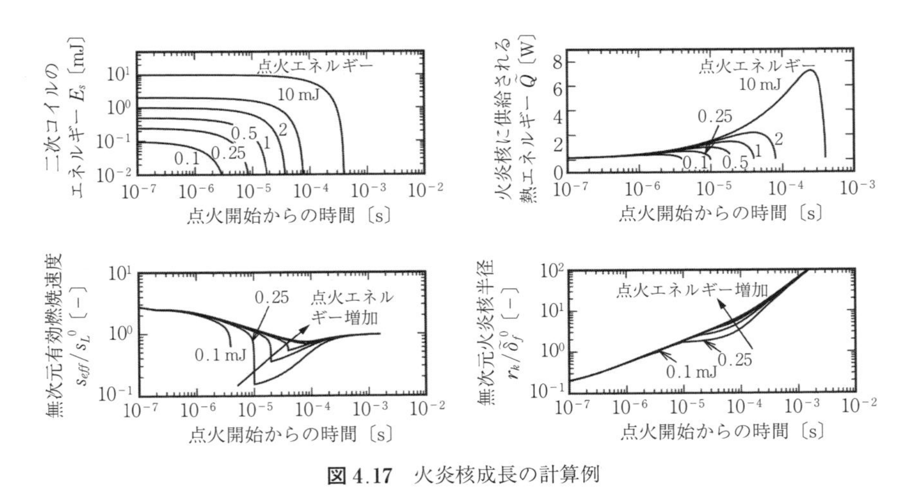

図 4.17 火炎核成長の計算例

図 4.18 に，無次元有効燃焼速度と無次元火炎核半径の関係を示す。臨界半径は点火エネルギーを0とした場合における式 (4.21) を計算することで得られ，この場合の臨界半径は約1.05である。放電終了までに火炎核の半径が臨界半径を超えれば，点火に成功する。また，点火エネルギーが最小点火エネルギー（0.25 mJ）付近では，放電期間終了後に無次元有効燃焼速度が低下する。これは，火炎核が小さく，曲率の影響を受けるためである。この領域では点火エネルギーの強化で着火遅れ時間を低減できる。一方，無次元火炎核半径が大

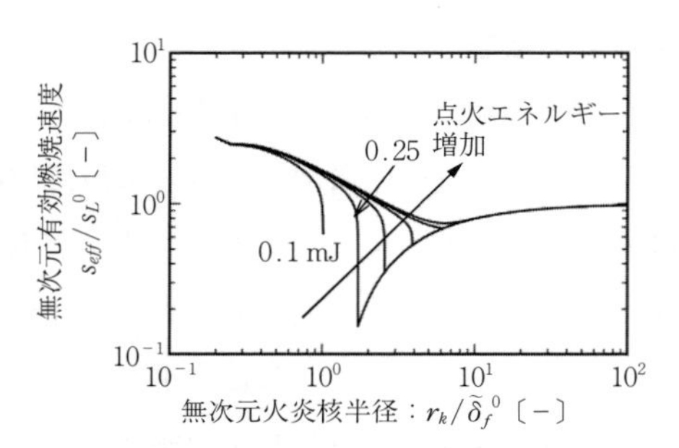

図 4.18　無次元有効燃焼速度と無次元火炎核半径の関係

きくなると，点火エネルギーは有効燃焼速度に影響しなくなる。この例であれば，無次元火炎核半径が 10 を超えると点火エネルギーを強化しても有効燃焼速度にほとんど影響しない。

図 4.19 は，燃料をメタン，プロパン，イソオクタンとした場合の最小点火エネルギーの計算結果である。最小点火エネルギーは点火エネルギーを変更した計算を繰り返し，平面火炎に成長する最小の点火エネルギーとして得られる。最小点火エネルギーは，量論混合気よりも過濃側に最小値をもつ下に凸の分布が計算されている。また，燃料の分子量が大きくなるほど，最小値が過濃側に移動している。これらは，計測結果[16]を定性的に再現している。

図 4.20 は，当量比を 0.7 とし，乱流強度 u' と最小点火エネルギーの関係を示している。計算条件は参考文献 17）を参照した。図より，乱流強度が約 1.6

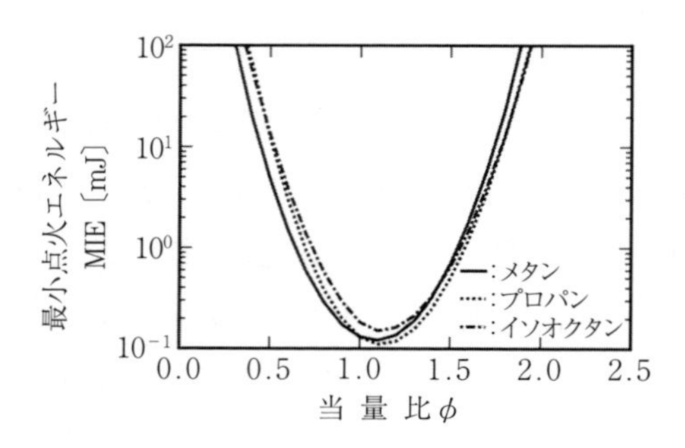

図 4.19　最小点火エネルギーの計算結果

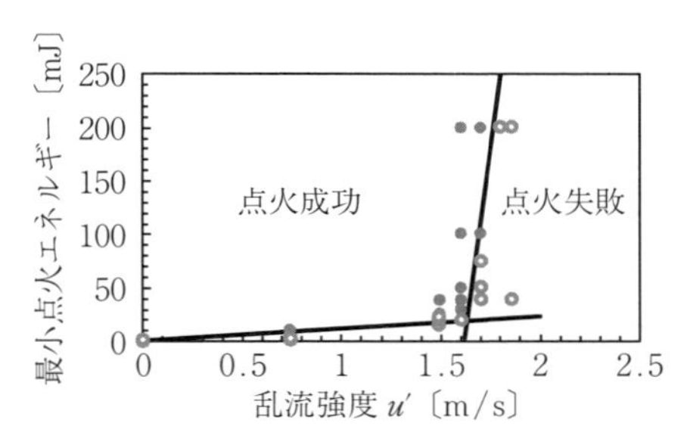

図 4.20　乱流強度と最小点火エネルギーの関係（当量比 0.7）

以上で，最小点火エネルギーが乱流強度に対して急峻に増加し，MIE 遷移を定性的に再現している。最小点火エネルギーが遷移する乱流強度は式 (4.29) のモデル定数 C に依存する。定量性を改善するには，モデル定数を最適化すればよい。以上より，有効燃焼速度を用いることで，MIE 遷移を含む最小点火エネルギーを考慮した点火のモデル化が可能となる。

コラム 4

化学反応解析プログラム CHEMKIN について

CHEMKIN は，米国サンディア国立研究所で開発された反応計算用の各種サブルーチンのパッケージである。CREK コード[18] と呼ばれる前身を経て，1970 年代から開発が始まり，第 1 版[19] は 1980 年に配布された。開発者の J. Kee 博士らはこれを改良し，CHEMKIN-II[20] として 1989 年に第 2 版を発表した。1990 年代半ばに 1 000 ユーザを超え，1995 年まで Sandia 国立研究所との契約のもとに無償でソースコードを提供してきた。1997 年から当時の Reaction Design 社にライセンシングされ，CHEMKIN-III，CHEMKIN-4 を経て，現在の ANSYS® 社の Chemkin-Pro へと発展した。運輸，エネルギー，材料工学など，さまざまな分野で製品の開発へ対応し，根底にある詳細な化学反応における効果的なシミュレーションを行うことで，精度の高い設計を狙うこととしている（下記の web サイトを参照されたい）。

https://www.ansys.com/ja-jp/products/fluids/ansys-chemkin-pro

CHEMKIN-II はオープンソースであるため，例えば，KIVA コードと連成し，エンジンシリンダ内における燃焼をシミュレートすれば，数段の反応や平衡反応では考慮できない，着火，燃焼，さらには有害排出物質の生成過程も予測することが可能となる。ここで，**図**に定容容器中に噴射されたディーゼル燃焼の熱発生率と各種化学種の時系列変化の一例を示す[21]。

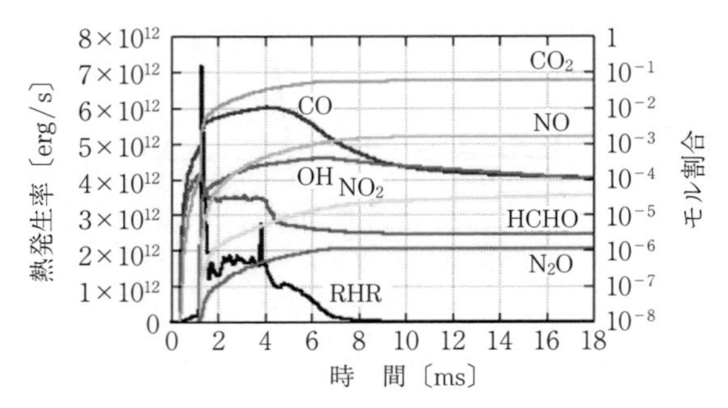

図　ディーゼル燃焼の熱発生率と各種化学種の時系列変化

ディーゼル燃焼における第1期燃焼の前にCOやHCHO（ホルムアルデヒド）が生成されている様子がわかる。現在のANSYS® Chemkin-Proとリンクした CFDコードはいくつかあり，特にANSYS® Forteはよく知られている。このようなコードを使えば，ディーゼルエンジンの多段噴射によって燃料とラジカルがダイレクトに反応する場合や，高圧縮比ガソリンエンジンにおいて低温酸化中の混合気中を火炎が伝播する現象などにも活用できる。

有用な反応スキームが各所で開発が進められているが，特にエンジンにおけるCFDと連成する場合は，計算時間を要する点が課題である。今後は，常微分方程式ソルバの高速化，反応の簡略化，反応計算の並列化効率の向上などによって，より高速に計算がなされるようになるであろう。

5 火炎伝播モデル

5.1 概　　　要

火炎伝播は，火花点火式ガソリンエンジンの基本的な燃焼形態として古くから用いられてきた。しかしながら，近年はガソリンエンジンの熱効率改善の必要性から大幅な希薄化や強流動環境下における安定した火炎伝播の実現が要求されており[1)~4)]，従来の経験則に基づいた検討は限界を迎えつつある。この点において，エンジンシリンダ内の燃焼解析は試作工数の削減のみに限定されず，現象の理解やさらなる性能改善に向けた検討の一手段としても有効であり，その需要は近年増加している。

一方で，火炎伝播は乱流，化学反応，熱や物質の拡散といったさまざまな現象が複雑に作用することに加え，個々の現象については未解明な点も多く，厳密な予測は難しい。特にガソリンエンジンにおいては，燃焼のみならず吸排気行程の流動から燃料噴射までの各種行程を順次連続して解く必要があり，計算負荷と精度のバランスを考慮してある仮定を前提としたモデル化は避けられない。近年は，レーザ計測技術の進歩や直接数値シミュレーション（DNS）を用いた乱流や火炎伝播のモデル化などを行わない直接的な計算[5)~9)]により，流れと反応の相互作用や局所的な火炎構造の解明が進みつつある。これらの知見をもとに，対象条件に対して適切な火炎伝播モデルを選択して設定することが，信頼性の高い解析を行ううえで重要となる。

火炎伝播モデルは，現在までにさまざまなコンセプトに基づいたモデルが提案されており，近年はコヒーレントフレームモデル（**CFM**）[10]や **G 方程式モデル**[11]を用いた例[12)~14)]が多い。いずれも**火炎片理論**[15)~17)]に基づいたモデルであり，化学反応の特性時間が流れの特性時間に対して十分に短く，火炎帯の特性厚さが乱流の最小スケールのコルモゴロフスケールより小さいため，乱流火炎が層流火炎片の集合であると仮定して計算される。これにより，流動と燃焼反応を分離し，層流燃焼速度を独立して与えることで実用的な燃焼計算が可能となる。

CFM では，層流燃焼速度に追加して乱流運動による火炎面積の増加を火炎密度関数 Σ により表現し，その輸送および生成・消散を解くことで火炎の伝播を追跡する。一方の G 方程式モデルでは，火炎面をスカラー量 G の等値面で表現し，乱流燃焼速度 S_T に従うように伝播させる。方程式を閉じるために乱流燃焼速度 S_T を与える必要があるが，CFM のように火炎密度の生成と消散を解く必要はなく，拡張性に優れるという特徴がある。このため，RANS のみならず LES においても多くの計算例が存在する。本章では，おもに LES を対象に火炎伝播モデルとして G 方程式モデルを用いた乱流予混合燃焼の数値解析手法について解説し，実際のガソリンエンジンにおける計算例を紹介する。

5.2　理　　　　論

5.2.1　G 方程式モデル

〔1〕 火炎構造ダイアグラム

G 方程式モデルは，火炎片理論[15)~17)]に基づくモデルであり，適用可能な範囲は火炎構造ダイアグラムにより定義される。**図 5.1** に，Peters により提案されている火炎構造ダイアグラム[17)]を示す。横軸の l/l_F は乱流の積分スケール l と層流火炎厚さ l_F の比を，縦軸の u'/S_L は乱流強度 u' と層流燃焼速度 S_L の比を表す。ここでの層流火炎厚さ l_F は，燃料分子の混合気中の拡散係数 D と未燃混合気の動粘性係数 ν の比であるシュミット数 $Sc=\nu/D$ を 1 と仮定した場合，拡散係数 D と層流燃焼速度 S_L の比として式 (5.1) のように定義され，

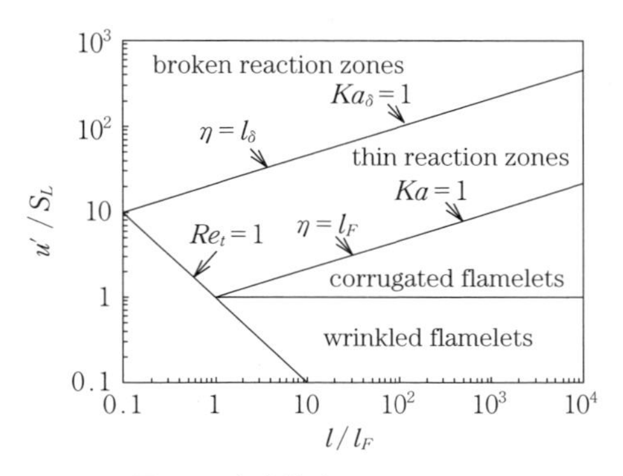

図 5.1　火炎構造ダイアグラム

熱伝導率 λ，熱容量 C_p，密度 ρ，層流燃焼速度 S_L を用いて求めることができる。ここで，添え字の 0 は反応帯における値を，u は未燃混合気における値を示す。

$$l_F = \frac{D}{S_L} = \frac{(\lambda / C_p)_0}{(\rho S_L)_u} \tag{5.1}$$

また，図中には火炎形態を分類する三つの無次元数として乱流レイノルズ数 Re_t，乱流カルロビッツ数 Ka，Ka_δ が示されている。各無次元数は式 (5.2) ～ (5.4) のように定義される。

$$Re_t = \frac{u'l}{S_L l_F} \tag{5.2}$$

$$Ka = \frac{{l_F}^2}{\eta^2} \tag{5.3}$$

$$Ka_\delta = \frac{{l_\delta}^2}{\eta^2} \tag{5.4}$$

ここで，η は乱流の最小スケールであるコルモゴロフスケールであり，l_δ は火炎の反応帯厚さである。先に示した l_F が火炎の予熱帯を含んだ広義の火炎厚さであるのに対し，l_δ はその中で燃料や中間生成物の消費といった燃焼反応の進行に関わる反応帯内層の厚さを表す。ここでは l_F の 1/10 と定義されるが，実際には圧力や燃料組成により変化する。**図 5.2** に層流火炎構造の概念図[17]を示す。

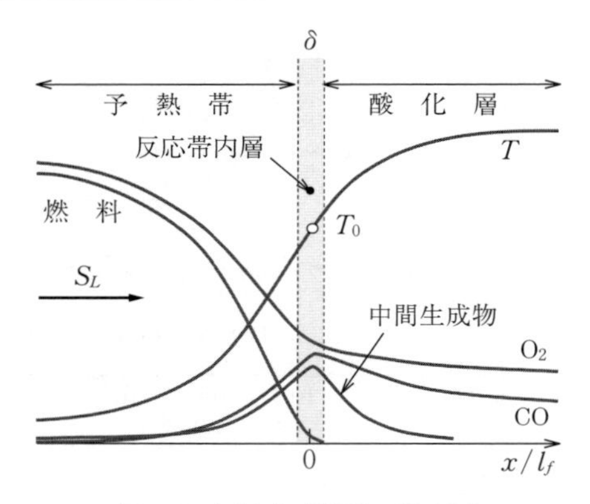

図 5.2　層流火炎構造の概念図

図 5.1 の火炎構造ダイアグラムにおいて，$Re_t < 1$ は層流火炎に，$Re_t > 1$ は乱流火炎に分類される。そして乱流火炎は，u'/S_L と二つの乱流カルロビッツ数 Ka，Ka_δ により，さらに wrinkled flamelets，corrugated flamelets，thin reaction zones，broken reaction zones の四つの形態に分類される。この中で G 方程式において計算可能な乱流火炎は，$Ka_\delta < 1$ の corrugated flamelets と thin reaction zones，そして wrinkled flamelets の三つである。この三つの乱流火炎では，乱流運動の最小スケールである η が l_δ に対して十分に大きく，反応帯が乱流運動の渦の影響を受けることがないとされており，火炎片理論が成立する。

実際のガソリンエンジンにおいては，$u'/S_L > 1$ と $Ka_\delta < 1$ の間の corrugated flamelets と thin reaction zones が乱流火炎の形態として一般的であり，これらは原則として G 方程式モデルを用いた解析が可能である。ただし，例えば thin reaction zones において火炎帯の厚さが計算格子サイズ以上となるような場合には，それを考慮したモデルが必要である[17)]。また，5.1 節においても述べたように近年は希薄化や強流動化により，火炎構造ダイアグラムにおいては乱流カルロビッツ数が増加する方向に燃焼形態は遷移している。このような場では明確な火炎帯が観察されない可能性が実験的にも確認されており[18)]，火炎形態が未解明な領域でもあるが，G 方程式モデルの適用は誤った予測を招く可

能性があるので注意を要する。

〔2〕 **支配方程式**

G 方程式モデルは Williams[11] によりその基本形が示され，Peters[17] により thin reaction zones への拡張や RANS，LES への対応が提案されている。概念図[17] を**図 5.3** に示す。火炎を未燃と既燃を分離する無限に薄い面であると仮定したうえで，その存在をスカラー値 G で表現する。すなわち，ある時間 t，位置 $\boldsymbol{x}$ において式 (5.5) が成り立つ場合，火炎面が存在すると判定される。

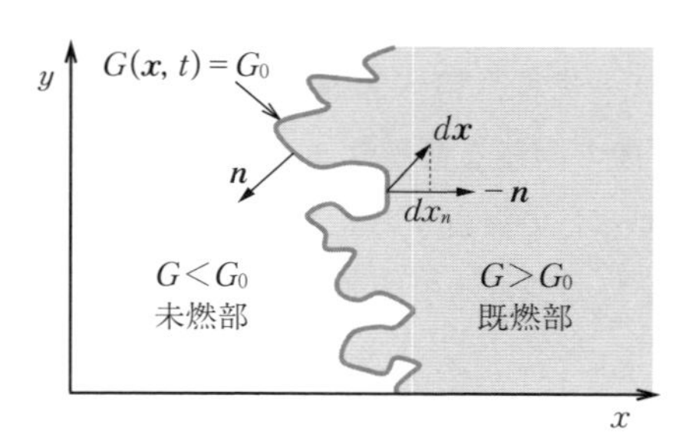

図 5.3　G 方程式モデルの概念図

$$G(\boldsymbol{x}, t) = G_0 \tag{5.5}$$

ここで，G_0 は火炎面であり，$G < G_0$ の場合が未燃部，$G > G_0$ なら既燃部となる。G_0 は火炎面を定義する任意の固定値に設定されるが，0 とされる場合が多い。G の輸送を解くにあたっては，火炎面に対して垂直な法線ベクトル $\boldsymbol{n}$ を式 (5.6) のように定義する。

$$\boldsymbol{n} = -\frac{\nabla G}{|\nabla G|} \tag{5.6}$$

火炎の伝播速度を $d\boldsymbol{x}_f/dt$ とすれば，式 (5.6) の法線ベクトルを用いて

$$\frac{d\boldsymbol{x}_f}{dt} = \boldsymbol{u}_f + \boldsymbol{n}S_L \tag{5.7}$$

となる。ここで，$\boldsymbol{u}_f$ は熱膨張を含む周囲のガス流速であり，S_L は層流燃焼速度である。式 (5.5) を t について微分し，さらに式 (5.6) と式 (5.7) から

$$\frac{\partial G}{\partial t} + \nabla G \cdot \frac{d\boldsymbol{x}_f}{dt} = 0 \tag{5.8}$$

$$\frac{\partial G}{\partial t}+\boldsymbol{u}_f\cdot\nabla G=S_L|\nabla G| \tag{5.9}$$

が得られる。式 (5.9) の左辺第 2 項は対流項を，右辺は伝播項を表す。これが G 方程式の基本形である。

式 (5.9) は，火炎面を完全に解像できる場合において成り立ち，火炎帯厚さ l_F に対して 6 点以上の格子分解能が必要とされている[13)]。エンジンシリンダ内の圧縮上死点において，l_F は 0.1 mm 程度となる。このため，実用的には LES においても格子幅は火炎の局所的な湾曲を表現できるほどの分解能を有さない。そこで，**図 5.4** に示すように火炎面にフィルタ操作を施し（G 方程式のフィルタリング），解像の困難な格子サイズ以下の火炎面積のしわによる増加の効果を乱流燃焼速度として表現する。ファーブル平均を用いると，$\bar{\rho}$ を平均密度として，フィルタ後の速度ベクトル $\tilde{\boldsymbol{u}}$ と $\tilde{G}$ を

$$\tilde{\boldsymbol{u}}=\frac{\overline{\rho\boldsymbol{u}}}{\bar{\rho}} \tag{5.10}$$

$$\tilde{G}=\frac{\overline{\rho G}}{\bar{\rho}} \tag{5.11}$$

としたうえで，以下の形の G 方程式 (5.12) を用いることで，LES における乱流火炎の追跡が可能となる。$\tilde{G}$ は火炎面からの距離を表す距離関数として扱われ，これをレベルセット法と呼び，種々の移動境界面の解析に用いられる。

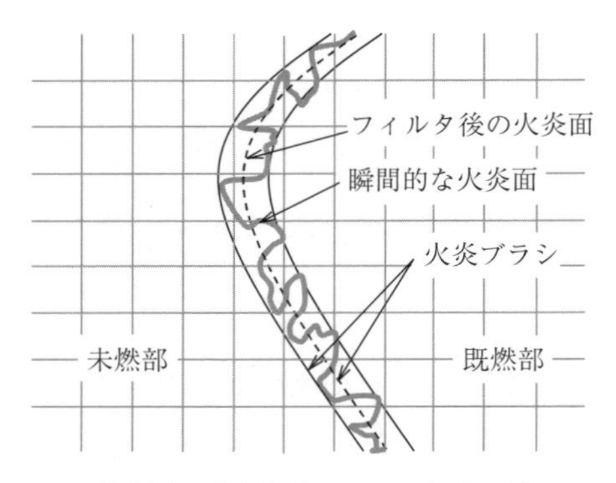

図 5.4　G 方程式のフィルタリング

$$\frac{\partial\bar{\rho}\tilde{G}}{\partial t}+\nabla(\bar{\rho}\tilde{\boldsymbol{u}}\tilde{G})=\bar{\rho}S_T|\nabla\tilde{G}| \tag{5.12}$$

フィルタ操作については，G 方程式において $G=G_0$ 以外は物理的な意味を有さないことから，通常の LES における速度やそのほかのスカラー値と同じ操作は適さず，火炎面に沿ってフィルタ操作を施す手法も提案されている[19]。また，式 (5.12) は，図 5.1 の火炎構造ダイアグラムにおいて $\eta > l_F$ となる corrugated flamelets 領域においては成り立つが，$\eta < l_F$ となる thin reaction zones においては，式 (5.13) のように曲率項を式 (3.12) の右辺に追加することが提案されている[17]。

$$\frac{\partial\bar{\rho}\tilde{G}}{\partial t}+\nabla(\bar{\rho}\tilde{\boldsymbol{u}}\tilde{G})=\bar{\rho}S_T|\nabla\tilde{G}|-\bar{\rho}D_t\tilde{k}|\nabla\tilde{G}| \tag{5.13}$$

ここで，D_t は乱流拡散係数である。$\tilde{k}$ はフィルタ後の火炎の曲率項であり，距離関数 $\tilde{G}$ を用いて，式 (5.14) のように計算される。

$$\tilde{k}=\nabla\left(-\frac{\nabla\tilde{G}}{|\nabla\tilde{G}|}\right) \tag{5.14}$$

火炎形態が thin reaction zones となる場合は，上記の考慮が必要となるが，一般的なガソリンエンジンの燃焼場においては影響は小さい。

〔3〕 再初期化操作

式 (5.12) のように LES で G 方程式をレベルセット法として用いる場合，時間発展により火炎面が進行すると火炎面以外 ($\tilde{G}(\boldsymbol{x},t)\neq G_0$) において式 (5.15) の G の距離関数としての性質が崩れる。

$$|\nabla\tilde{G}|=1 \tag{5.15}$$

この修正のため，再初期化操作が必要となる。代表的な手法として，Sussman ら[20]は方程式 (5.16) を用いた再初期化法を提案している。

$$\frac{\partial g}{\partial t}=\mathrm{sign}\,(\tilde{G}(\boldsymbol{x},t)-G_0)(1-|\nabla g|) \tag{5.16}$$

ここで，g は再初期化計算のための仮の距離関数，sign は符号関数であり，式 (5.17) のように定義される。

$$\mathrm{sign}\,(\tilde{G}(\boldsymbol{x},t)-G_0)=\begin{cases}1: \tilde{G}(\boldsymbol{x},t)-G_0>0\\ -1: \tilde{G}(\boldsymbol{x},t)-G_0<0\\ 0: \tilde{G}(\boldsymbol{x},t)-G_0=0\end{cases} \tag{5.17}$$

初期値を $(\boldsymbol{x},t)=G_0$ とすれば，$\mathrm{sign}(\tilde{G}(\boldsymbol{x},t)-G_0)=0$ となり，火炎面に基準が置かれる。その後，g の時間発展について式 (5.15) を満たすまで繰り返し計算を行うことで，再初期化が完了する。この操作は，基準とした火炎面の位置には影響を及ぼさないように実行される。なお，再初期化操作は計算負荷の増加につながるため，操作時期と領域を工夫することが望ましい。例えば操作領域については，ナローバンド法[21]により処理領域を限定する手法がある。この手法では，**図5.5** に示すように火炎面から任意の幅の領域（例えば，計算格子幅の6倍）をナローバンドと定義し，その領域内においてのみ G 方程式の解法と再初期化操作を行う。

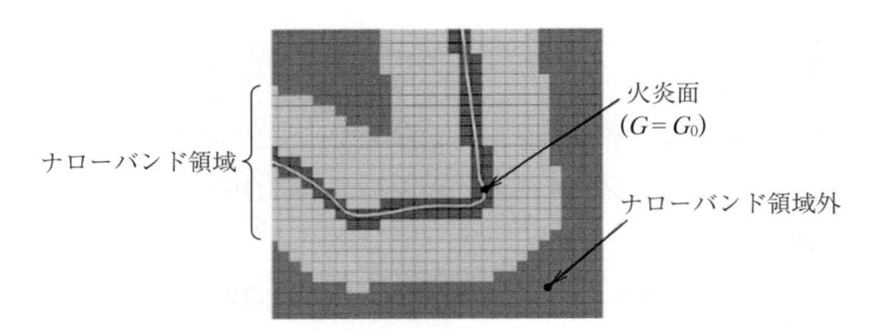

図5.5　ナローバンド法概念図

〔4〕 **燃焼モデル**

G 方程式モデルは，火炎面に見立てた非反応の境界面の移動を解くだけであるため，火炎面の進行に伴う組成や温度の変化は別途計算する必要がある。火炎面の存在するセルにおいて，組成の変化速度 $d\tilde{Y}_l/dt$ は式 (5.18) のように計算できる。

$$\frac{d\tilde{Y}_l}{dt}=\frac{Y_i^{eq}-Y_{i,0}}{\tau_f} \tag{5.18}$$

ここで，$Y_{i,0}$ は未燃組成，Y_i^{eq} は定圧変化における平衡組成である。平衡組成については，例えば CHEMKIN パッケージ[22),23)]の化学平衡計算サブルーチン EQUIL で求めることができる。τ_f は乱流燃焼速度に応じた反応特性時間であり，乱流燃焼速度 S_T と格子サイズ Δ を用いて，式 (5.19) のように定義される。

$$\tau_f \propto \frac{\Delta}{S_T} \tag{5.19}$$

ただし，これは火炎面の法線ベクトルが格子と平行な場合においてのみ成り立つ。実際には，**図 5.6** に示すように格子に火炎が入る方向により通過距離が変化するため，火炎面が格子に侵入した直後の距離関数 G を $|G_{in}|$ として，反応特性時間を式 (5.20) のように置き換えることが多い。

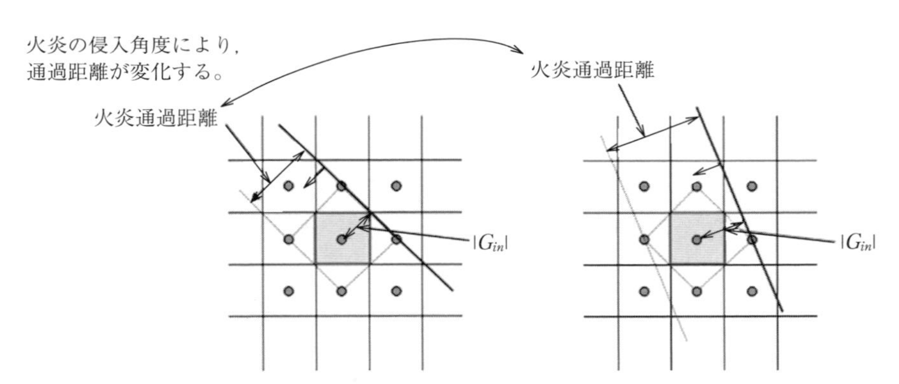

図 5.6　$|G_{in}|$ と火炎の通過距離の関係

$$\tau_f = \frac{2|G_{in}|}{S_T} \tag{5.20}$$

式 (5.20) を用いて式 (5.18) を離散化すると，式 (5.21) が得られ，現在の組成を Y_i^0 として，ある時間刻み Δt 後の組成 Y_i^1 が得られる。

$$Y_i^1 = Y_i^0 + (Y_i^{eq} - Y_{i,0}) \frac{S_T}{2|G_{in}|} \Delta t \tag{5.21}$$

未燃組成 $Y_{i,0}$ は現在の組成 Y_i^0 から，平衡組成 Y_i^{eq}，反応進行度 c を用いて式 (5.22) から逆算する。

$$Y_{i,0} = \frac{Y_i^0 - cY_i^{eq}}{1-c} \tag{5.22}$$

したがって，式 (5.21) は式 (5.23) に書き換えられる。

$$Y_i^1 = Y_i^0 + \frac{Y_i^{eq} - Y_i^0}{1-c} \frac{S_T}{2|G_{in}|} \Delta t \tag{5.23}$$

反応進行度 c は，距離関数 G を用い，ヘヴィサイド関数

$$c = H(\tilde{G}) = \frac{1}{2}\left[1 + \frac{\tilde{G}}{\Delta} + \frac{1}{\pi}\sin\left(\frac{\pi\tilde{G}}{\Delta}\right)\right] \tag{5.24}$$

として表現する。温度変化については，未燃と平衡状態の組成変化，および反応特性時間をもとに内部エネルギーの差分を求めることで得られる（式 (5.25)）。

$$\frac{\partial\tilde{T}}{\partial t} = \frac{u^{eq} - u_0}{\rho C_v} \frac{S_T}{2|G_{in}|} \tag{5.25}$$

ここで，u^{eq} は平衡温度における比内部エネルギー，u_0 は未燃温度における比内部エネルギー，C_v は混合気の定容比熱である。式 (5.25) を離散化すれば，式 (5.26) が得られ，ある時間刻み Δt 後の比内部エネルギー u^1 には式 (5.23) で求めた組成を与え，その初期値に現時刻の温度 T を適用したうえで，ニュートン法により繰り返し計算を行うことで，新しい温度 T^1 が得られる（式 (5.26)）。

$$T^1 = T^0 + \frac{u^1 - u_0}{\rho C_v} \tag{5.26}$$

なお，燃焼反応に伴う単位体積当りの熱発生率 $d\tilde{Q}/dt$ は，下記の式 (5.27) で計算することができる。

$$\frac{d\tilde{Q}}{dt} = \rho\Delta^3(u^1 - u_0) \tag{5.27}$$

5.2.2　層流燃焼速度モデル

乱流火炎が層流火炎片の集合であると仮定する火炎片理論[15)~17)]においては，シリンダ内の温度，圧力，組成といった状態量から層流燃焼速度を先に求め，それを乱流燃焼速度モデルに代入することで正味の火炎伝播速度を得る。層流火炎の伝播速度は，反応帯の化学反応速度と併せて予熱帯への熱伝導，物質拡散が複合的に作用し，温度・圧力場のみならず燃料組成によっても大きく変化

する。数値計算においては，1次元の定常層流予混合火炎を考慮し，現象論的に表現されたモデルを用いて解析する方法や，詳細な化学反応機構，熱物性値，輸送係数のデータを準備したうえで，例えばCHEMKINパッケージ[22),23)]内のサブルーチンPREMIXを用いた1次元の輸送と反応の連成計算から層流火炎の特性を求めることができる。下記に層流1次元の予混合定常火炎の支配方程式を示す（式(5.28)～(5.31)）。

$$\dot{M}=\rho uA \tag{5.28}$$

$$\dot{M}\frac{dT}{dx}-\frac{1}{C_p}\frac{d}{dx}\left(\lambda A\frac{dT}{dx}\right)+\frac{A}{C_p}\sum_{k=1}^{K}\rho Y_k V_k c_{pk}\frac{dT}{dx}+\frac{A}{C_p}\sum_{k=1}^{K}\dot{\omega}_k h_k W_k=0 \tag{5.29}$$

$$\dot{M}\frac{dY_k}{dx}+\frac{d}{dx}(\rho AY_kV_k)-A\dot{\omega}_kW_k=0,\quad (k=1,\ \cdots,\ K) \tag{5.30}$$

$$\rho=\frac{p\overline{W}}{RT} \tag{5.31}$$

ここで，xは1次元方向の距離，$\dot{M}$は質量流量，Tは温度，Y_kは化学種kの質量割合，pは圧力，uは混合気の速度，ρは密度，W_kは化学種kの分子量，$\overline{W}$は混合気の平均分子量，Rはガス定数，λは混合気の熱伝導率，C_pは混合気の定圧比熱，c_{pk}は化学種kの定圧比熱，$\dot{\omega}_k$は化学種kの単位体積当りの化学反応に伴うモル変化量，h_kは化学種kの比エンタルピー，V_kは化学種kの拡散速度，Aは火炎を取り囲む計算領域の断面積である。式(5.28)から，層流燃焼速度S_Lは式(5.32)のようにして求められる。

$$S_L\approx u=\frac{\rho A}{\dot{M}} \tag{5.32}$$

反応機構については，例えば三好ら[24)]により，**表5.1**に示すガソリン燃料の着火性や火炎伝播速度を再現した5成分サロゲート燃料（S5R，S5H）の詳細反応機構および輸送係数データが構築されており，これらは着火遅れ時間のみならず，層流燃焼速度についても実験値に対して高い再現性が確認されている。

S5Rの簡略化機構rev.1.0[25)]における層流燃焼速度の計算例を示す。計算には，CHEMKIN-II[22)]に反応速度係数の圧力依存性を考慮するPLOG[26)]を追加し

表 5.1　5成分ガソリンサロゲート燃料（S5R，S5H）の組成[24)]

組　　成	S5R		S5H	
	vol%	mol%	vol%	mol%
イソオクタン (C_8H_{18})	29.0	23.8247	31.0	24.7040
ノルマルヘプタン (C_7H_{16})	21.5	19.9032	10.0	8.9797
メチルシクロヘキサン (C_7H_{14})	5.0	5.3173	5.0	5.1578
ジイソブチレン (C_8H_{16})	14.0	12.1247	14.0	11.7611
トルエン (C_7H_8)	30.5	38.8301	40.0	49.3974
RON	90.8		100.2	
MON	82.9		88.8	

た PREMIX を用いた。**図 5.7** に示すように，標準的なレシプロエンジンの圧縮行程における P–T 曲線を考慮した異なる未燃温度，圧力の 4 条件について当量比の感度を計算した。計算結果を**図 5.8** に示す。層流燃焼速度は，当量比 $\phi=1.1$ 近傍をピークに，希薄側と過濃側の両側において低下する。また，温度に対しては正の相関を，圧力に対しては負の相関を示す。当量比 $\phi=1$ の場合，エンジンの圧縮行程における P–T 端近くの圧力・温度場（10 atm，550 K）において層流燃焼速度は 50 cm/s 程度となるが，仮に当量比 $\phi=0.5$ まで希薄化した場合には，10 cm/s 程度と 1/5 近くまで低下する。

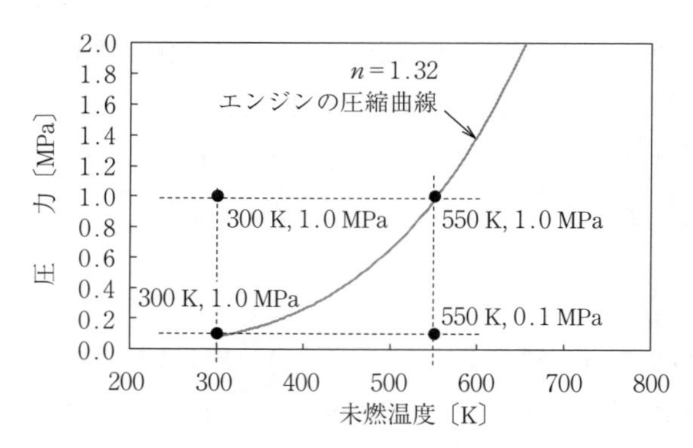

図 5.7　層流燃焼速度計算の温度，圧力

PREMIX ではそれぞれの条件において図 5.2 で示した計算結果が得られるので，それらから求めた。つづいて，断熱火炎温度と火炎帯厚さを**図 5.9** に示す。断熱火炎温度は図 5.2 における最終到達温度から，また，火炎帯厚さ δ_F

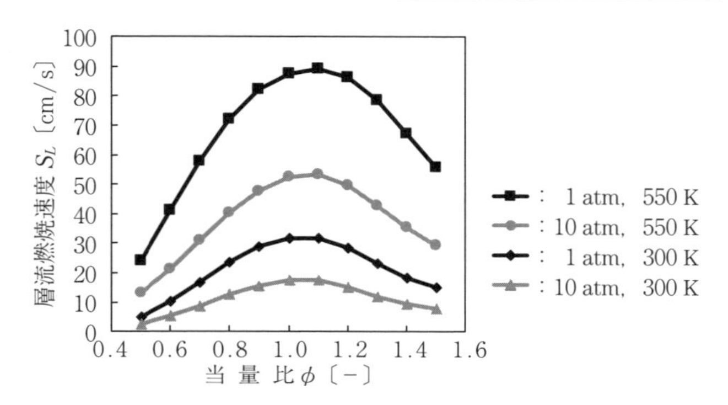

図 5.8　S5R 反応機構による層流燃焼速度の計算結果

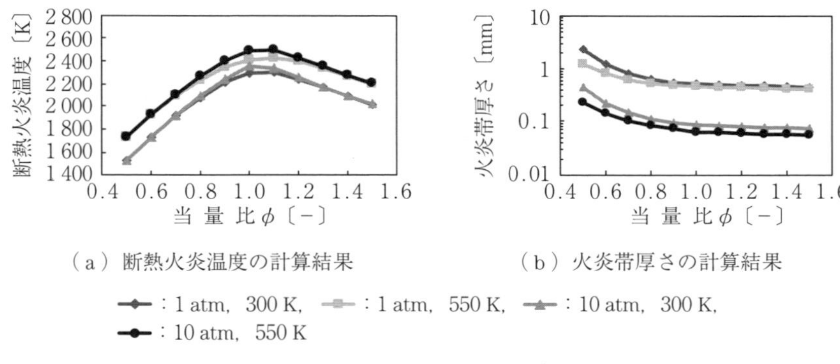

図 5.9　断熱火炎温度と火炎帯厚さの計算結果

は計算された層流火炎の温度履歴の最大勾配から式 (5.33) によって計算した。

$$\delta_F = \frac{T_b - T_u}{\max(dT/dx)} \tag{5.33}$$

断熱火炎温度は，当量比 $\phi = 1.0$ をピークに希薄側で大きく低下する。圧力，温度に対する感度は低く，当量比が支配的である。火炎帯厚さについても希薄側で変化が大きく，$\phi = 0.7$ 以下において急激に増加する。エンジンの圧縮端近くの状態量（10 atm，550 K）では，$\phi = 1.0$ の場合，δ_F は 0.06 mm であるのに対し，$\phi = 0.5$ では 0.22 mm まで増加し，希薄条件下において，カルロビッツ数 K_a が増加する一因となる。圧力の感度が高く，温度の影響は比較的少ない特性となる。

なお，これらの燃焼速度はあくまで火炎伸張を受けていない場合の層流燃焼速度であり，実際の伸張場においては乖離が生じることがある。例えば，高燃料濃度となる過濃側においては選択拡散効果（ルイス数効果）により層流燃焼速度の低下は鈍化する。これについては，火炎伸張の影響を考慮した補正が必要であり，例えばPetersらは，マークシュタイン長さによる層流燃焼速度の補正を G 方程式に組み込んでいる[27]。また寺地らは，CFMモデルを用いた検討において，同様にマークシュタイン数を用いた補正方法とエンジン計算を示している[28]。ガソリン燃料においては，おもに成層燃焼など，燃料の過濃な条件においては影響がある。

以上が数値計算における厳密な層流燃焼速度の見積り方法であるが，エンジンの3次元計算にあたっては，これまでに提案されている実験式を用いることで計算負荷を軽減できる。代表的な層流燃焼速度のモデルとして，式(5.34)に示すMetghalchi-Keckの実験式[29]がしばしば用いられる。

$$s_L = s_{L,ref}\left(\frac{T_u}{T_{u,ref}}\right)^{\gamma}\left(\frac{P_u}{P_{u,ref}}\right)^{\beta} \tag{5.34}$$

ここで，$S_{L,ref}$ は基準温度 $T_{u,ref}$（$=298\,\mathrm{K}$）と基準圧力 $P_{u,ref}$（$=1\mathrm{atm}$）における基準層流燃焼速度，T_u と P_u は未燃部温度と圧力である。γ および β の温度・圧力補正項は，それぞれ当量比 ϕ の関数として，式(5.35)，(5.36)のように表現される。

$$\gamma = 2.18 - 0.8(\phi - 1) \tag{5.35}$$

$$\beta = -0.16 - 0.22(\phi - 1) \tag{5.36}$$

基準層流燃焼速度 $S_{L,ref}$ は，式(5.37)で与えられ，**表5.2**に示す定数が燃料種ごとに提案されている[29]。これらの定数は，圧力 P_u は1～8 atm，温度 T_u は300～700 Kの範囲の実験値に対して，最小二乗法を用いて決定されている。

$$S_{L,ref} = B_m + B_\phi(\phi - \phi_m)^2 \tag{5.37}$$

本モデルにイソオクタン用の定数を適用した予測結果と，S5R反応機構と輸送係数データを用いた前述の1次元詳細輸送計算結果との比較を**図5.10**に示

表 5.2　層流燃焼速度実験式の定数

燃料種	ϕ_m	B_m〔cm/s〕	B_ϕ〔cm/s〕
メタノール	1.11	36.9	−140.5
プロパン	1.08	34.2	−138.7
イソオクタン	1.13	26.3	−84.7

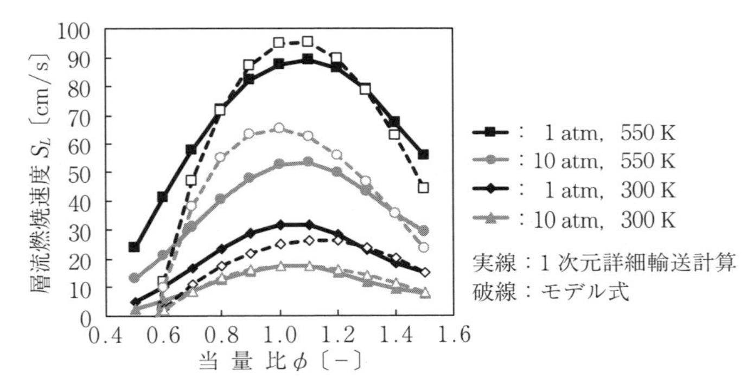

図 5.10　Metghalchi-Keck の実験式による層流燃焼速度の予測結果と 1 次元詳細輸送計算結果との比較

す。本モデルは，特にエンジンの燃焼予測において重要となる高圧・高温場において層流燃焼速度が過大に予測される。また，式の構造上，希薄側においては層流燃焼速度の低下が著しく，当量比 $\phi=0.6$ 以下では負の値をとる。このため，大きく希薄化された条件には使用できない。

Metghalchi-Keck の実験式をベースに，当量比に対する感度を Gülder らが改善させている[30]。Gülder らは，式 (5.37) の基準層流燃焼速度について，式 (5.38) を提案している。

$$s_{L,\,ref}=\omega\phi^{\eta}\exp\left[-\xi(\phi-\sigma)^2\right] \tag{5.38}$$

ここで，ω，η，ξ，σ はすべてモデル定数であり，イソオクタン燃料に対しては**表 5.3** の値が提案されている。本モデルの予測結果と S5R 反応機構を用いた 1 次元詳細輸送計算結果との比較を**図 5.11** に示す。Metghalchi-Keck の実験式と比較して，希薄側において当量比に対する感度が改善され，ϕ が 0.6 以下でも負の値を取らないため，定性的な検討においては広い範囲で使用できる。しかしながら，依然として絶対値については特に高温・高圧場において差

表 5.3　Gülder 式における $s_{L,ref}$ 用モデル定数

燃料種	ω	η	ξ	σ
イソオクタン	26.9	2.2	3.4	0.84

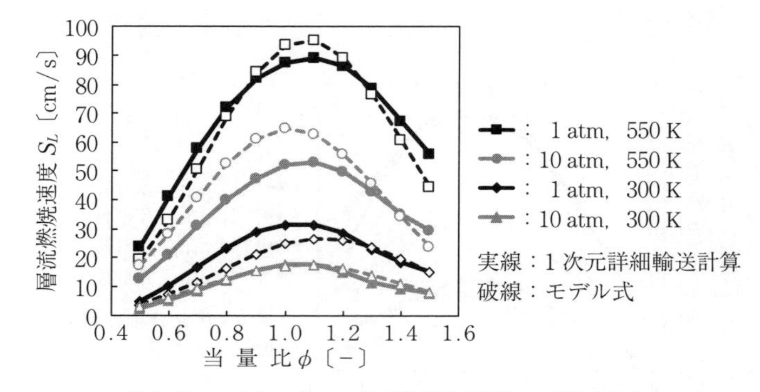

図 5.11　Gülder 式による層流燃焼速度の予測結果と1次元詳細輸送計算結果との比較

が存在し，圧力，温度場が大きく変化するエンジン計算への適用に向けては改善が要求される。

ここで，Metghalchi-Keck および Gülder らの実験式をベースに，S5R 反応機構を再現するように各種モデル定数を最適化した結果を**表 5.4** に示す。本最適化では，計算条件として設定した当量比，温度，圧力の異なる合計 44 点について，平均誤差を評価関数とし，表に示す $S_{L,ref}$ に関わる定数に追加して γ および β の温度，圧力補正項についても最適化を行った（式 (5.39)，(5.40)）。

$$\gamma = 2.06 - 0.2(\phi - 1) \tag{5.39}$$

$$\beta = -0.247 - 0.04(\phi - 1) \tag{5.40}$$

表 5.4　Gülder 式における $s_{L,ref}$ 用モデル定数（S5R に適合）

燃料種	ω	η	ξ	σ
S5R（計算値）	48.4	3.05	2.36	0.49

最適化後のモデル定数を用いた予測結果を**図 5.12** に示す。図 5.10 のベースモデルと比較して，全域で誤差が縮小し，44 点における平均誤差率は 7%以下となる。特に，エンジンの燃焼場に近い状態量（10 atm，550 K）では，S5R

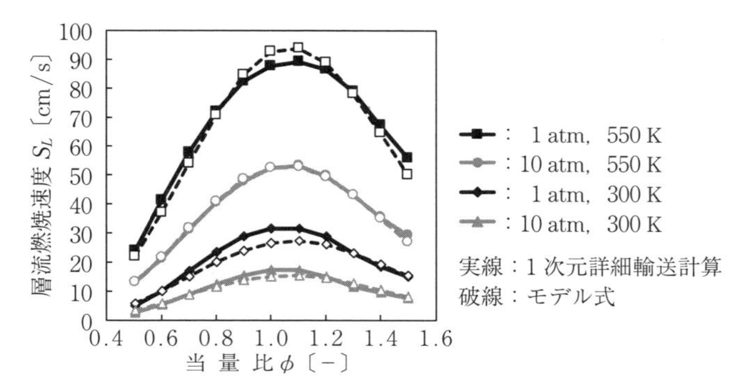

図 5.12　S5R 反応機構へ最適化した後の層流燃焼速度の予測結果

反応機構の層流燃焼速度すべての当量比についてほぼ定量的に再現している。

以上のように，計算対象とする燃料の層流燃焼速度を詳細反応計算または実験データについて，Metghalchi-Keck および Gülder らの実験式をベースに各種モデル定数を調整することで，幅広い範囲において層流燃焼速度を定量的に予測できる。G 方程式モデルなどの火炎片理論をベースとする火炎伝播モデル，および乱流燃焼速度モデルにこれらのモデルを適用することで，実用的な計算負荷での火炎伝播速度の予測が可能となる。

5.2.3　乱流燃焼速度モデル

フィルタ操作を施した G 方程式モデルに必要となる乱流燃焼速度 S_T については，種々のモデルが提案されている。乱流運動に伴う火炎の微細な湾曲と面積増加やそれによる火炎の加速を巨視的に表現するため，乱流強度をパラメータとした実験式や，乱流の統計的な特性を用いたモデルが多い。これらは火炎の局所構造を厳密に考慮する必要がなく，特に RANS においては乱流モデルから得られる乱流エネルギーを用いて比較的簡便に S_T を表現することが可能であるため，しばしば用いられる。例えば，Damköhler[31] により S_T を乱流強度 u' の関数とする式 (5.41) が提案されている。

$$\frac{S_T}{S_L}=1+C\frac{u'}{S_L} \tag{5.41}$$

ここで，Cはモデル定数であり，乱流燃焼速度は乱流強度に対して単調増加することを表している。乱流燃焼速度は，このように乱流強度の関数として整理されている例が多いが，実際には乱流強度の単調増加とはならない[32)〜34)]。また，図5.1の火炎構造ダイアグラムに表されているように，火炎伝播に及ぼす乱流の作用としてはその強度に加え，スケールの影響も考慮する必要がある。幅広い条件を定量的に予測するためには，より乱流火炎の局所構造に則った理論的な乱流燃焼速度モデルを使用することが重要である。LESにおいては**グリッドスケール**（GS）以下の乱流運動による火炎の面積増加を考慮するため，**サブグリッドスケール**（SGS）の乱流燃焼速度モデルを用いる必要がある。この場合も，式(5.41)のように平均場を対象としたような乱流燃焼速度モデルを用いることは妥当性に欠けることが指摘されており[35),36)]，より普遍性の高いモデルを使用することが推奨される。ここでは，LESのSGS乱流燃焼速度モデルを対象に，多くの使用例があるPitsch[37),38)]らの乱流燃焼速度モデル（以下，Pitschモデルとする）と，DNSによる乱流火炎の局所構造の分析をもとに開発された，火炎のフラクタル特性に基づくフラクタルSGS乱流燃焼速度モデル[36),39)]の二つのモデルを紹介する。また，後者については火炎による膨張の効果のモデル化方法[40)]についても紹介する。

〔1〕 **Pitschモデル**

Pitschらは，PetersによるG方程式のスカラー値Gの変動と輸送を表現した方程式[17),27)]をもとに，LESに拡張した乱流燃焼速度モデルを提案している。乱流火炎面における面積増加率を$\sigma = S_T / S_L$と定義すると，σの輸送方程式は，$-\boldsymbol{n} = \nabla G / \sigma$として式(5.42)のように表現される。

$$\frac{\partial \sigma}{\partial t} + \boldsymbol{u} \cdot \nabla \sigma = -(\boldsymbol{n} \cdot \nabla \boldsymbol{u}) \cdot \boldsymbol{n} + s_L{}^0 (k\sigma + \nabla^2 G) + D\boldsymbol{n} \cdot \nabla (k\sigma) \tag{5.42}$$

ここで，$s_L{}^0$は伸長のない層流燃焼速度である。式(5.42)の右辺第1項は流動のひずみによるσの生成を，第2項は層流燃焼速度による復元を，そして第3項は拡散と曲率による散免を表している。ここで，Gの瞬間値を式(5.43)に示すようにファーブル平均された$\tilde{G}$とその変動G''に分離する。また，火炎面積増加率の空間平均 $\overline{\sigma}$ を $\tilde{G}$ と乱流による効果 $\overline{\sigma}_t$ の合計として式 (5.44) のように定義する。

$$G = \tilde{G} + G'' \tag{5.43}$$

$$\overline{\sigma} = |\nabla \tilde{G}| + \overline{\sigma}_t \tag{5.44}$$

式 (5.43)，(5.44) を用いて，G'' を用いた乱流による火炎面積増加率 $\overline{\sigma}_t$ の輸送方程式は，式 (5.45) のように表される。

$$\begin{aligned}\overline{\rho}\frac{\partial \overline{\sigma}_t}{\partial t} + \overline{\rho}\tilde{\boldsymbol{u}}\cdot\nabla\overline{\sigma}_t \\ &= \nabla_{||}\cdot(\overline{\rho}D_t\nabla_{||}\overline{\sigma}_t) + c_0\overline{\rho}\frac{(-\widetilde{u''u''}) : \nabla\tilde{\boldsymbol{u}}}{\tilde{k}}\tilde{\sigma}_t \\ &\quad + c_1\overline{\rho}\frac{D_t(\nabla\tilde{G})^2}{\widetilde{G''^2}}\tilde{\sigma}_t - c_2\overline{\rho}\frac{{s_L}^0{\overline{\sigma}_t}^2}{(\widetilde{G''^2})^{1/2}} - c_3\overline{\rho}\frac{D{\overline{\sigma}_t}^3}{\widetilde{G''^2}}\end{aligned} \tag{5.45}$$

ここで，$c_0 \sim c_3$ はモデル定数となる。式 (5.45) の右辺第 1 項は，火炎面の接線方向の乱流拡散の効果を表現し，第 2 項は平均的な速度勾配の効果を表す。第 3 項から第 5 項は式 (5.42) の右辺第 1 項から第 3 項に対応し，それぞれ $\overline{\sigma}_t$ に対する乱流によるひずみの効果，層流燃焼速度による復元の効果，拡散と曲率による散免の効果を表す。定常の平面火炎を仮定すると，左辺すべてと右辺の第 1 項は除くことができる。また，右辺第 2 項の速度勾配による効果も乱流による効果と比較して影響は少ないので無視すると，式 (5.46) に示す $\overline{\sigma}_t$ についての保存式 (5.46) が得られる。

$$c_1\overline{\rho}\frac{D_t(\nabla\tilde{G})^2}{\widetilde{G''^2}}\tilde{\sigma}_t - c_2\overline{\rho}\frac{{s_L}^0{\overline{\sigma}_t}^2}{(\widetilde{G''^2})^{1/2}} - c_3\overline{\rho}\frac{D{\overline{\sigma}_t}^3}{\widetilde{G''^2}} = 0 \tag{5.46}$$

ここで，火炎面の変動 G'' を用いて式 (5.47) に示す火炎帯厚さ $l_{F,t}$ を定義する。

$$l_{F,t} = \left.\frac{(\widetilde{G''^2})^{1/2}}{|\nabla\tilde{G}|}\right|_{\tilde{G}=G_0} \tag{5.47}$$

式 (5.47) を用いて，式 (5.46) は式 (5.48) のように書き換えられる。

$$c_1\frac{D_t}{{l_{F,t}}^2} - c_2\frac{{s_L}^0}{l_{F,t}}\frac{\overline{\sigma}_t}{|\nabla\tilde{G}|} - c_3\frac{D}{{l_{F,t}}^2}\frac{{\overline{\sigma}_t}^2}{|\nabla\tilde{G}|^2} = 0 \tag{5.48}$$

式 (5.48) の $\overline{\sigma}_t$ についての二次方程式の厳密解を求めることで，火炎面積増加率 $\overline{\sigma}$ が得られる。本モデルを解くにあたっては，いくつかのモデル定数と仮定を与える必要がある。Peters は，各種乱流火炎の理論，実験データをもとに**表 5.5** に示す乱流燃焼速度用のモデル式と定数を提案している。これらと式 (5.1) の $l_F = D/s_L{}^0$ の関係を用い，式 (5.48) を整理すると式 (5.49) が得られる。

表 5.5　乱流燃焼速度用のモデル式と定数[17)]

定数名	モデル式	推奨値
a_4	$D_t = a_4 u' l$	0.78
b_1	$s_T = b_1 u'$	2.0
b_2	$l_{F,t} = b_2 l$	1.78
b_3	$\dfrac{s_T{}^0}{s_L{}^0} = b_3 \left(\dfrac{D_t}{D} \right)^{1/2}$	1.0
c_1	式 (5.45)	4.63
c_2	式 (5.45)	1.01
c_3	式 (5.45)	4.63

$$\frac{\bar{\sigma}_t{}^2}{|\nabla \tilde{G}|^2} + \frac{a_4 b_3{}^2}{b_1} \frac{l}{l_F} \frac{\bar{\sigma}_t}{|\nabla \tilde{G}|} - a_4 b_3{}^2 \frac{u' l}{s_L{}^0 l_F} = 0 \tag{5.49}$$

ここで，l は積分スケールである。乱流燃焼速度 $s_T{}^0$ と層流燃焼速度 $s_L{}^0$，そして乱流による火炎面積増加率 $\bar{\sigma}_t$ の間には式 (5.44) から式 (5.50) の関係が成り立つ。

$$\frac{s_T{}^0 - s_L{}^0}{s_L{}^0} = \frac{\bar{\sigma}_t}{|\nabla \tilde{G}|} \tag{5.50}$$

したがって，式 (5.49) の $\bar{\sigma}_t / |\nabla \tilde{G}|$ に関する 2 次方程式の解の主平方根を求めれば，式 (5.51) に示すように $s_T{}^0$ を算出することができる。

$$\frac{s_T{}^0 - s_L{}^0}{s_L{}^0} = -\frac{a_4 b_3{}^2}{2\,b_1} \frac{l}{l_F} + \left[\left(\frac{a_4 b_3{}^2}{2\,b_1} \frac{1}{l_F} \right)^2 + a_4 b_3{}^2 \frac{u' l}{s_L{}^0 l_F} \right]^{1/2} \tag{5.51}$$

式 (5.51) は，乱流による燃焼速度増加の効果と乱流強度の比 $(s_T{}^0 - s_L{}^0)/u'$ について，式 (5.52) に示す乱流の特性時間 τ_T と化学反応の特性時間 τ_L の比である乱流ダムケラー数 Da を用いることで，式 (5.53) のように書き換えられる。

$$Da = \frac{\tau_T}{\tau_L} = \frac{s_L{}^0 l}{u' l_F} \tag{5.52}$$

$$\frac{s_T{}^0 - s_L{}^0}{u'} = -\frac{a_4 b_3{}^2}{2\,b_1} Da + \left[\left(\frac{a_4 b_3{}^2}{2\,b_1} Da\right)^2 + a_4 b_3{}^2 Da\right]^{1/2} \tag{5.53}$$

Petersは，Bradleyらの実験結果[34)]をもとに，$(s_T{}^0 - s_L{}^0)/u'$とDaの関係を整理した。その結果，$Da = 10$以下では$(s_T{}^0 - s_L{}^0)/u'$は急激に減少し，それ以上のDaでは$(s_T{}^0 - s_L{}^0)/u' = 2$に漸近することが示されている。すなわち，$Da$が十分に大きい場合は$s_T{}^0$は$u'$に対して直線的に増加するが，thin reaction zonesのようにDaが小さくなる領域では，u'に追従しない。式(5.53)は，この実験結果を精度よく再現し，乱流燃焼速度に対する乱流強度の影響と併せてスケールの影響も考慮した式となっており，thin reaction zonesまでの幅広い領域に対応する。一方で，表5.5に示したように本モデルはさまざまな仮定を含むことにも注意が必要である。Pitschらは，本乱流燃焼速度式をLESへ拡張するにあたって，モデル定数の見直しも行っている[38)]。式(5.51)について，乱流の積分スケールlをLESのフィルタ幅$\varDelta$に，乱流強度u'をSGSの乱流速度成分$u'_\varDelta$に置き換えると，SGSの乱流燃焼速度S_Tは式(5.54)のように表される。

$$\frac{S_T}{S_L} = 1 - \frac{a_4 b_3{}^2}{2\,b_1}\frac{\varDelta}{l_F} + \left[\left(\frac{a_4 b_3{}^2}{2\,b_1}\frac{\varDelta}{l_F}\right)^2 + a_4 b_3{}^2 \frac{u_\varDelta{}'\varDelta}{s_L{}^0 l_F}\right]^{1/2} \tag{5.54}$$

LESへ対応するためには，RANSにおける乱流強度u'に相当するSGS速度変動成分$u'_\varDelta$を与える必要がある。これは，式(5.55)に示すスマゴリンスキーSGSモデル[41)]の渦動粘性係数ν_tを用いて，式(5.56)によりモデル化する。

$$\nu_t = (C_s \varDelta)^2 \sqrt{2\,\tilde{S}_{ij}\tilde{S}_{ij}} \tag{5.55}$$

$$u'_\varDelta = \frac{v_t}{C_s \varDelta} = C_s \varDelta \sqrt{2\,\tilde{S}_{ij}\tilde{S}_{ij}} \tag{5.56}$$

ここで，$\tilde{S}_{ij}$はひずみ速度であり，GSの速度成分から計算される。C_sはスマゴリンスキー定数であり，流れ場に応じて設定する必要がある。一般に等方性乱流では$C_s = 0.20$，自由せん断流では$C_s = 0.15$～0.17，壁面せん断流では$C_s = 0.10$となる。式(5.54)において乱流拡散係数D_tを置き換える際に用いられたモデル定数a_4については，Petersが提案した表5.5の値は乱流シュミット数$Sc_t = 0.7$としたときのRANS用の値であり，LESにおいてはSc_tに応じて変更する必要がある。例として，Pitsch らが提案する SGS 乱流燃焼速度用のモデル定数を**表 5.6** に示す。

表 5.6　SGS 乱流燃焼速度用のモデル定数[38]

定数名	RANS	LES
Sc_t	0.7	0.4
a_4	0.78	1.37
b_1	2.0	
b_3	1.0	

実際には，a_4 を固定値ではなく式 (5.57) に示すように Sc_t と併せて渦動粘性係数 ν_t によっても変化する。a_4 は式 (5.56) の C_s と同様に乱流燃焼速度の予測値に対して大きな影響を持つため，慎重な決定が必要である。

$$D_t = a_4 u' l \approx a_4 u_\Delta' \Delta = \frac{\nu_t}{Sc_t} \tag{5.57}$$

また，LES では積分スケール l をフィルタ幅 Δ に置き換えているため，もともとのモデルの特徴である火炎形態の考慮が計算格子幅の影響を受ける。このため，フィルタ幅 Δ を特性長さとして整理した火炎構造ダイアグラムが新たに提案されている[42]。

〔2〕　**フラクタル SGS モデル**

火炎片理論に基づけば，乱流火炎は層流火炎片の集合と見なされ，乱流運動による火炎の加速は局所のしわ状火炎の面積の増加率と等しいことになる（式 (5.58)）。

$$S_T \approx \frac{A_T}{A_L} S_L \tag{5.58}$$

この面積の増加率 A_T/A_L を求めるにあたって，乱流火炎のフラクタル特性を用いる。いま，半径 R の球状火炎を仮定した場合，乱流火炎の面積の増加率 A_T/A_L はフラクタル次元 D_3 を用いて式 (5.59) のように表される[35]。

$$\frac{A_T}{A_L} = \frac{A_T}{4\pi R^2} = \left(\frac{L_o}{L_i}\right)^{D_3-2} \tag{5.59}$$

ここで，L_i はインナカットオフスケール，L_o はアウタカットオフスケールである。DNS による局所的な乱流火炎の構造解析の結果，火炎面には明確なフラクタル特性を有していることを示されている[9),33)]。そこで，LES のフィルタ幅 Δ を用いることで，式 (5.59) を GS 成分と SGS 成分の二つに分解する（式 (5.60)）。

$$\frac{A_T}{A_L}=\left(\frac{L_o}{\Delta}\right)^{D_3-2}\left(\frac{\Delta}{L_i}\right)^{D_3-2} \tag{5.60}$$

フラクタル SGS 乱流燃焼速度モデルでは，このように SGS 成分にもフィルタ幅 Δ をアウタカットオフスケールとするフラクタル特性が存在すると仮定し，乱流燃焼速度を求める。Yoshikawa らは，局所の火炎面積比率を乱流運動と膨張による効果の二つに分離し，式 (5.61) のように定義している[36)]。

$$\frac{A_T}{A_L}\approx\frac{A_T}{\Delta^2}=\frac{A_{turb}}{\Delta^2}+\frac{A_{div}}{\Delta^2} \tag{5.61}$$

乱流運動の効果 A_{turb}/Δ^2 は，インナカットオフスケールにコルモゴロフスケール η を用いて式 (5.62) のように表現される。

$$\frac{A_{turb}}{\Delta^2}=\left(\frac{L_i}{\Delta}\right)^{2-D_3}\approx\left(\frac{\alpha\eta}{\Delta}\right)^{2-D_3} \tag{5.62}$$

ここで，α はインナカットオフスケール L_i とコルモゴロフスケール η のスケール比である。α については種々の実験および DNS による検討により，コヒーレント微細渦の最頻直径を $D=8\eta$ として，火炎帯厚さとの比 D/δ_F について整理されている。Shim らは，これらの結果を網羅的に再現する式 (5.63) のモデルを提案している[9)]。

$$\alpha=\frac{L_i}{\eta}\approx 8\exp\left(C\frac{\delta_F}{D}\right) \tag{5.63}$$

ここで，C はモデル定数であり，$C=6.0$ が提案されている。すなわち，火炎帯厚さ δ_F とコルモゴロフスケール η が求まればインナカットオフスケールを算出できるため，フラクタル次元 D_3 を与えることで，乱流運動による火炎面積増加率 A_{turb}/Δ^2 が算出できる。δ_F は，拡散係数と層流燃焼速度の比から，式 (5.1) により与えられる l_F と同義であるが，プラントル数 $Pr=1$，シュミット数 $Sc=1$ とすれば，$\delta_f=\nu/S_L$ と与えられる。一方で η については，GS 成分の物理量から推定する必要がある。レイノルズ数の十分に高い流れ場においては，コルモゴロフの相似則が成り立ち，さらにLESにおいてはフィルタ幅Δがηに対して十分に大きく，乱流エネルギーの大部分がSGSにおいて消散することを考慮すると，消散率$\varepsilon \approx \varepsilon_{SGS}$と混合気の動粘度$\nu$を用いて

$$\eta = \left(\frac{\nu^3}{\varepsilon}\right)^{1/4} \approx \left(\frac{\nu}{\varepsilon_{SGS}}\right)^{1/4} \tag{5.64}$$

の形でηを表現できる。ε_{SGS}は，SGSのレイノルズ応力テンソルτ_{ij}にスマゴリンスキーモデルを適用することで見積もられる。SGS乱流エネルギーの生成P_{SGS}と消散ε_{SGS}の間に局所平衡（$P_{SGS} \approx \varepsilon_{SGS}$）が成り立つと仮定した場合

$$\varepsilon_{SGS} \approx P_{SGS} = -\tau_{ij}\frac{\partial \tilde{u}_i}{\partial x_j} \approx 2\sqrt{2}(C_s\Delta)^2(\tilde{S}_{ij}\tilde{S}_{ij})^{3/2} \tag{5.65}$$

として，SGSの消散率ε_{SGS}をひずみ速度テンソル$\tilde{S}_{ij}$を用いて計算することができる。C_sはスマゴリンスキー定数である。なお，式(5.61)に示されるように，本フラクタルSGSモデルは火炎面における膨張の効果を別途与える点が特徴である。式(5.65)の$\tilde{S}_{ij}$には，乱流に追加して熱膨張によるひずみの効果も含まれるため，速度ベクトルの発散$\mathrm{div}(\tilde{\boldsymbol{u}})$の2乗を除くことで，最終的に$\varepsilon_{SGS}$は式(5.66)の形を取る。

$$\varepsilon_{SGS} \approx 2\sqrt{2}(C_s\Delta)^2[\tilde{S}_{ij}\tilde{S}_{ij} - \mathrm{div}(\tilde{\boldsymbol{u}})^2]^{3/2} \tag{5.66}$$

式(5.62)，(5.63)，(5.66)をまとめると，乱流による火炎面積の増加率は

$$\frac{A_{turb}}{\Delta^2} = \left(\frac{\alpha^4\nu^3}{2\sqrt{2}C_s{}^2\Delta^6}\right)^{(2-D_3)/4}[\tilde{S}_{ij}\tilde{S}_{ij} - \mathrm{div}(\tilde{\boldsymbol{u}})^2]^{-3(2-D_3)/8} \tag{5.67}$$

で計算できる。続いて，膨張による火炎面積増加率A_{div}/Δ^2を求める必要がある。層流火炎では，膨張による効果はdu/dxと見なされる。火炎片理論では，層流火炎片は火炎面に沿って分布していることになるので，格子内の検査体積における膨張の積算は式(5.68)のように表現される。

$$\begin{aligned}\frac{A_{div}}{\Delta^2}\int_{-\Delta/2}^{\Delta/2}\left(\frac{du}{dx}\right)\Delta^2 dx &\approx A_{div}\delta_L(\mathrm{div}(\boldsymbol{u})_L)|_{\tilde{G}=G_0}\\ &\approx \iiint_{\Delta^3}\mathrm{div}(\boldsymbol{u})dV \approx \Delta^2\delta_\Delta(\mathrm{div}(\tilde{\boldsymbol{u}}))\end{aligned} \tag{5.68}$$

ここで，添え字 L は層流火炎の値を示し，δ_L は温度勾配に基づく火炎帯厚さである。添え字 $\tilde{G}$ は G 方程式の距離関数であり，G_0 は火炎面を表す。δ_Δ はフィルタ後の層流火炎の疑似的な火炎帯厚さであり，式 (5.69) のように表現される。

$$\delta_\Delta = \int_{-\Delta/2}^{\Delta/2} \frac{\mathrm{div}(\tilde{\boldsymbol{u}})_L}{(\mathrm{div}(\tilde{\boldsymbol{u}})_L)|_{\tilde{G}=G_0}} dx \tag{5.69}$$

式 (5.68) から

$$A_{div}\delta_L(\mathrm{div}(\boldsymbol{u})_L)|_{G=G_0} \approx \Delta^2\delta_\Delta(\mathrm{div}(\tilde{\boldsymbol{u}})) \tag{5.70}$$

が成り立つので，膨張の効果による火炎面積増加率 A_{div}/Δ^2 は，式 (5.71) のように整理できる。なお，$\mathrm{div}(\tilde{\boldsymbol{u}})$ は LES の GS 成分の速度から計算する。

$$\frac{A_{div}}{\Delta^2} = \frac{\delta_\Delta}{\delta_L} \frac{\mathrm{div}(\tilde{\boldsymbol{u}})}{(\mathrm{div}(\tilde{\boldsymbol{u}})_L)|_{\tilde{G}=G_0}} \tag{5.71}$$

最終的なフラクタル SGS 乱流燃焼速度モデル式を式 (5.72) に示す。

$$\begin{aligned}\frac{S_T}{S_L} &\approx \frac{A_T}{A_L} \approx \frac{A_T}{\Delta^2} = \frac{A_{turb}}{\Delta^2} + \frac{A_{div}}{\Delta^2}\\ &= \left(\frac{\alpha^4\nu^3}{2\sqrt{2}C_s{}^2\Delta^6}\right)^{(2-D_3)/4} [\tilde{S}_{ij}\tilde{S}_{ij} - \mathrm{div}(\tilde{\boldsymbol{u}})^2]^{-3(2-D_3)/8} + \frac{\delta_\Delta}{\delta_L}\frac{\mathrm{div}(\tilde{\boldsymbol{u}})_L}{(\mathrm{div}(\tilde{\boldsymbol{u}})_L)|_{\tilde{G}=G_0}}\end{aligned} \tag{5.72}$$

フラクタル次元 D_3 は，2 ～ 3 の間の値を取る。Shim らは DNS による乱流水素火炎のフラクタル特性の評価から，2.45 を最頻値としている[9]。以上により，火炎のフラクタル特性に基づき，SGS の乱流燃焼速度を求めることができる。本手法は，DNS による検証の結果，多くの SGS 乱流燃焼速度モデル[42)～45)]に対して火炎の面積増加率を適切に再現可能なことが確認されている[36]。

〔3〕 フラクタル SGS モデルにおける膨張項のモデル化

式 (5.72) のフラクタル次元 SGS 乱流燃焼速度式における右辺第 2 項の膨張の効果を計算するためには，フィルタ後の層流火炎の疑似的な火炎帯厚さ，温度勾配に基づく火炎帯厚さ，そして火炎面における層流火炎の膨張の効果の三つを求めておく必要がある。1 次元の定常層流予混合火炎計算によりこれらの値を算出することができるが，計算負荷低減の観点からはデータベース化，またはモデル式にて実装することが望ましい。力武，名田らは，火炎の密度勾配についての双曲線関数を定義することで層流予混合火炎の特性を高精度に予測可能なモデルを構築している[40]。本モデルは，メタン，プロパン，ヘプタン，ガソリンサロゲートの4種の燃料について，当量比0.5～1.0，圧力1.0～10 atm，温度300～700 Kの範囲で，CHEMKIN[22),23)]による計算結果に対して検証されている。初めに，膨張項内の温度勾配に基づく火炎帯厚さδ_Lを，火炎帯厚さδ_Fを用いて式(5.73)により表現する。ただし，ここでは基準温度T_{ref}を反応進行度$c=0.1$における値として，式(5.74)により算出する。T_uおよびT_bは未燃温度と既燃温度であり，T_bは平衡温度として5.2.1項〔4〕の方法で計算できる。

$$\delta_L \approx C_{FT}\delta_F = C_{FT}\frac{\alpha}{S_L} \tag{5.73}$$

$$T_{ref} = c(T_b - T_u) + T_u \tag{5.74}$$

ここで，αは熱拡散率であり，C_{FT}はモデル定数で$C_{FT}=2.72$が提案されている。また，火炎表面における膨張の効果$(\mathrm{div}(\tilde{\boldsymbol{u}})_L)|_{\tilde{G}=G_0}$を，式(5.75)のように速度勾配の直線近似として表現する。U_bは既燃側の流速であり，式(5.76)の質量保存から，未燃と既燃の密度，ρ_uおよびρ_bを用いて表すことができる。

$$(\mathrm{div}\,(\tilde{\boldsymbol{u}})_L)|_{\tilde{G}=G_0} \approx \frac{U_b - S_L}{\delta_F} \tag{5.75}$$

$$\rho_u S_L = \rho_b S_T \tag{5.76}$$

つぎに，疑似的な火炎帯厚さδ_Δをモデル化する。δ_Δは式(5.69)により表されるが，火炎面を中心とした$\Delta/2$と$-\Delta/2$の位置を決定するために，フィルタ後の速度$\tilde{u}$についての分布が必要となる。力武，名田らは，フィルタ後の無次元速度$\tilde{u}^*$の分布が，フィルタ後の無次元温度$\tilde{T}^*$の分布と等しいと仮定した。すなわち，密度の変化率φを式(5.77)として定義すると，式(5.78)が成り立つ。

$$\varphi = \frac{\rho_u}{\rho_b - \rho_u} = \frac{U_b}{S_L} - 1 \tag{5.77}$$

$$\tilde{T}^* \approx \tilde{u}^* = \frac{1+\varphi}{\overline{\rho}^* + \varphi}\overline{\rho}^* \tag{5.78}$$

なお，$\overline{\rho}^*$ はフィルタ後の無次元密度であり，無次元密度 ρ^* にトップハットフィルタを施すことで得られる。ここで，ρ^* に双曲線関数を適用すると，その分布は無次元距離を x^* として

$$\rho^* = \frac{\rho - \rho_u}{\rho_b - \rho_u} \approx \frac{1}{2}[1 + \tanh(2x^*)] \tag{5.79}$$

であるので，フィルタ後の $\overline{\rho}^*$ と，その火炎面の位置（$x^* = x_f^*$）における勾配 $d\overline{\rho}^*/dx^*|_{x^*=x_f^*}$ は，式 (5.80)，(5.81) のように表される。ここで，Δ^* は無次元フィルタ幅であり，$\Delta^* = \Delta/\delta_F$ とする。

$$\overline{\rho}^* = \frac{1}{4}\left\{2 + \frac{1}{\Delta^*}\ln\left[\frac{\cosh(2x^* + \Delta^*)}{\cosh(2x^* - \Delta^*)}\right]\right\} \tag{5.80}$$

$$\left.\frac{d\overline{\rho}^*}{dx^*}\right|_{x^*=x_f^*} = \frac{1}{2\Delta^*}\frac{\sinh(2\Delta^*)}{\cosh(2x_f^* - \Delta^*)\cosh(2x_f^* + \Delta^*)} \tag{5.81}$$

火炎面の位置 x_f^* については，式 (5.78) の関係から火炎面位置における反応進行度 c_0 を用いて式 (5.82) をニュートン法で解くことで求める。なお，原点はフィルタ前の無次元密度 $\rho^* = 0.5$ となる位置である。また，c_0 は 0.62 から 0.81 の間を取り，ガソリンサロゲート燃料においては 0.68 となる。

$$\frac{c_0\varphi}{1+\varphi-c_0} = \overline{\rho}^*|_{x^*=x_f^*} = \frac{1}{4}\left\{2 + \frac{1}{\Delta^*}\ln\left[\frac{\cosh(2x_f^* + \Delta^*)}{\cosh(2x_f^* - \Delta^*)}\right]\right\} \tag{5.82}$$

式 (5.79)，(5.80)，および質量保存則から，速度 $\tilde{u}$ についての分布が求まるため，最終的には式 (5.69)，(5.75) から，以下の膨張項のモデル式 (5.83) が得られる。なお，C_1 はモデル定数であり，0.62 が提案されている[40]。

$$\frac{\delta_\Delta}{\delta_L}\frac{\mathrm{div}(\tilde{\boldsymbol{u}})}{(\mathrm{div}(\tilde{\boldsymbol{u}})_L)|_{G=G_0}} \approx C_1\frac{(1+\varphi)(\beta-\alpha)(\gamma+\varphi)^2}{(\alpha+\varphi)(\beta+\varphi)}\left(\left.\frac{d\overline{\rho}^*}{dx^*}\right|_{x^*=x_f^*}\right)^{-1}\frac{C_{FT}\alpha}{S_L^2}\mathrm{div}(\tilde{\boldsymbol{u}}) \tag{5.83}$$

ここで，γ，α，β はそれぞれ火炎面位置 x_f^* とその前後 $x_f^* + \Delta/2$，$x_f^* - \Delta/2$ におけるフィルタ後の無次元密度 $\overline{\rho}^*$ であり，式 (5.84)～(5.86) のように表される。

$$\gamma = \overline{\rho}^*|_{x^*=x_f^*} = \frac{1}{4}\left\{2 + \frac{1}{\Delta^*}\ln\left[\frac{\cosh(2x_f^* + \Delta^*)}{\cosh(2x_f^* - \Delta^*)}\right]\right\} \tag{5.84}$$

$$\alpha = \overline{\rho}^*|_{x^*=x_f^*+\Delta^*/2} = \frac{1}{4}\left\{2 + \frac{1}{\Delta^*}\ln\left[\frac{\cosh(2x_f^* + 2\Delta^*)}{\cosh(2x_f^*)}\right]\right\} \tag{5.85}$$

$$\beta = \overline{\rho}^*|_{x^*=xf^*-\Delta^*/2} = \frac{1}{4}\left\{2 + \frac{1}{\Delta^*}\ln\left[\frac{\cosh(2x_f^*)}{\cosh(2x_f^* - 2\Delta^*)}\right]\right\} \tag{5.86}$$

5.3　HINOCA による計算事例[46)]

これまでに説明した火炎伝播モデルを HINOCA に実装し，乗用車用のガソリンエンジンについて G 方程式モデルを用いた LES 燃焼計算を行った結果を紹介する。ガソリンエンジンは，高圧縮比化や希薄化により熱効率の改善が可能であるが，前者においてはノックが，後者においてはサイクル変動が問題となる。非定常流れを計算可能な LES においては，特にこのサイクル間変動の予測や分析の面で新たな知見をもたらすことが期待されている。本計算は，燃焼のサイクル間変動に注目し，多サイクルの LES 計算を実施したうえで，燃焼変動の予測精度の検証と現象の分析を行ったものである。

〔1〕 計測および計算条件

表 5.7 に供試エンジン諸元を，**表 5.8** に運転条件を示す。運転条件は 2 000 rpm の部分負荷において。点火時期は空気過剰率によらず −20° aTDC 固定とし，吸入空気量を固定のまま燃料流量を変化させることで空気過剰率 λ を変化させた。

HINOCA による解析を実施するにあたり，**図 5.13**（a）に示す形状データ（STL データ形式）を準備し，格子幅を 0.5 mm の等間隔として図（b）に示す

表 5.7　供試エンジン諸元

項目	諸元
排　気　量〔cc〕	565
ボア×ストローク〔mm〕	87.5 × 94.0
圧　縮　比	15.6
燃料供給方式	ポート噴射（PFI）
燃　　　料	レギュラーガソリン

表 5.8 運 転 条 件

	理論混合気	希薄混合気
エンジン回転数〔rpm〕	2 000	
空気過剰率 λ	1.0	1.3
吸 気 負 圧〔kPa〕	−30	
IMEP〔kPa〕 IMEP 変動率（CoV_{IMEP}）〔%〕	523 2.0	397 10.9
点 火 時 期〔° aTDC〕 EGR 率〔%〕	−20 0	

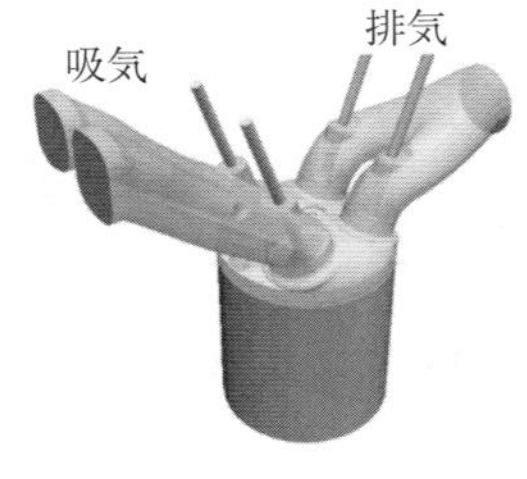

（a）エンジン形状

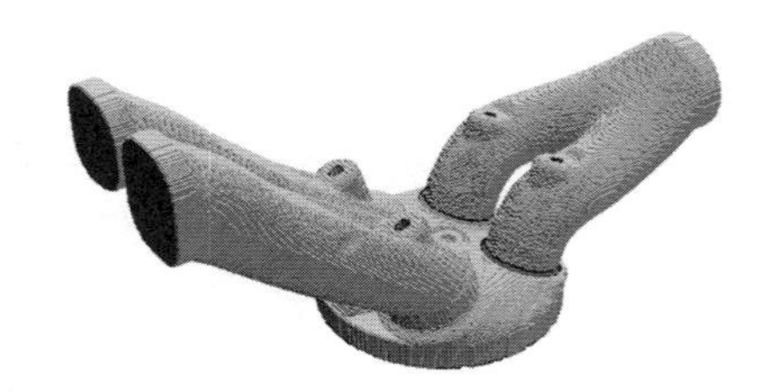

（b）計 算 格 子

図 5.13 エンジン形状と計算格子（格子幅 0.5 mm）

計算格子を自動生成する。エンジン計算条件を**表 5.9** に示す。火炎伝播モデルには，式 (5.12) のフィルタ操作後の G 方程式を用い，SGS の乱流燃焼速度の計算には式 (5.54) の Pitsch モデルを用いる。ここで，SGS の乱流強度は式 (5.56) により計算されるが，モデル定数の C_s については，$\lambda=1$ においてシリンダ内圧力が計測値を再現するように $C_s=0.23$ に調整する。層流燃焼速度の計算には，式 (5.34) および式 (5.38) の Metghalchi-Keck と Gülder らの実験式をベースに，S5R 反応機構を再現するように各種モデル定数を最適化した式 (5.39) と式 (5.40)，および表 5.4 のモデル定数を用いる。境界条件については，吸気境界にあらかじめ 1 次元の吸排気流れ計算により算出した質量流量と温度の時間履歴を与え，排気境界には静圧と温度の時間履歴のアンサンブル平均を与える。このため，本計算では吸排気境界の変動は考慮しない。燃料は均質予混合気として，ほかの組成と同じく吸気境界から流入させる。また，壁面熱損失計算には Han-Reitz[48] の熱伝達モデルと壁関数を用い，等温壁（400.15 K）

表5.9　エンジン計算条件

項目		条件
格　子　幅〔mm〕		0.5
時間刻み幅（クランク角度〔°〕）		0.002 5（4.166 67×10^{-7} s） 時間積分：Runge-Kutta 法（2 段）
乱流/SGS モデル		LES/WALE モデル
壁面熱損失		Han-Reitz，T_{wall}＝400.15 K
点火モデル		Hori モデル[47]
火 炎 伝 播		G 方程式モデル S_T：Pitsch モデル（C_S＝0.23） S_L：Metghalchi-Keck, Gülder（S5R に適合）
境 界 条 件	吸　気	質量流量（瞬時）
	排　気	静　圧（瞬時）
化　学　種		iC_8H_{18}，N_2，O_2，H_2O，CO_2，OH，CO，H_2
計算サイクル数		10（追加で助走 3 サイクル）

と設定し，点火には 4 章の放電パーセルモデルを用いる。これらの計算条件において，安定化のための助走として 3 サイクル，その後の評価用に 10 サイクルの合計 13 サイクルを，空気過剰率違いの 2 条件についてサイクル計算を実施する。助走サイクルにおける充てん質量と残留ガス割合の安定化について**図 5.14** に示す。初期サイクルでは，計測値をもとにした 1 次元の吸排気流れ計算による推定値に対して，残留ガス割合が少なく，充てん質量は多い。これが 3 サイクル目において，ほぼ定常値に落ち着くため，4 サイクル目を評価開始サイクルとする。LES における多サイクル計算を実施するにあたっては，このような助走サイクルによる安定化が必要となる。

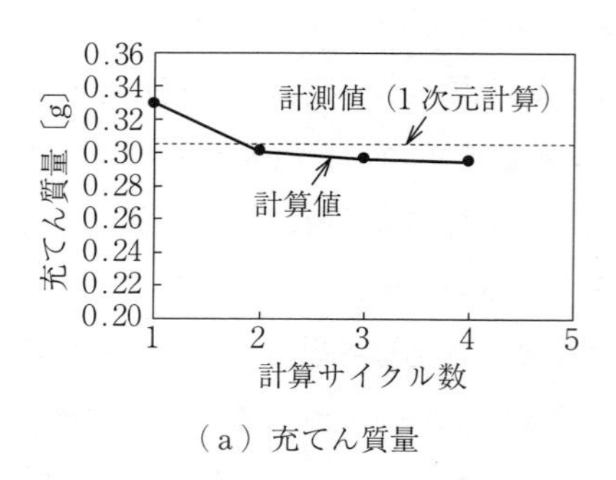

（a）充てん質量

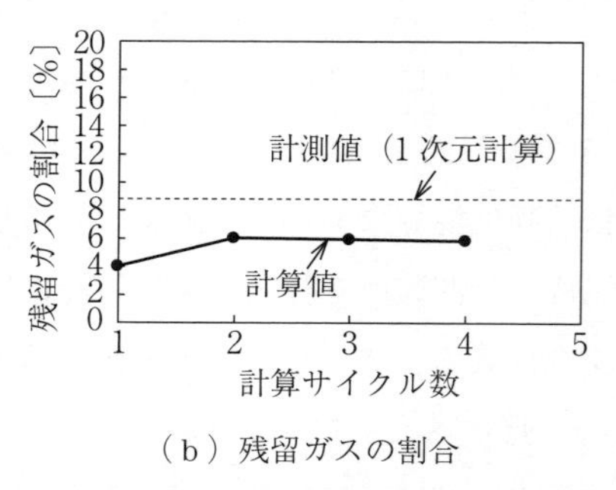

（b）残留ガスの割合

図 5.14　助走サイクルにおける充てん質量と残留ガス割合の安定化

〔2〕 計算結果

計算結果として，シリンダ内圧力の計測値と計算値の比較を**図 5.15** に示す。図内の黒線はアンサンブル平均である。計測された圧力履歴に対して，本計算では妥当な圧力履歴が得られており，空気過剰率の変化にも追従できていることが確認できる。各条件間でモデル定数（C_s）の調整は実施しておらず，本計算手法により空気過剰率に対する燃焼の変化を再現することができる。つづいて，図示平均有効圧力（IMEP）とその変動率（CoV_{IMEP}）の比較結果を**図 5.16** に示す。変動率については，特に理論混合気についてはほぼ定量的に，また希薄化による悪化も定性的に再現されている。このように，LES による流動計算に本章で紹介した G 方程式を基本とする火炎伝播モデルを組み合わせることで，実機のサイクル変動を再現した多サイクル計算を行うことが可能となる。

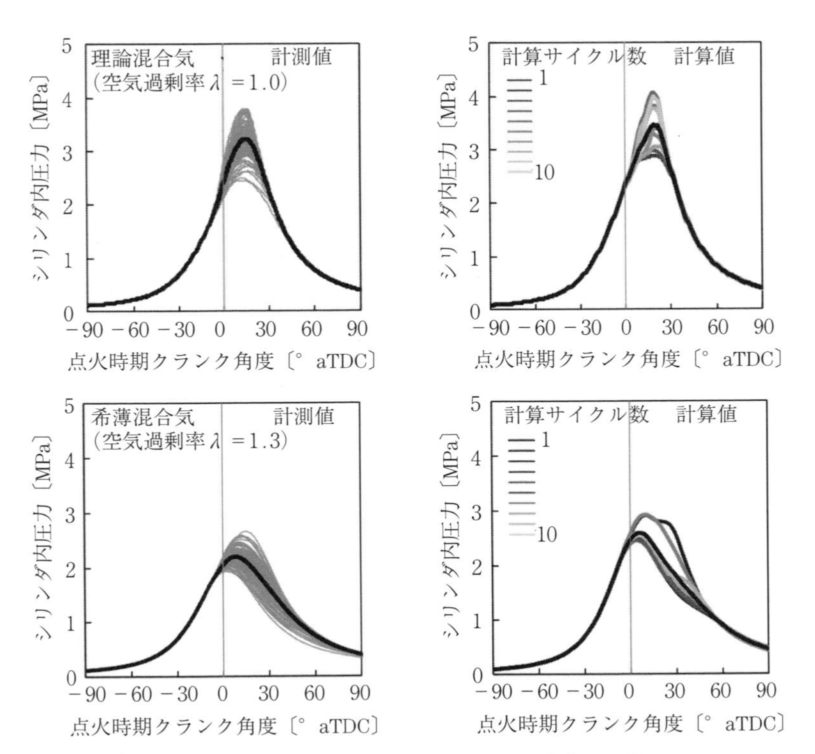

図 5.15　シリンダ内圧力の計測値と計算値の比較

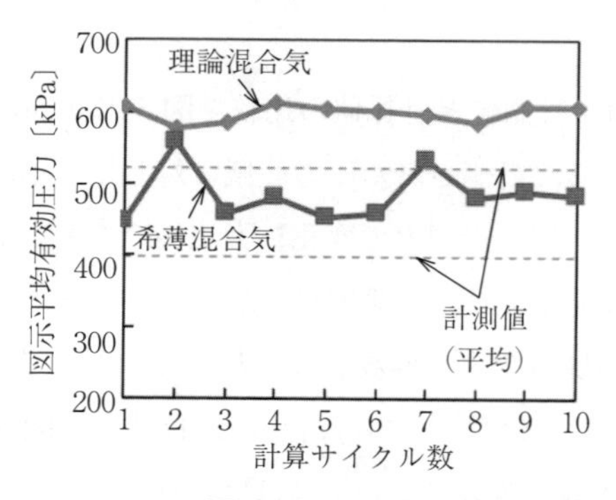

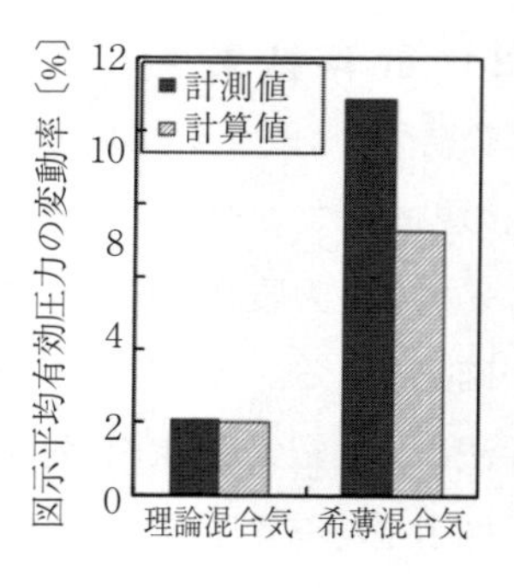

図 5.16　図示平均有効圧力とその変動率の比較結果

ここで，**図 5.17** にサイクル変動率の大きい希薄条件の初期 3 サイクルにおける吸気行程時のシリンダ内流動と，燃焼時の火炎面（$\tilde{G}=G_0$ の等値面）の分布を示す。吸気行程時における非定常的な流動の変動が，その後の火炎伝播のサイクル間変動につながっていることが示唆される。すなわち，このようなガソリンエンジンの燃焼のサイクル間変動の予測には高精度な流動計算が前提であり，それに影響を及ぼす計算格子の品質の管理が重要となる。本計算ではHINOCA の特徴である IB 法を用い，計算格子は自動的に均質に生成される。このような手法は本検討を含め，例えばエンジンの形状違いの検討においても，条件ごとのモデル定数の調整を伴わずに信頼性の高い燃焼予測を可能とする。

〔3〕 LES 乱流火炎伝播計算における SGS モデルの寄与度

G 方程式を用いた LES による火炎伝播計算では，5.2.2 項で述べたように，グリッドスケール（GS）以下の乱流運動による火炎の面積増加を，SGS 乱流燃焼速度モデル（本計算においては Pitsch モデル）により計算している。乱流火炎は，その大きさに応じて火炎面に作用する乱れのスケールが変化することが指摘されており[49),50)]，LES 計算においても火炎の伝播に応じて SGS 成分から GS 成分へと全体の燃焼速度に対する寄与度が変化する。ここでは，本エンジン計算における SGS 成分の寄与度について分析した例を示す。LES 計算における GS 成分までを含めた S_T は，点火点断面における 2 次元の火炎面積 A_{flame} をもとに円の半径 r を求め，式 (5.87) に従い算出する[49)]。ここで，ρ_u は

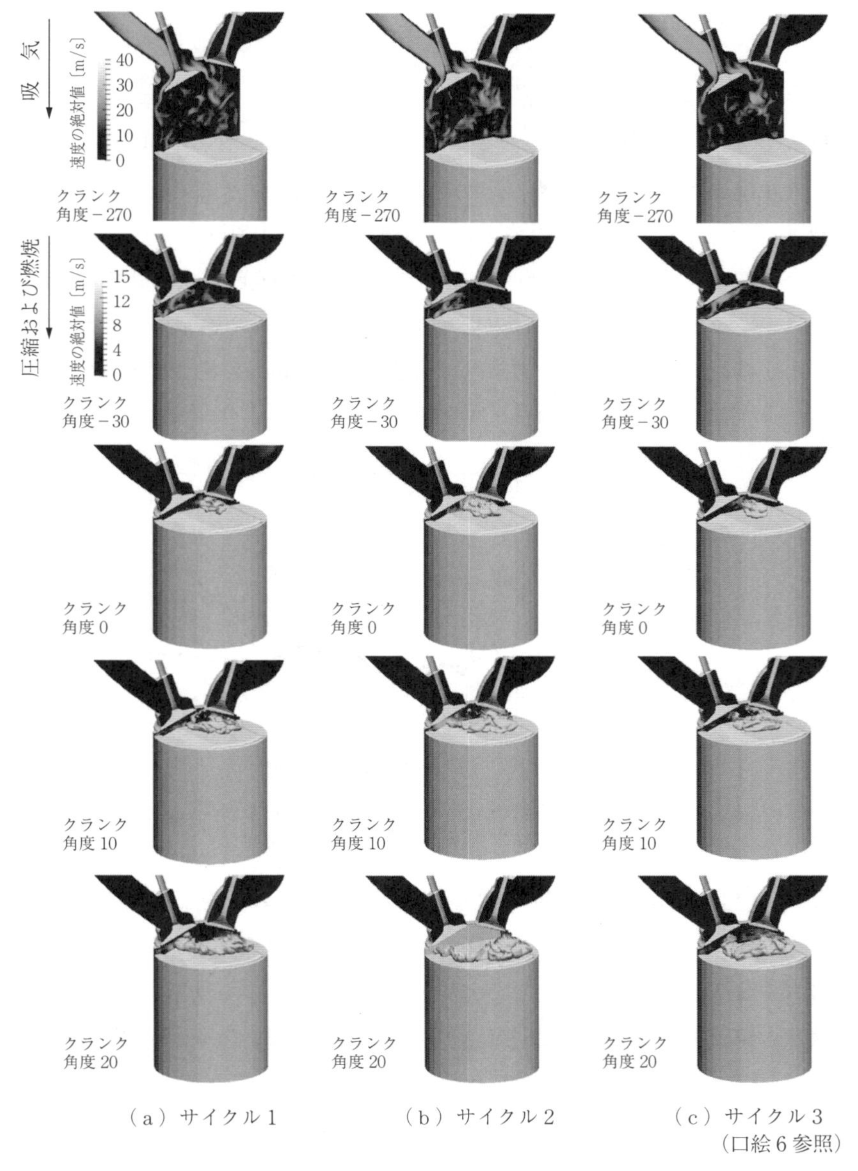

（a）サイクル1　（b）サイクル2　（c）サイクル3

（口絵6参照）

クランク角度〔° aTDC〕：－270，－30，0，10，20を表示

図5.17 希薄条件の初期3サイクルにおける吸気行程時のシリンダ内流動と燃焼時の火炎面の分布

未燃密度，ρ_b は既燃密度である。

$$r=\sqrt{\frac{A_{flame}}{\pi}},\quad S_T=\frac{\rho_b}{\rho_u}\frac{dr}{dt} \tag{5.87}$$

図 5.18 は，量論条件のアンサンブル平均に最も近いサイクル（9）における，SGS 乱流燃焼と層流燃焼の速度比 $S_{T\Delta}/S_L$ と GS 成分までを含めた総和の燃焼速度比 S_T/S_L，そして火炎半径 r の履歴を示した結果である。点火後クランク角度 10°，火炎半径で約 5 mm までは乱流燃焼速度の大部分を SGS 成分が担うが，それ以降においては火炎半径の増加に従って GS 成分が支配的となることが確認できる。なお，本結果は格子幅を 0.5 mm の場合であり，SGS から GS への遷移時期は LES のフィルタ幅（格子幅）により前後する。

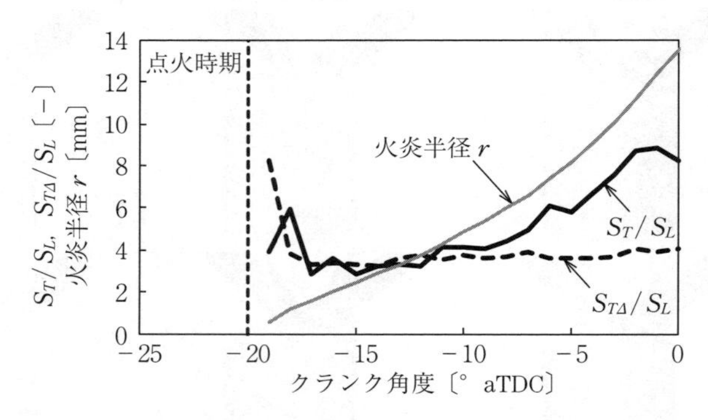

図 5.18　乱流燃焼速度の GS 成分と SGS 成分および火炎半径のクランク角履歴

このように，SGS 乱流燃焼速度モデルはおもに点火後の燃焼初期においてのみ支配的であり，主燃焼以後の燃焼期間の大部分は GS 成分による火炎の湾曲と面積増加が主となる。一方で，ガソリンエンジンにおいては主燃焼以後の燃焼割合位置も初期燃焼に強く依存することが知られている[51]。**図 5.19** は，IMEP に強く影響する燃焼質量割合 50％位置に対する燃焼質量割合 10％位置と燃焼質量割合 90％位置の関係を計測結果および計算結果について示したものである。燃焼質量割合 10％位置は，燃焼質量割合 50％位置と燃焼質量割合 90％位置に対して強い線形の相関を示す。この特徴は計算においても再現され

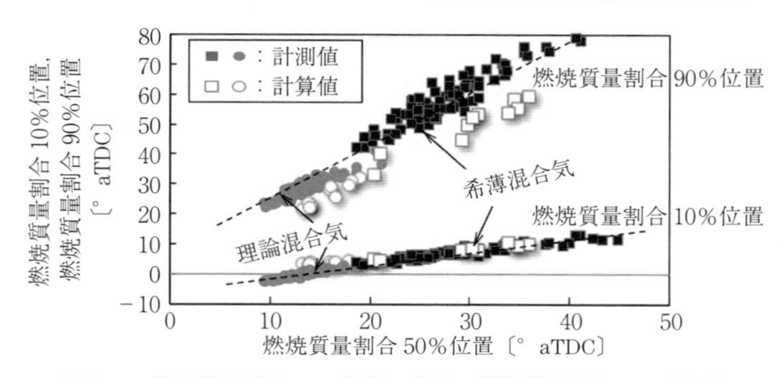

図 5.19　燃焼質量割合 50%位置に対する燃焼質量割合 10%位置と燃焼質量割合 90%位置の関係

ており，初期燃焼がその後の主燃焼に強く影響することを示唆する。ゆえに，ガソリンエンジンの LES 乱流火炎伝播計算においてはその燃焼の特性上，SGS 乱流燃焼速度モデルの選択と調整が最終的なシリンダ内圧力の予測精度にきわめて大きな影響を与えることになる。なお，本計算に用いた Pitsch モデルは RANS 用の時間平均的なモデルを LES に拡張しており，多くの仮定とモデル定数を含む。DNS を用いた各種 SGS 乱流燃焼速度の評価においても，本モデルは DNS に対して火炎面積を過剰に見積もることが確認されており[39]，定量的な予測に向けては予測対象の条件に応じてモデル定数の調整が必要となる場合がある（本計算においては，スマゴリンスキー定数 C_s の調整で対応した）。開発の進む新たなモデル，例えば本章でも紹介したフラクタル SGS 乱流燃焼速度モデルなどの使用により，このような調整作業の解消が期待される。

5.4　ノックモデル

圧縮比を上昇させることができれば高い熱効率を得ることができるが，ノックが発生しやすくなってしまう。ノックは火花点火式エンジンの燃焼中に火炎が到達していない高温・高圧状態の未燃焼ガスが自己着火することにより発生する異常燃焼であり，条件によってはエンジンを破壊に至らす現象であるため，ノック現象自体の解明や抑制方法の研究は重要である。しかしながら，ノック現象の詳細把握において，ノック現象自体が時間的，空間的に局所で発生するため，試験や実験では複雑な流体現象や化学反応を測定することが困難であり，いまだ理解が十分に進んでいない。また，コンピュータの進歩により，実験では得ることが困難な情報を，詳細化学反応機構と数値流体力学（CFD）をカップリングさせて解析することによって導くことが可能となってきており，近年では水素燃料を用いたノックの1次元解析をYuらが報告[52]している。さらに，Terashimaらは300化学種を超える炭化水素燃料の詳細化学反応モデルを用いた解析も報告[53]するなど，ノックに関する数値解析が急速に進んでいる。ただし，詳細化学反応機構を用いた3次元CFD解析の負荷は現在のコンピュータでは現実的ではないため，ノックを予測する簡易モデルが必要となる。

HINOCAでは，G方程式を用いた乱流火炎伝播モデルが組み込まれており，このモデルで利用可能な簡略化されたノックモデルが必要となる。つまり，詳細化学反応機構から簡略化した簡易反応機構の利用もG方程式と比較すると解析負荷が多大であるため，HINOCAを用いた解析ではより簡略化したモデルが必要である。そこで，HINOCAでは化学反応を解くのではなく，着火遅れ時間をテーブル化することにより簡易的ではあるものの，ノックを捕捉できるモデルとしてLivengood-Wu積分[54]を採用している。本章では，Livengood-Wu積分の理論およびLivengood-Wu積分で必要となるテーブルジェネレータについて述べる。

5.4.1　理　　　論

〔1〕 Livengood-Wuモデル

詳細化学反応機構を用いた解析を実機スケールで実施することは，現在のコンピュータでは不可能であるため，HINOCAで用いられる火炎伝播モデルであるG方程式に対して利用可能なLivengood-Wuモデルを導入することとする。HINOCAに組み込まれているLivengood-Wu積分は

$$T_{(i,j,k)} = \int_0^{\Delta t} \frac{1}{\tau(T, P)} dt \tag{5.88}$$

と定義した。ここで，T は Livengood-Wu 積分値を，T の添え字 (i, j, k) は解析に用いるセルインデックスを表し，$\tau(T, P)$ は初期温度 T，初期圧力 P の条件で得られる着火遅れ時間であり，Δt は HINOCA で用いる時間刻み幅である。

Livengood-Wu 積分は，着火遅れ時間は初期条件としてガス種，当量比，圧力，温度を与えることから得られるため，ガス種と当量比が決まっている際には，圧力と温度から着火遅れ時間を求めることができることをもととした理論である。Livengood-Wu 積分は，化学反応の過程を無視して着火遅れ時間を積算する非常に簡略化したモデルではあるが，現在でもノックの予測に使われており，多くの場合で十分な精度があることが知られている。HINOCA に採用した Livengood-Wu モデルでは，オリジナルの Livengood-Wu 積分にセル位置を付加しているが，着火に至る積分値の急激な増加は着火に至る直前の数ステップで完了すると仮定し，着火位置の移流による影響は小さいとして，移流の効果を無視している点に注意を要する。つまり，それぞれのセルでオリジナルの Livengood-Wu 積分を実施している。

式 (5.88) における $\tau(T, P)$ は初期温度，圧力をパラメータとし，つぎの〔2〕で説明するテーブルジェネレータによってあらかじめ着火遅れ時間を計算したものである。HINOCA では，セル中心の温度，圧力値から参照されるテーブルとして用意される。自着火が発生したと判断するしきい値を ε とすると，Livengood-Wu 積分を点火開始後から実施し，ある点 (i, j, k) で $T_{(i,j,k)} > \varepsilon$ となった場合，その点 (i, j, k) から火炎（G 方程式における G）を伝播させることで自着火を模擬する。ただし，Livengood-Wu 積分は未燃ガス部のみで実施し，G が伝播して既燃となった場合には Livengood-Wu 積分の積算値としてしきい値よりも大きな値を代入している。

〔2〕 テーブルジェネレータ

HINOCA では G 方程式を用いているため，自着火と判断した後に火炎伝播させる必要がある。つまり，自着火の定義は Livengood-Wu 積分の積算値がしきい値を超えた際に自着火と判定する必要があるため，0次元着火解析を実施している際の温度と初期温度の差が平衡温度と初期温度の差の95%に達したとき，着火遅れ時間として定義した。

テーブルジェネレータでは，SIPの革新的燃焼技術プロジェクトで三好らによって開発された詳細化学反応機構[24]を用いて断熱，定積条件下でイソオクタン当量比1の条件で圧力を1気圧ずつ1気圧から150気圧まで，温度を25Kずつ300Kから2800Kまで解析した。結果は**図5.20**である。着火遅れ時間テーブルの作成は利用する燃料や当量比などの条件ごとに用意する必要がある。HINOCAには本テーブルジェネレータで作成したテーブルを読み込み，Livengood-Wu積分を実施し，未燃部の自着火を再現している。

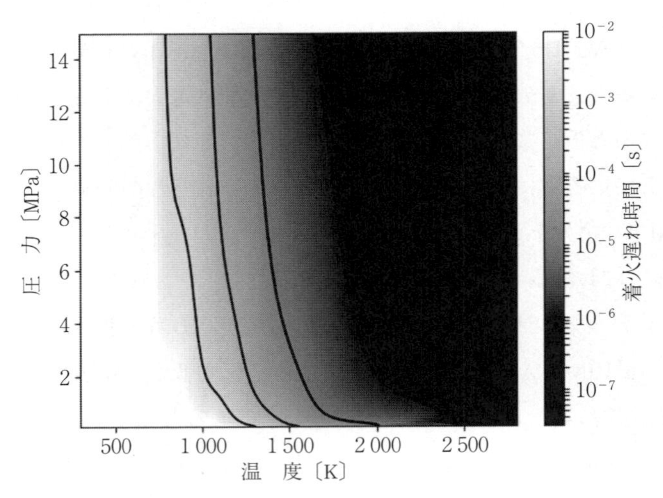

図5.20　イソオクタン当量比1の条件で作成したLivengood-Wu積分に利用する着火遅れ時間テーブルの可視化結果

コラム5

OpenFOAMによるエンジン燃焼計算

OpenFOAMはC++で構築されたオープンソースのライブラリ群である。層流や乱流，混相流，燃焼流などのソルバが標準で用意されており，ユーザはこれらの数値解析を無償で実行できる。標準ソルバで解けない問題に関しては，ユーザがコードをカスタマイズして対応する。OpenFOAMは，もともとインペリアルカレッジの学生が開発を始め[55]，さまざまな経緯を得てオープンソース化され，現在に至っている。世界中のユーザが開発や検証に関わるソーシャルコーディングを推進するため，OpenFOAMはコード開発のプラットフォームにGitHubを採用している。これにより，格子生成，有限体積法，物理モデルなどのアルゴリズム，液滴計算を含めたMPIの並列計算などが整備された．これに，近年のコンピュータの能力の発展が加わり，OpenFOAMは世界で最も利用されるオープンソースの一つとなっている。日本ではスーパーコンピュータ「京」での動作実績もある[56]。

エンジン燃焼の分野では，2000年頃にKIVAコードからOpenFOAM（当時はFOAM）へ移行する動きがあった[57]。現在のOpenFOAMには，この当時に開発されたと考えられるライブラリやソルバが整備されている。基本的な計算手法であるため，予測精度や適用範囲は十分でないが，噴霧計算やエンジン燃焼計算の実行が可能となっている。

筆者は学生時代の2005年ごろからKIVAコードを用いたディーゼル噴霧のLES解析に関する研究を担当した。当時，研究室のパソコンのメモリは2GBで，格子数を増やすとメモリ不足と計算時間増加の問題があり，MPIによる領域分割の並列計算を実装する必要があった。研究室には自作クラスタがあり，燃焼計算の並列化まではKIVAに実装されていた。しかし，当時のKIVAコードはFortranのCOMMON文を採用しており，データ構造が複雑で流体計算や粒子計算の並列化は実装できなかった。そこで，KIVAからMPIが実装されていたOpenFOAMへの移行を検討した。古いFortranではなく，オブジェクト指向のC++を研究で利用したいという想いが強かった。しかし，当時はOpenFOAMに関するドキュメントが少ないうえ，機械系の学生にとってはLinux環境へのインストールが精一杯で，自作クラスタへのインストールやソルバの改造までは至らずにKIVAからOpenFOAMへの移行を断念した。

大学卒業後，2010年頃から空調や燃焼機器の開発に関する研究を担当するようになった。その頃には，OpenFOAMのインストールやコードに関するドキュメントも充実してきており，実験装置設計の試計算のために，OpenFOAMの標準ソルバを活用した。さらに，その後，ディーゼルエンジン燃焼の数値解析に関わる機会を得て，エンジン計算に対応するためのクラスの修正と新規作成を行い，ディーゼルエンジン燃焼のソルバを開発することができた[58)]。

OpenFOAM は C++ のテンプレート機能，クラスの継承，演算子のオーバロードなどを活用し，最小のコーディング量で最大の効果が得られるように設計されている。しかし，コードのカスタマイズには C++ の習得に加えて OpenFOAM 独自のコーディングスタイルをマスタする必要があり，研究や実用に至るまでの学習コストはきわめて高い。実際，エンジン燃焼計算においては，計算科学から機械工学，化学工学などさまざまな知見が必要となる。実用的なエンジン燃焼解析の実行には熟練した技術者のサポートが受けられる CFD コードの利用が現実的であろう。ただし，エンジン燃焼解析手法の発展には，エンジン燃焼におけるマルチフィジックスの現象を理解すると同時に，ソースコードレベルでコードを読み込み，開発する人材が求められると考えられる。その点，OpenFOAM は数値解析やモデルに関するノウハウを無償で公開しており，Windows，Mac，Linux など OS によらず，自身のパソコンに簡単にインストールできる。C++ のマスタには時間を要するが，学生が CFD や C++ のコード開発を勉強する教材として OpenFOAM は利用できると考えられる。

6 PM モデル

6.1 概　　要

近年，PM2.5という言葉が浸透したように，大気汚染物質として粒子状物質（PM）が注目を集めている。数μm以下の粒子は気管支，肺と深く到達し，健康へ与える影響が大きい。1章で述べたように，自動車からのPM排出重量規制は段階的に強化されてきた[1]。今後はϕ-Tマップを用いた定性的な検討[2)～4)]のみならず，定量的な予測やエンジン運転条件の最適化が必要である。そのため，実用機器に応用可能なPMモデルの確立は重要な課題である。

図6.1に，ガソリンエンジンから排出されるPMの主要成分比を示す[1]。これらはJC08コールドモードで採取されたものであり，GPIはガソリンポート噴射式を，GDIはガソリン直噴式を表している。図から，国産GPI式のエンジンでは排出されるPM成分として約7割が**元素状炭素**（elementary carbon, **EC**）であり，残りは**有機炭素**（organic carbon, **OC**）であることがわかる。一方，ドイツ製直噴ガソリンエンジンから排出されるPMの約9割以上が元素状炭素で構成されている。エンジンから排出されるPMは元素状炭素表面に付着した**可溶性有機成分**（solble organic fraction, **SOF**），さらには，水分や硫化物を含有しているが[5]，排出抑制にはまずは元素状炭素，つまりは「すす」を低減することが重要である。

すすの成長過程は非常に複雑であり，いまだ多くの議論が行われている。その中でも一般的に認識されている過程を**図6.2**に示す。比較的高温で燃料過濃

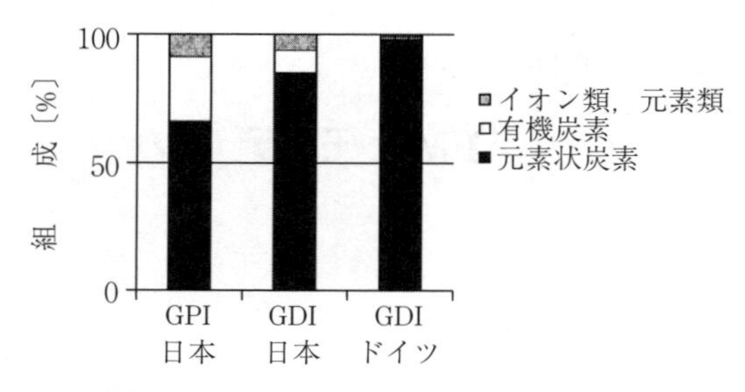

図 6.1　ガソリンエンジンから排出されるPMの主要成分比

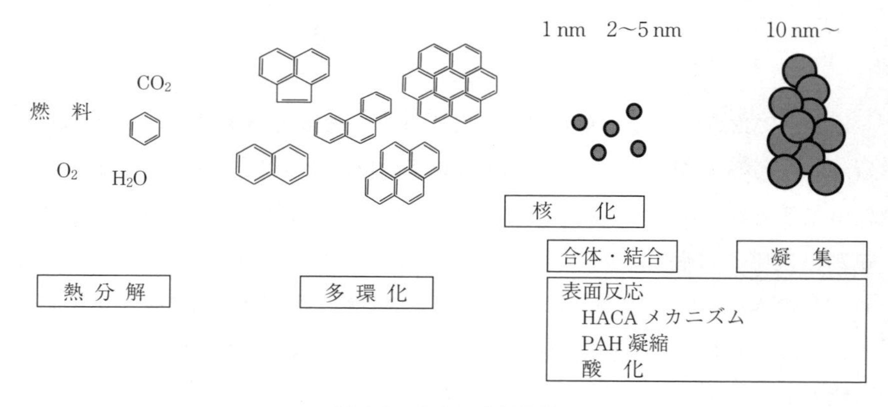

図 6.2　すすの成長過程

な領域において，燃料が酸化・熱分解して低級炭化水素となった後，環状物質を形成後に**多環化**（cyclization）し，**多環芳香族炭化水素**（PAH）となる。成長したPAHはいずれかの大きさの段階で，**核生成**（nucleation）過程を経て固体粒子となる。初期の粒子はおおむね1 nm前後の大きさと考えられているものの，この過程は特に未解明な部分が多い。比較的大きなPAHどうしが衝突することによって二量体を形成するという考え方や，ラジカルサイトを持ったPAHが衝突してボンドを形成するという考え方がある。実用上は，前駆体であるPAHが二量体を形成するという簡易なモデルが採用されていることが多い。つぎに，形成された粒子は一次粒子としてしばらく成長する。すす粒子は小さい間（2〜5 nm程度）は比較的柔らかく，液体に近い性質を持つと考えられている[5)]。そのため，一次粒子どうしが衝突した場合には**合体・結合**（coagulation）して再び球状になるものとしてモデル化される。それと同時に，小さな気相化学種が反応することによる成長（例えば，hydrogen abstraction C_2H_2 addition 機構，**HACA 機構**），粒子表面への **PAH 凝縮**（PAH condensation），酸素および OH ラジカルによる**酸化**（oxidation）といった**表面反応**（surface reaction）が進行して，質量が変化していくと考えモデル化される。一次粒子が 10 nm 程度以上に成長するとしだいに硬く，固体の性質を持ちはじめる。そのため，ある大きさからは粒子どうしが衝突すると**凝集**（aggregation）し，球状ではなく房状の二次粒子として成長していく。ディーゼルエンジンではエンジンシリンダ内で十分にこの領域まで進行している。また，比較的小さな粒子が排出される直噴ガソリンエンジンにおいても，数十 nm の二次粒子が排気弁出口の段階から観察されるとの報告がある。したがって，すすの抑制にはこの凝集まで考慮された数値モデルを構築することが重要である。

すす前駆体の PAH の**成長過程**（growth process）については越および三好らの解説[6)~9)]がある。前述の一次粒子計算に関しては，エアロゾル分野で用いられている**一般化動力学方程式**（general dynamic equation, **GDE**）シミュレーション[10)~12)]がその基礎となる。後述する粒子計算の基礎方程式の解法には，エアロゾル研究でも用いられている連続型と区間分割型の手法がある。連続型の代表的な手法に**モーメント法**（method of moments）がある。この手法は，連続的な粒径分布に何らかの関数を仮定することで解くべき方程式の数を少なくし，短時間で現象をシミュレートできるのが特徴である。計算される物理量は平均粒径，粒子数など統計的な量に限られ，粒径分布などの情報は得られない。

一方，**ビン法**（bin method）あるいは**セクショナル法**（sectional method）と呼ばれる区間分割型では，すす体積で表した粒径範囲を複数の区間に分割し，区間ごとに保存式を解く。このため連続型に比べより汎用的な手法であり，計算負荷は大きいものの，粒径分布を求めることができるのが特徴の一つである。また，構築されたモデルによっては二次粒子の成長過程まで考慮（例えば文献 13)）されている。これら二つの手法の利点と欠点をうまく組み合わせ，高速に粒径分布を計算した例[14]もある。

6.2.2 項以降ではモーメント法を中心に解説するので，文献 15）も併読されたい。

6.2 理　　　論

6.2.1 すす粒子計算の基礎方程式

燃焼場に存在するすべての大きさの粒子について，その増減を記述したものが基礎方程式となる。具体的には凝集による粒子成長を記述する Smoluchowski 方程式[16]に核生成や表面反応を考慮した式 (6.1)，(6.2) が基礎方程式であり，6.1 節で述べた GDE に相当するものである。

$$\frac{dN_1}{dt}=R-N_1\sum_{j=1}^{\infty}\beta_{1,j}N_j-k_sN_1S_1 \tag{6.1}$$

$$\frac{dN_i}{dt}=\frac{1}{2}\sum_{j=1}^{i-1}\beta_{j,i-j}N_jN_{i-j}-N_i\sum_{j=1}^{\infty}\beta_{i,j}N_j+k_s(N_{i-1}S_{i-1}-N_iS_i),\quad i=2\sim\infty \tag{6.2}$$

ここで，式 (6.1) 中の R は核生成項，式 (6.1) 第 2 項および式 (6.2) 第 1，2 項は粒子凝集項（一次粒子としては凝固），式 (6.1)，(6.2) の第 3 項は粒子表面反応項である。各式において，N_i はある大きさの粒子の数密度を表しており，式 (6.1) はサイズクラス 1（最小サイズの粒子）の粒子数密度の時間変化，式 (6.2) はサイズクラス 2 ～∞の粒子数密度の時間変化を表す。式 (6.1)，(6.2) では，核生成により形成される初期粒子はすべてサイズクラス 1 であるとして取り扱い，サイズクラス 2 以上の方程式に核生成項は記述されていない。モデルによってより大きなサイズクラスの初期粒子が生成される場合には，適宜対応したクラスまでに核生成項を追加すればよい。

〔1〕 核生成過程とモデル化

すすの核，すなわち最小すす粒子の構造に関しては，いまだ不明な点も多い[17)]。ただし，過去の研究からすす粒子の主要な前駆体はPAHであることはほぼ間違いないと考えられる。問題は，核となるPAHの大きさやそれらの集合状態（高次構造）である。三好[8)]によれば，二つのPAHの会合はエントロピー的に不利であり，平衡論的に安定なのは**サーカムコロネン**（$C_{54}H_{18}$）から**サーカムサーカムコロネン**（$C_{96}H_{24}$）のように，かなり大きなPAHとなる。Boteroら[18)]は，拡散火炎中のすす粒子に対して高分解能TEM観察と光学的バンドギャップ測定を行い，すす粒子外核に存在するPAHの共役長を調べた。その結果，共役長として0.91～0.99 nmが得られ，**サーカムピレン**（$C_{42}H_{16}$）に相当する大きさであることを示した。すなわち，火炎中では14環程度の大きなPAHが生成され，すす粒子表面を覆っていることとなる。これらの結果から，すす粒子の核を構成するPAHもある程度の大きさのものであることが推察される。

一方，初期すす粒子の構造としてPAHクラスタが考えられ，Chenら[19)]は，MDシミュレーションを用いてクラスタの相図などを計算した。その結果，50個のPAHからなるクラスタの融点は，大気圧，常温下で粉末のような固体状態となっているPAHの融点に対して大幅に低下することが示された。例えば，1 500 Kにおいては，50個のPAHから構成されるクラスタが固相状態であるためには，PAHの大きさとして$C_{78}H_{22}$程度が必要になる。これより小さいPAHではそのクラスタは液相となる。つまり，これらの結果に基づけば，現在の気相反応モデルで取り扱える7環程度のPAHで構成されるクラスタは，燃焼場で蒸発してしまい核となるのは難しい。

また，Anら[20)]は直噴ガソリンエンジンの排気中のPMに対して高分解能TEM観察を行った。その結果，ディーゼルエンジンの排気中のPM[21)]と同様に内核と外核の2重構造を有していること，2～3 nmのすす粒子の内核構造は明確なグラフェン層は見られず，非晶質で，Tottonら[22)]が計算で求めた50個の7環コロネンのクラスタ像に似ていることを示し，7環程度のPAHを前駆体として数値モデル化することの妥当性を述べている。その一方で，すす粒子の生成をモデル化し計算するには，気相反応計算で取り扱うことができる大きさのPAHで核生成を表現する必要がある。すす粒子計算に関して先駆的な研究を行ったFrenklachは，4環の**ピレン**（$C_{16}H_{10}$）の二量体（炭素数32）を核とすることを提案した。4環であるピレンを前駆体とすることが，実際の核生成プロセスを再現しているかは疑問であるものの，PAHの生成と分解，PAHを前駆体とした核生成，その後の表面成長といったモデル化の手法としては有用である。

PAHの二量体を核としたモデルの計算結果は，過去に数多くの検証例があり，おおむね妥当なレベルですす生成を予測できる可能性を示している。つぎに，PAHの二量体をすす粒子核とするモデルに関してさらに詳細を説明する。

式 (6.1) の核生成項Rは，燃料の気相反応で生じたPAHが二量体を形成することによりすす粒子核を形成する核生成プロセスに対応することとなる。**図6.3**に，ピレンの二量体による核生成プロセスの模式図を示す。

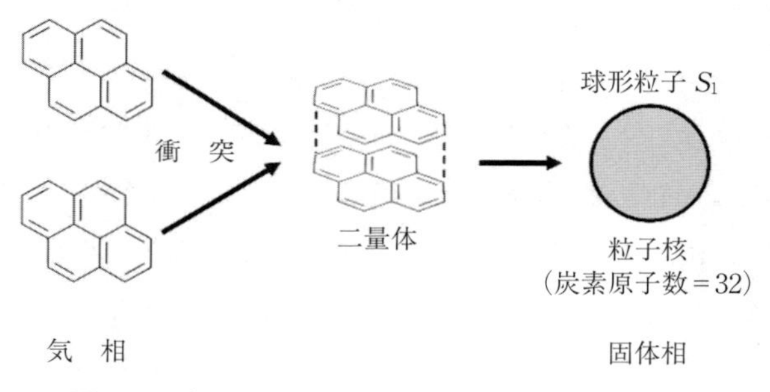

図6.3　ピレン二量体による核生成プロセスの模式図

粒子のサイズクラス1のときの核生成項は，Lp種のPAH間の二量体が粒子核になるとした場合，二量体を形成する確率（PAHの濃度とPAHどうしの衝突頻度）に依存するものとし，式 (6.3) のように表される。

$$R=\frac{1}{2}\sum_{k=1}^{Lp}\sum_{l=1}^{Lp-(k-1)}\alpha_{PAH}[\mathrm{PAH}_k][\mathrm{PAH}_l] \tag{6.3}$$

式 (6.3) において，1/2は二つのPAHから一つの粒子核が形成することを意味する理論係数，α_{PAH}はPAHどうしの衝突頻度，［PAH_i］はi種目のPAH

濃度を表す。ここで，PAH_k と PAH_l の衝突頻度である α_{PAH} は，PAH の平均速度と PAH が衝突する際の断面積の積によって式 (6.4) から求められる[23]。

$$\alpha_{PAH}=C_p E_F \sqrt{\frac{\pi k_B T}{2\mu_{k,l}}}(D_k+D_l)^2 \tag{6.4}$$

ここで，E_F はファン・デル・ワールス力補正係数（=2.2），k_B はボルツマン定数，T は温度，$\mu_{k,l}$ は k 番目と l 番目の PAH の換算質量，D_k，D_l はおのおのの PAH の衝突直径である。C_p は衝突確率係数であり，6.2.3 項で述べる KM2S モデルでは，実験値に合わせる調整値として $C_p=\gamma\times C_E$ が用いられている。ここで，C_E は PAH どうしの衝突確率[24]，γ は補正係数である。文献 23) では γ=0.057 8 という値が用いられている。PAH が衝突した場合の二量体の形成確率は 100%ではないもの，ある確率で安定な二量体が形成されることは計算で示されている[25]。また，Schuetz と Frenklach[26] は MD シミュレーションを実施し，ピレンの二量体の励起状態寿命は，周囲化学種との衝突時間間隔より長く，核となりうることを主張している。すでに述べたように，エンジン燃焼におけるすす粒子を予測するために重要なことは，PAH の生成と分解，核生成とすす粒子の成長，酸化，さらには粒子の凝集をモデル化することである。そのため，低炭素数な PAH でもその二量体を考慮し，γ などの調整係数で計測値に適合させる手法は有用である。

〔2〕 凝集・凝固過程とモデル化

ブラウン運動により衝突する粒子の凝集については，Smoluchowski 方程式によって記述される（式 (6.1)，(6.2) 中の凝集項）[16]。なお，モーメント法を対象とする場合には，球形を仮定した一次粒子のみを対象としており，凝集は粒子の合体・結合，つまりは凝固を意味することとなる。凝集項は，サイズクラス i の球形粒子 S_i（i=1～∞）とサイズクラス j の球形粒子 S_i（j=1～∞）が衝突してサイズクラス $i+j$ の球形粒子 S_{i+j} が生成する凝集過程に対応している。凝集項の係数 1/2 は，二つの球形粒子から一つの球形粒子が形成することを意味する理論係数を，$\beta_{i,j}$ は粒子どうしの衝突頻度を表す。**図 6.4** に粒子の凝集・凝固過程を示す。

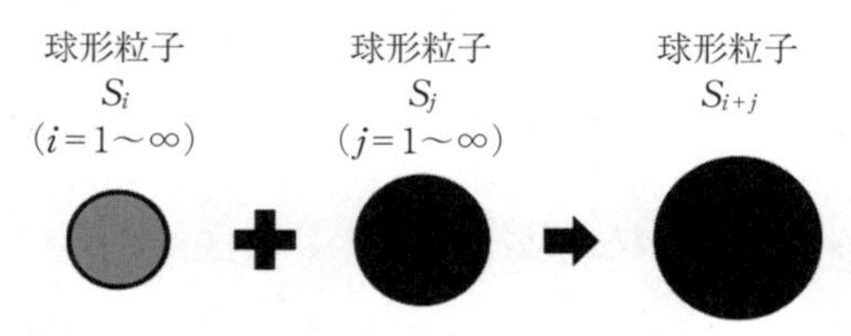

図 6.4　粒子の凝集・凝固過程

式 (6.1) では，$i=1$ の最小粒子がほかの粒子と衝突すると，サイズクラスが $i=1$ ではなくなるため凝集項は消滅項のみとなり，マイナスの符号が付く。式 (6.2) では，球形粒子が二体衝突することによってサイズクラス $i=2\sim\infty$ の球形粒子が生成する生成項と，ほかのサイズクラスの球形粒子との二体衝突によってサイズクラスが変わる消滅項が存在するため，凝集項は符号プラスの生成項と符号マイナスの消滅項からなる。

粒子どうしの衝突頻度 $\beta_{i,j}$ については，クヌーセン数 K_n が $K_n>1$ となる自由分子領域では式 (6.5) で表される[27]。

$$\beta_{i,j}=2.2\sqrt{\frac{6\,K_BT}{\rho}}\left(\frac{3\,m_c}{4\,\pi\rho}\right)^{1/6}\sqrt{\frac{1}{m_i}+\frac{1}{m_j}}\,(m_i^{1/3}+m_j^{1/3})^2 \tag{6.5}$$

ここで，K_B はボルツマン定数，T は温度，ρ はすす粒子の密度（1.8 g/cm^3 と仮定），m_c は炭素原子の質量，m は粒子の質量，2.2 はファン・デル・ワールス力補正係数である。

〔3〕 粒子表面における反応とモデル化

燃焼場における気相化学種の関与により，粒子の質量は増加もしくは減少する。表現方法としては多様なモデルが存在するものの[28)～31)]，その多くはアセチレンを介した質量増加（**HACA 機構**），酸素および OH ラジカルによる質量減少（酸化），PAH の凝縮による質量増加から構成される。HACA 機構および酸化はいわゆる表面反応である。一方，PAH 凝縮は本来物理的な過程であるものの，多くのモデルで表面反応として取り扱われていることからここで説明する。

（1） 粒子と気相反応化学種の表面反応　　粒子と化学種との表面反応では

まず，**図 6.5** に示すように，H，OH による粒子表面からの水素原子の引抜きが行われる。この表面ラジカル生成反応は，式 (6.6)，(6.7) のように表される。C^nsoot-H は，炭素数 n の粒子表面で H 原子が結合しているサイトを示し，C^nsoot・は，粒子表面におけるラジカルサイトを示している。

$$C^n\text{soot-H} + \text{H} = C^n\text{soot}\cdot + H_2 \tag{6.6}$$

$$C^n\text{soot-H} + \text{OH} = C^n\text{soot}\cdot + H_2O \tag{6.7}$$

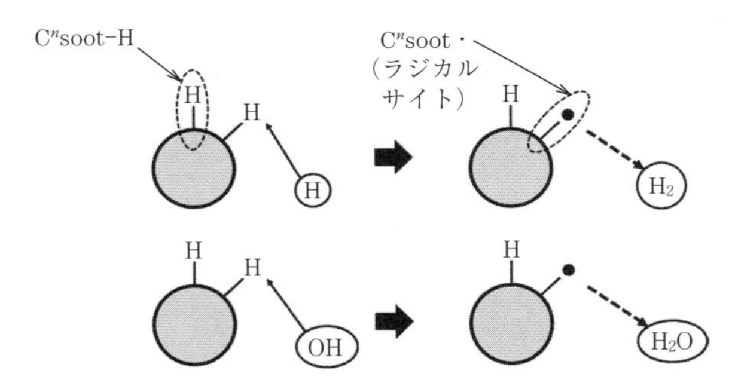

図 6.5　H，OH による粒子表面からの水素原子の引抜き

つぎに，このラジカルサイトと炭素数 2 のアセチレン（C_2H_2）が**図 6.6** に示すように反応し，すす粒子に 2 個の炭素原子が付加され，粒子質量が増加する。このラジカルサイトにアセチレンが付加される反応は式 (6.8) のように表される。

$$C^n\text{soot}\cdot + C_2H_2 \rightarrow C^{n+2}\text{soot-H} + \text{H} \tag{6.8}$$

図 6.5 と図 6.6 の水素原子引抜きとアセチレン付加を繰り返すことによってすす粒子が成長していく反応は，HACA 機構に相当し，気相反応において

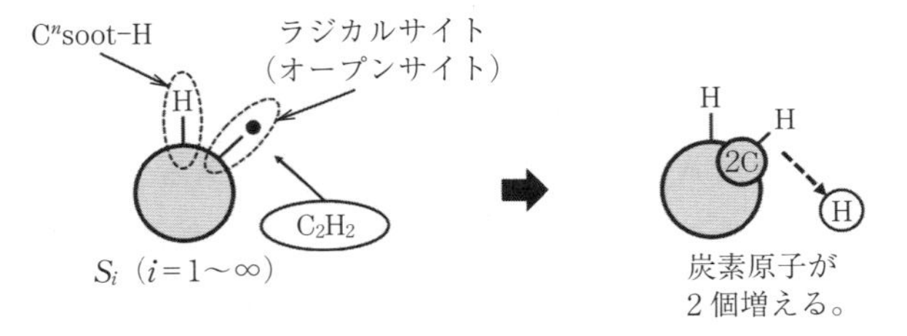

図 6.6　粒子表面へのアセチレン付加

PAH 成長過程で示された機構に基づいている。

粒子表面における酸化反応は式 (6.9), (6.10) のように考慮される。

$$C^{n}soot\cdot + O_2 \rightarrow 2CO + products \quad (6.9)$$

$$C^{n}soot\text{-}H + OH \rightarrow CO + products \quad (6.10)$$

OH の関与については Neoh らのモデル[32] を基本とし，付着係数として与えられる場合が多い。

（2） PAH 凝縮　PAH の凝縮は本来物理的な過程であり，衝突として取り扱い，その成功確率（〔1〕を参照）を調整して計算することが多い。一方，汎用のソルバ（例えば，文献 33)）では，PAH 凝縮を表面反応として取り扱う場合もある。

PAH 凝縮では，**図 6.7** に示すように気相反応で生じた PAH がすす粒子と衝突することにより，すす粒子表面に凝縮して粒子質量が増加する。図はピレン ($C_{16}H_{10}$) の場合を示しており，ピレンが凝集した後のすす粒子は炭素原子数が 16 だけ増加する。

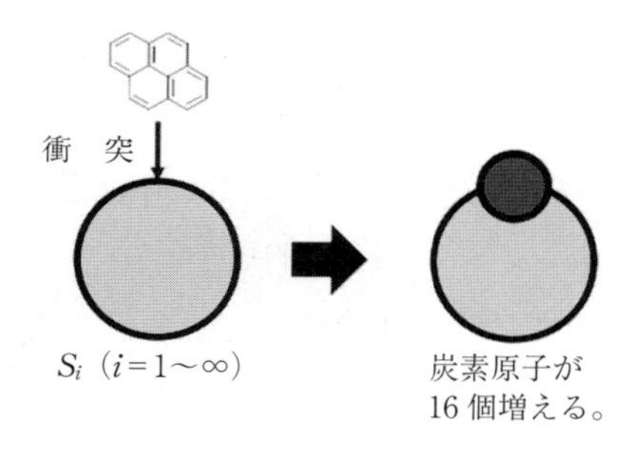

図 6.7　粒子表面への PAH 凝縮

式 (6.1), (6.2) の表面反応項は，以上のような表面反応過程に対応している。表面反応項において，k_s は単位面積当りの表面成長速度（ここでは正味成長する領域，つまりは k_s が正の場合として記述してある)，s は粒子を球形とした場合の粒子表面積である。すでに述べたように，式 (6.1) のサイズクラス 1 の場合，表面反応により炭素数が増加すると最小クラスではなくなるため，表面成長項は消滅項のみとなりマイナスの符号が付く。式 (6.2) のサイズクラ

ス $i=2\sim\infty$ の場合，下位クラスの粒子が表面成長によってサイズクラス i の粒子となる生成項と，サイズクラス i の粒子が表面反応によって上位のクラスへ移ることによる消滅項が存在する。

6.2.2 モーメント法を用いた粒子計算

粒子成長過程を表現する式 (6.1)，(6.2) の常微分方程式は，無限大の粒子サイズクラス数に対して定義されている。このままでは数値計算を行うことができないため，有限の微分方程式に置き換える必要がある。モーメント法は，無限個の常微分方程式である式 (6.1)，(6.2) に対して式 (6.11) のモーメントを定義することにより，数学的に有限個のモーメント方程式に変換して粒子計算を行うことができる計算手法である。

$$M_r=\sum_{i=1}^{\infty}(m_i)^r N_i \tag{6.11}$$

ここで，M_r は粒子の r 次のモーメント，m_i はサイズクラス i の粒子 1 個当りの炭素原子数，N_i はサイズクラス i の粒子数密度を表す。

次数 r のモーメント方程式は，核生成項 R_r，凝集項 G_r，表面反応項 W_r を用いて以下の式 (6.12)～(6.15) によって表すことができる。仮に 5 次までを考慮した場合，無限個の基礎方程式の解法が，6 個のモーメント方程式の解法に置き換わることとなる。

$$\frac{dM_0}{dt}=R_0-G_0 \tag{6.12}$$

$$\frac{dM_1}{dt}=R_1+W_1 \tag{6.13}$$

$$\frac{dM_2}{dt}=R_2+G_2+W_2 \tag{6.14}$$

$$\frac{dM_r}{dt}=R_r+G_r+W_r \tag{6.15}$$

0 次モーメント（$r=0$）は，すべてのサイズを含んだ粒子の数密度を表しており，1 次モーメント（$r=1$）は，単位体積中の粒子全体の炭素原子数を表している（式（6.16），（6.17））[15]。

$$M_0 = \sum_{i=1}^{\infty} N_i \tag{6.16}$$

$$M_1 = \sum_{i=1}^{\infty} (m_i)^1 \times N_i \tag{6.17}$$

1次モーメント M_1 の値と初期の燃料に含まれる炭素原子数より，すす生成量を表すすすの生成収率（燃料中の炭素原子のうちすすに転化した割合，以降すす生成収率）が算出できる。

核生成項 R に対して，Lp 種の PAH 間の二量体が粒子核になるとした場合，r 次の核生成項は

$$R_r = \frac{1}{2} \sum_{k=1}^{Lp} \sum_{l=1}^{Lp-(k-1)} \alpha_{PAH} (m_k + m_l)^r [PAH_k][PAH_l] \tag{6.18}$$

と表される。式（6.18）に $r=0$ を代入すると式（6.3）と一致する。

r 次のモーメント方程式の凝集項 G_r は，式（6.19）で表される[15),29),34)]。

$$G_r = \frac{1}{2} \sum_{k=1}^{r-1} \binom{r}{k} \left(\sum_{l=1}^{\infty} \sum_{j=1}^{\infty} m_i^k m_j^{r-k} \beta_{i,j} N_i N_j \right), \quad r = 2, 3, \cdots \tag{6.19}$$

G_0 は式（6.20）で表される。

$$G_0 = \frac{1}{2} \sum_{l=1}^{\infty} \sum_{j=1}^{\infty} \beta_{i,j} N_i N_j \tag{6.20}$$

なお，1次のモーメント方程式では $G_1=0$ となる。これは，単位体積中の粒子全体の炭素原子数 M_1 が，凝集過程で変化しないためである。

表面成長項 W_r は式（6.21）で表される[15),29),34)]。

$$W_r = k_s C_g \alpha \chi_s \sum_{l=1}^{\infty} \sum_{k=1}^{\infty} \binom{r}{k} m_i^k \Delta^{r-k} S_i N_i \tag{6.21}$$

ここで，k_s は単位面積当りの**表面成長速度**（surface growth rate），C_g はガス種の濃度，α は反応に**利用可能な表面部位の割合**（fraction of surface sites available for reactions），χ_s は粒子表面における**ラジカル数密度**（number density of surface radicals），Δ は単一の反応での質量変化，m_i は粒子の質量，S_i は粒子の表面積，N_i は粒子の数密度である。0次のモーメント方程式では，$W_0=0$ となる。これは，粒子の数密度 M_0 が表面反応では変化しないためである。

凝集項や表面反応項を代数的に演算するためには，各項について二項定理などを用いた展開が必要であり，文献15）などを参考にされたい。計算されたモーメントのうち，実用の観点から物理的な意味を持つのは0次および1次のモーメントのみである。しかし，各項の演算を閉じるためには，分数モーメントが必要となる。それらを評価するために，本書で紹介した手法では高次のモーメントを時々刻々求め，必要となる分数モーメントはラグランジュ補間によって算出している。一般的には5次モーメントまでを考慮しているケースが多いものの，計算負荷低減のため，2次モーメントまでの計算にとどめている場合もある。

6.2.3 既存モデル

PMモデルは，これまでに多くのものが提案されてきたので，以下に紹介しておく。

〔1〕 KAUSTのモデル（モーメント法）

KAUST（King Abdullah University of Science and Technology）のグループが開発しているモデルであり，7環のPAHまで考慮した気相反応として，ガソリンサロゲート燃料を対象としたKM1，C_1–C_4燃料を対象としたKM2を提案するとともに，モーメント法に用いるための表面反応も提示している（ここではKM2Sと呼称する）。

KM1はRajら[35]により提案された気相反応モデルである。ガソリンサロゲート燃料として重要な成分であるトルエン，ノルマルヘプタン，イソオクタンの素反応が考慮されている。TRF（toluene reference fuel）を対象としており，化学種数231，気相反応数1 350からなる。KM1モデルはMarchalら[36]の機構をベースメカニズムとしているが，各種火炎におけるPAH生成濃度の予測精度を改善するために反応速度定数の再検討が行われるとともに，7環のPAHであるコロネンまでのPAH成長過程が追記されたモデルである。Rajらは，**密度汎関数理論**（density functional theory，DFT）をPAH分子の量子化学計算に採用し，**遷移状態理論**（transition state theory，TST）を用いることによって PAH 成長反応の反応速度定数を見積もっている。KM1 モデルは Raj ら[35]によって，予混合層流火炎と対向流拡散火炎を用いた実験で検証が行われている。そこではエチレン，ノルマルヘプタン，イソオクタン，およびベンゼンなどの単一成分燃料に対する検証とともに，ノルマルヘプタン/トルエンおよびイソオクタン/トルエンの混合燃料に対する実験も行うことによって，混合燃料条件における KM1 モデルの予測能力を検証している。

Wang ら[37]によって提案された KM2 は，PAH 成長過程は KM1 に基づきつつ C_1-C_4 燃料を対象燃料として再構築された気相反応モデルであり，202 化学種，1 351 素反応からなる。さらに Wang らは，モーメント法に適用可能な核生成・表面成長反応モデルも提案している（以下，KM2S と呼ぶ）。KM2S は 8 種の PAH を前駆体とした 36 通りの核生成式に加え，Raj らによる修正 HACA 機構および 8 種の PAH による凝縮を考慮した 19 の表面反応式で構成されている。前駆体としては 4 環のピレンから 7 環のコロネン（$C_{24}H_{12}$）までを考慮するとともに，脂肪族側鎖を有する 3 種類のエチニルピレンも 8 種の前駆体として含まれている。これは，脂肪族側鎖がすす粒子生成に寄与することが Skeen らの実験[38]で示されているためである。**図 6.8** に，KM2S で考慮されている前駆体を示す。

KM2 モデルの検証は，エチレン単一燃料および 2 成分混合燃料（エチレン/

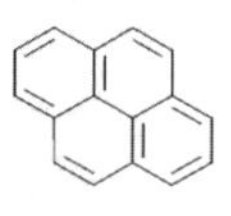
（a）ピレン（A4）

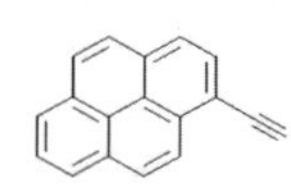
（b）1 エチニルピレン（PYC2H-1）

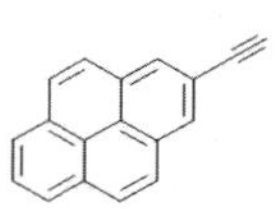
（c）2 エチニルピレン（PYC2H-2）

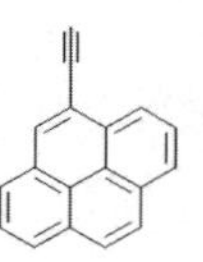
（d）4 エチニルピレン（PYC2H-4）

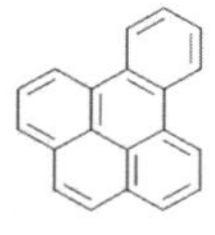
（e）ベンゾ[e]ピレン（BEPYREN）

（f）ベンゾ[a]ピレン（BAPYR）

（g）ベンゾ[ghi]ペリレン（BGHIPER）

（h）コロネン（A7）（CORONEN）

図 6.8　KM2S で考慮されている前駆体

メタン，エチレン/エタン，エチレン/プロパン）の対向流拡散火炎におけるすす生成特性（すす体積分率，平均粒径，個数密度）をモーメント法で計算し，単一燃料および2成分混合燃料の計測値と比較することによって行われている。

〔2〕 ミラノ工科大学のモデル（セクショナル法）

ミラノ工科大学のグループは，多種燃料に対して気相反応モデルを提案している。対象燃料ごとに高温酸化反応のみを含んだモデル，低温酸化反応までを含んだモデルなど分類して提示されている。すべてのモデルはウェブサイトにおいて公開されている[39]。

Saggese ら[13] は，primary reference fuel（オクタン価100のイソオクタン，オクタン価0のノルマルヘプタン混合燃料，PRF）を対象とし，セクショナル法を用いたPMモデルを提案した。本モデルは297化学種，素反応数16 797と大規模であるものの，10 nm程度までの一次粒子および200 nm程度までの二次粒子を考慮してあり，粒径分布を求めることができる。炭素数20以上の気相化学種および粒子はセクショナル法で記述されており，BIN_1–BIN_4（炭素数C＝20，40，80および160に相当）は気相化学種，BIN_5–BIN_{12}（C＝320から4×10^4に相当）は一次粒子，BIN_{13}–BIN_{20}（C＝8×10^4から1×10^7に相当）は二次粒子としてモデル化されている。なお，各炭素数（BIN_i）について異なるH/C比を持つものを異なる化学種として考慮する（BIN_{iA}，BIN_{iB}，BIN_{iC}など）とともに，各BINのラジカルについても考慮されている。

〔3〕 天津大学のモデル

天津大学のAn ら[20] は，直噴ガソリンエンジンの3次元数値解析を行うために，すす前駆体であるPAHとして4環のピレンまでを考慮した気相反応モデルを提案した。本モデルは簡略化反応モデルであり，85化学種，232素反応と非常に小規模で計算負荷は小さい。ただし，当然ながらガソリンサロゲートの検証された組成のみを対象として簡略化されているため，使用範囲には注意する必要がある。また，ピレンのみを前駆体とした場合，PM生成の基本的な性質であるベルカーブについて二重ピークの様相を示すことがわかっている[40]。

6.3 計　　算　　例

本節では二つの計算例を示す。一つ目はガソリンサロゲート燃料のすす生成特性を衝撃波管によって調べ，KAUST のモデルを用いてすす生成特性を検証したもので，計算には汎用のソフトウェア[33]を用いた。二つ目では，HINOCA に PM モデルを組み込み，直噴ガソリンエンジン内で生じる燃料液膜の燃焼に由来した PM 生成の計算を行った。

これら 2 例では，PM モデルとしていずれも KAUST のモデルを用いている。PM モデル計算の流れを**図 6.9** に示す。なお，これらの例では一次粒子を対象とした計算を行っているため，図 6.9 中の二次粒子の生成については対象外とした。

6.3.1　ガソリンサロゲート燃料を対象とした PM 生成モデルの最適化

まず，イソオクタン（iC_8H_{18}），ノルマルヘプタン（nC_7H_{16}），トルエン（C_7H_8）の 3 成分混合ガソリンサロゲート燃料の混合気を衝撃波管で燃焼させてすすを生成させた実験[41]を対象に，均一反応場における計算を実施した[42),43]。

KM1 気相反応モデル中の PAH 成長過程において，PAH の酸化反応がいくつか追加されている[44]。また，KM2S には O_2 と OH による酸化反応が追記されている[44]。

衝撃波管実験に用いた混合気の組成を**表 6.1** に示す。計算では，温度範囲を 1 500 K から 2 500 K とし，100 K ごとに定圧・定温計算を実施した。圧力は，各種条件で平均圧力（235 kPa）を使用し，熱分解（$\phi=\infty$），$\phi=10$，および $\phi=5$ の 3 条件で計算を実施した。

図 6.10 に，田中ら[41]の実験から得られた 3 成分混合ガソリンサロゲート燃料におけるすす生成収率（soot yield）と PM モデルによる計算値を，熱分解および酸素添加条件について比較した結果を示す。図（a）は反応時間が 2.0 ms，図（b）は 1.5 ms，図（c）は 1.0 ms における結果である。ここで，反応

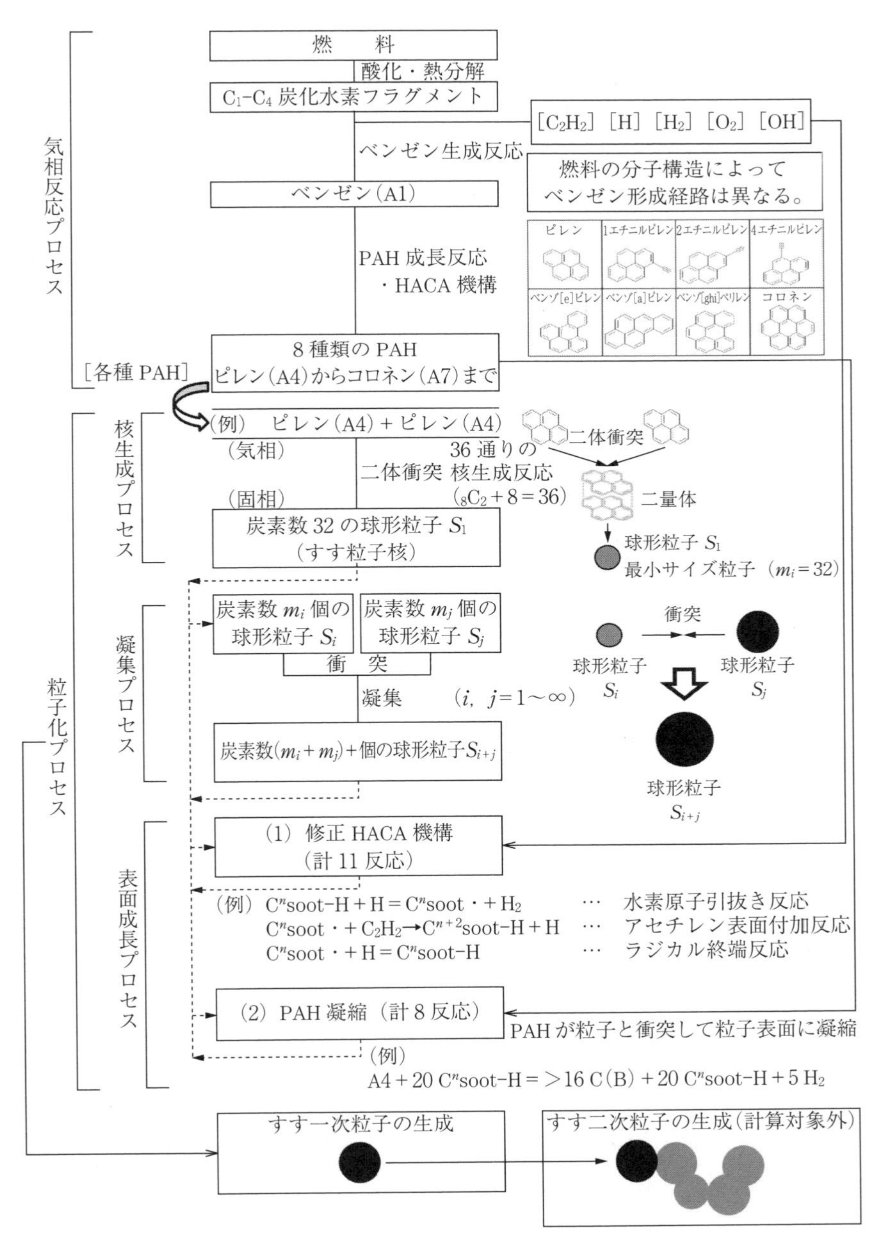

図 6.9　PM モデル計算の流れ

表 6.1　衝撃波管実験に用いた混合気の組成

当量比	組　成〔%〕				
	iC_8H_{18}	nC_7H_{16}	C_7H_8	O_2	Ar
∞	0.65	0.10	0.25	0.00	99.00
10	0.65	0.10	0.25	1.15	97.85
5	0.65	0.10	0.25	2.30	96.71

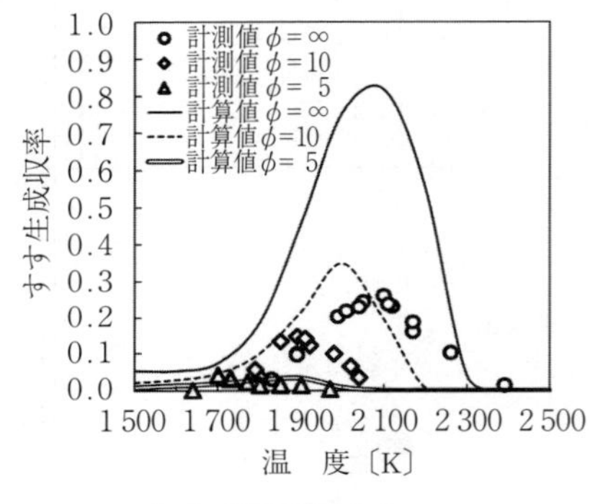

（a）反応時間 2.0 ms

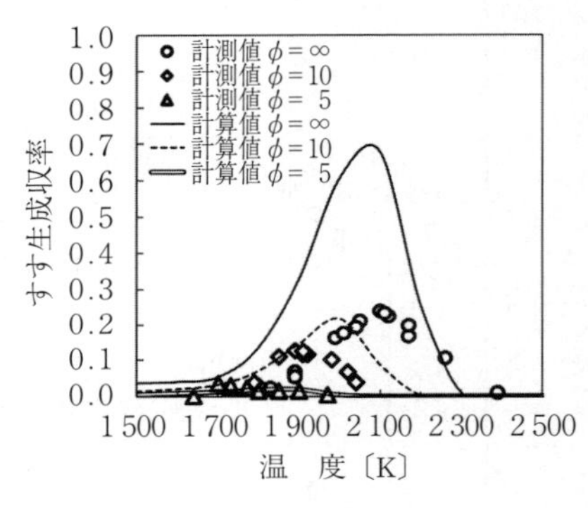

（b）反応時間 1.5 ms

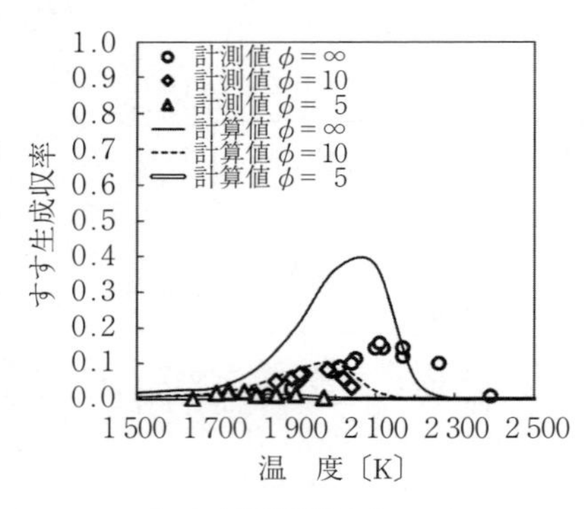

（c）反応時間 1.0 ms

図 6.10　3成分混合ガソリンサロゲート燃料におけるすす生成収率と PM モデルによる計算値を，熱分解および酸素添加条件について比較した結果

時間は実験では反射衝撃波が観察窓を通過した時間からの，計算では計算開始からの時間を表す。図から，すべての条件である温度で最大値を持つ釣鐘型の温度特性（ベル特性）を再現できている。また，酸素量が多い条件になるとす

す生成量は減少する傾向があり，かつ，酸素量が増加するとすす生成収率のピーク位置は低温側にシフトする。

すす生成収率の計算値は，計測値より過大となる傾向が見られた。しかしながら，PM モデルによる計算結果は計測値を定性的に再現している。定量的な予測を可能とするためには，モデル改善，もしくは合せ込みのためのポイントを明らかにする必要がある。そこでつぎに，定量的なチューニングポイントの検討方法について述べる。

数値解析結果[42),43),45),46)]を詳細に分析したところ，本実験条件の範囲では HACA 機構が支配的な役割を果たしており，特に式 (6.8) で表されるアセチレン付加反応の頻度因子を調整することで定量的な予測が行えることがわかった。

図 6.11 に，アセチレン表面付加反応の頻度因子を KM2S の基準値に対して 1/5 倍（$A=1.6\times10^7$）することによって再計算した結果を計測値とともに示す。図 6.10 と同様に，図（a）は 2.0 ms，図（b）は 1.5 ms，図（c）は 1.0 ms における結果を示している。図 6.10 と比較すると，ベル型の特性はモデル改善後も維持できており，アセチレン表面付加反応の反応定数を操作することですす生成収率の計算値を計測値に近づけることができる。

一方，反応時間により計算値と計測値の一致度が異なる。**図 6.12** に，熱分解および $\phi=10$ の条件についてすす生成収率の時間変化を示す。なお，すす生成収率は各時間においてベル特性の最大値を示しかつ，2.0 ms の値で規格化しており，プロットは計測値，破線は計算値を示している。図中の温度は最大値における温度である。計測値と計算値を比較すると，反応初期である 1.5 ms までにおいては，すす生成収率の立上がりが計測値と計算値で異なる。つまり，反応初期過程においてすす生成収率を過少に計算している可能性が高い。

図 6.13 に，熱分解条件の 2 000 K における計算値について，粒子個数密度と平均粒径の時間変化を示す。破線で示した反応初期に着目すると，平均粒径が小さく数密度が大きいことがわかる。このことから，反応初期のすす生成は，式 (6.3) で表される核生成が支配していると考えられる。本数値計算では，式 (6.3) 中の補正係数 γ は KAUST の対向流燃焼器を用いた計測値に調整

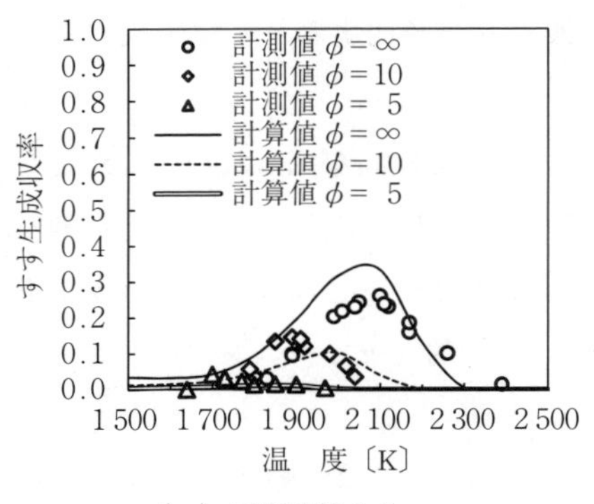

（a）反応時間 2.0 ms

（b）反応時間 1.5 ms

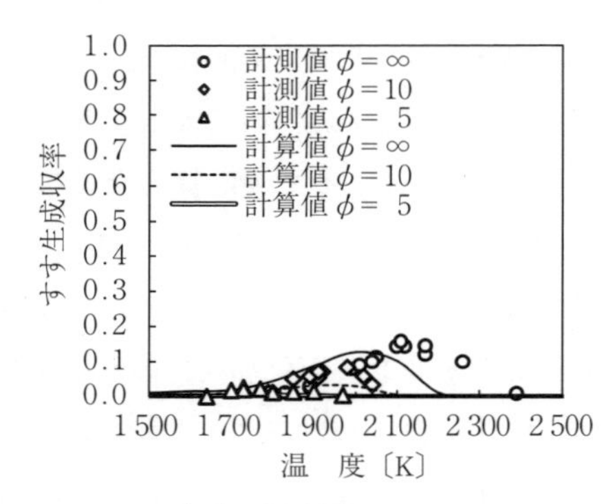

（c）反応時間 1.0 ms

図 6.11　アセチレン付加反応の頻度因子調整によるすす生成収率予測改善結果（$A=1.6\times10^7$ の場合）

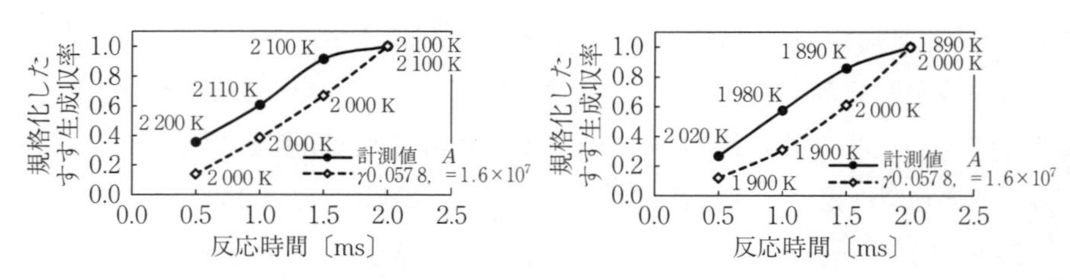

図 6.12　すす生成収率の時間変化

された値（$\gamma=0.0578$）を用いている。本パラメータはガソリンサロゲート燃料では異なる値である可能性もあり[47]，重要なチューニングパラメータの一つである。

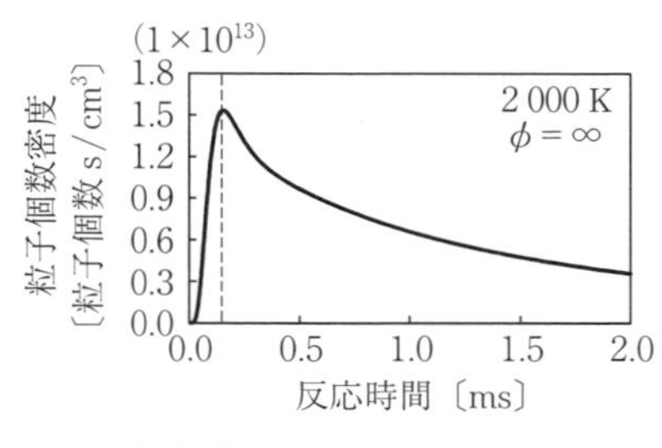

（a）粒子個数密度の時間変化

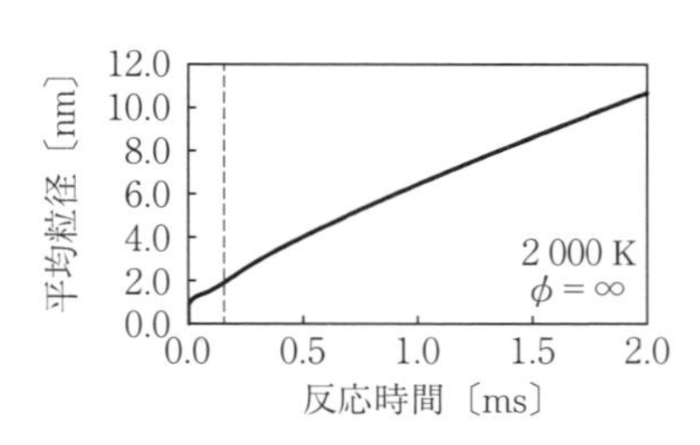

（b）平均粒径の時間変化

図 6.13　粒子個数密度と平均粒径の時間変化

6.3.2　HINOCA によるシリンダ内燃料液膜燃焼における PM 生成の数値計算

直噴ガソリンエンジン内で生じる燃料液膜燃焼に起因した PM 生成の計算では，気相反応モデルは KM1，表面反応モデルは KM2S 相当のモデルである。前駆体はピレンの 1 種類としてある。なお，本モデルで HINOCA および Chemkin-Pro で同一の 0 次元計算を行い，双方の計算結果が一致することは確認してある。

計算時間短縮のため，まず 1 mm 格子を用い，吸気流動・燃料噴射（理論混合気）までの計算を行った。その後，点火前のある段階で格子を 2 mm に拡大し，燃焼・すす生成の計算を行った。また，点火前に燃料の少量追加噴射を行い，ピストン上に燃料液膜を形成させた。**表 6.2** に，単気筒エンジンのシリンダ内燃料液膜燃焼計算の条件を示す。

図 6.14 に吸気行程における主燃料噴射の様子，**図 6.15** に燃料液膜が形成される様子，および**図 6.16** にピストン頂面に形成された燃料液膜と燃料液膜上で生じるすすの様子を，それぞれ示す。また，**図 6.17** にシリンダ内燃料液膜燃焼に伴う当量比，前駆体，すす体積分率などの時間変化を示す。ここで，**PVF** は**すす体積分率**（particle volume fraction）を表す。

各図から，ピストン頂面に形成された燃料液膜を源として，すす前駆体およびすすの生成が観察され，ガソリンエンジンのピストン頂面の燃料液膜に起因したすす生成の定性的な傾向はよくとらえられた。

表 6.2　単気筒エンジンのシリンダ内燃料液膜燃焼計算の条件

項目			値
回　転　数〔rpm〕			2 000
吸　気　圧〔MPa〕			0.087
ピストン温度〔K〕			403
主　燃　料	組　　成〔%〕	iC_8H_{18}	100
	燃料噴射量〔mg〕		36
	噴 射 時 期〔° aTDC〕		−280
	噴 射 期 間〔ms〕		2.7
ピストン付着燃料	組　　成〔%〕	iC_8H_{18}	65
		nC_7H_{16}	10
		C_7H_8	25
	点火前のピストン付着燃料量〔mg〕		0.2
格子〔mm〕	−110° aTDC まで		1
	−110° aTDC 以降		2
乱流モデル	−110° aTDC まで		Wale モデル
	−110° aTDC 以降		RNGk-e モデル
気相反応モデル			KM1
粒子計算方法			モーメント法
表面反応モデル			KM2S（前駆体はピレンのみ）

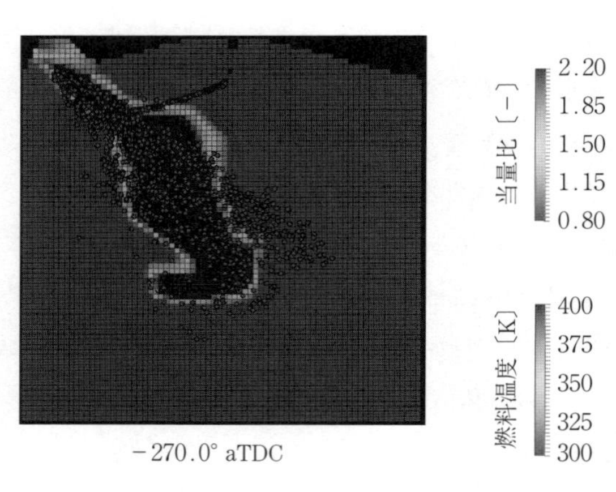

図 6.14　吸気行程における主燃料噴射の様子

図 6.15　燃料液膜が形成される様子

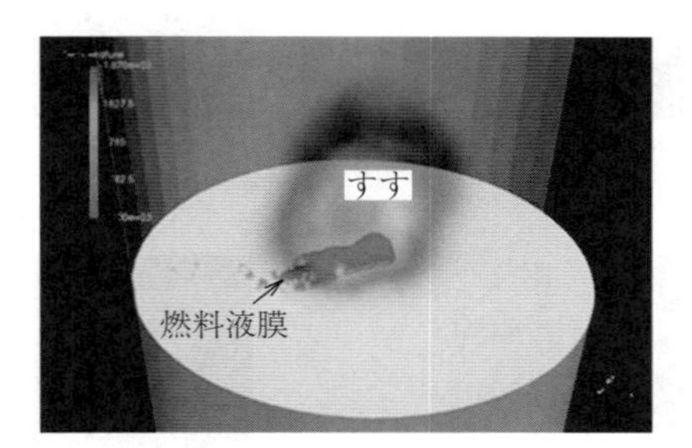

図 6.16　ピストン頂面に形成された燃料液膜と燃料液膜上で生じるすすの様子

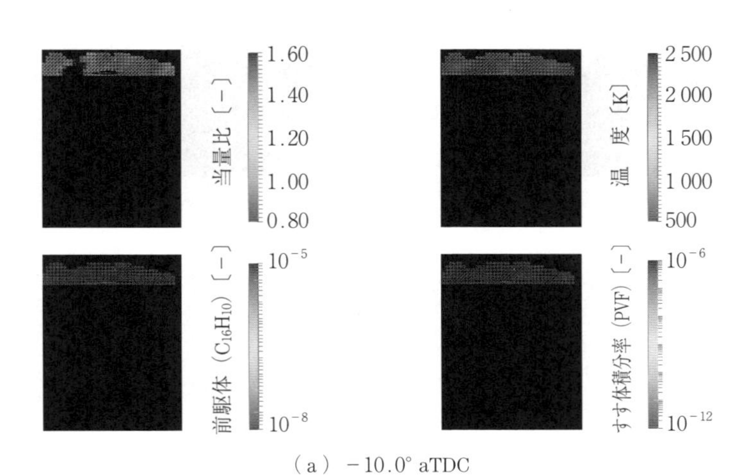

（a）−10.0° aTDC

図 6.17　シリンダ内燃料液膜燃焼に伴う当量比，前駆体，温度，すす体積分率の空間分布（つづく）

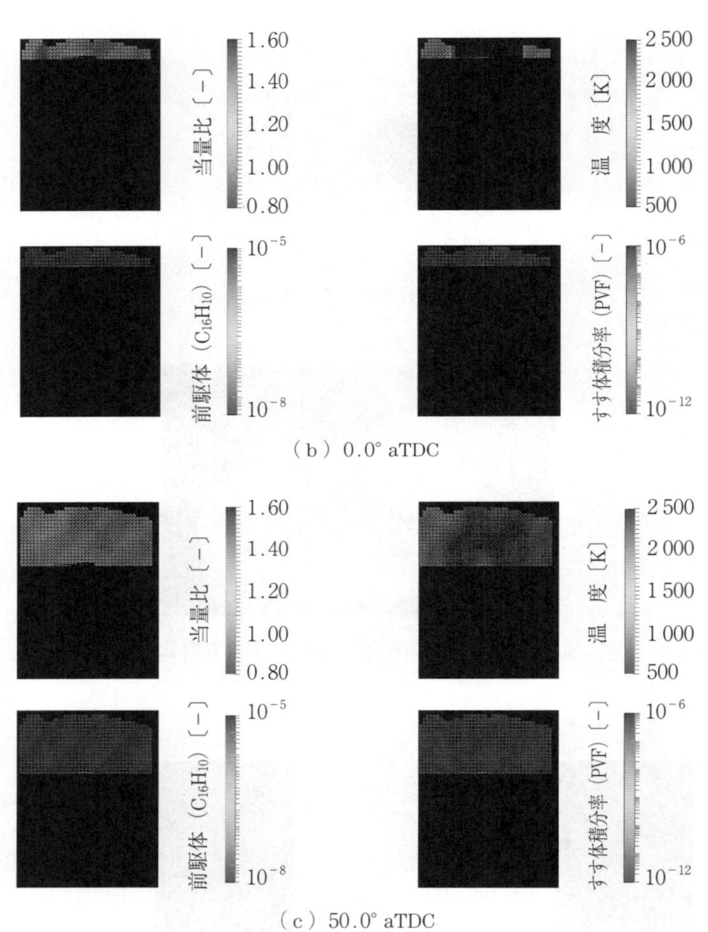

（b）0.0° aTDC

（c）50.0° aTDC

図 6.17　（つづき）

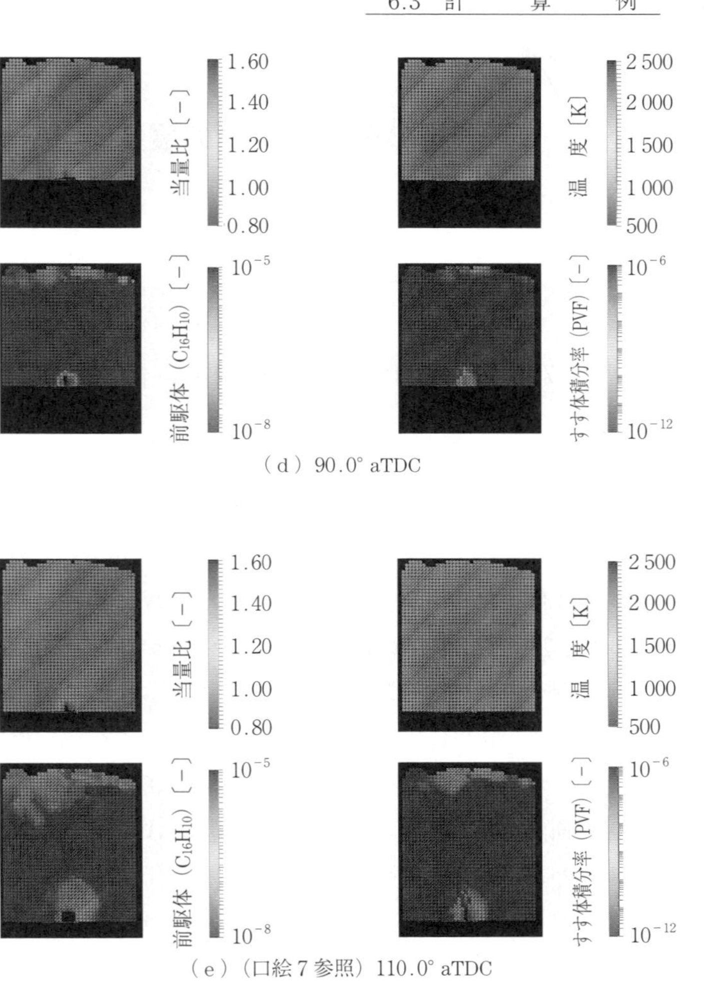
当量比〔－〕
1.60
1.40
1.20
1.00
0.80
温　度〔K〕
2 500
2 000
1 500
1 000
500
前駆体（$C_{16}H_{10}$）〔－〕
10^{-5}
10^{-8}
すす体積分率（PVF）〔－〕
10^{-6}
10^{-12}
（d）90.0° aTDC
当量比〔－〕
1.60
1.40
1.20
1.00
0.80
温　度〔K〕
2 500
2 000
1 500
1 000
500
前駆体（$C_{16}H_{10}$）〔－〕
10^{-5}
10^{-8}
すす体積分率（PVF）〔－〕
10^{-6}
10^{-12}
（e）（口絵7参照）110.0° aTDC

図 6.17　（つづき）

7 今後のモデリングの展望

7.1 将来のシミュレーション像

今後シミュレーションへの期待はますます大きくなる。より忠実度の高いモデルを用いた，より高精度の数値計算による**数値実験**（numerical experiment）ともいえるエンジンシミュレーションが設計過程上流に適用されていくことは想像に難くない。工学上実用的なシミュレーションにおいても，より高い予測精度が求められ，現在用いられている火炎伝播モデル（5.2節参照）やLievengood-Wo積分を用いたノックモデル（5.4節参照）など，必ずしも普遍的とはいえないモデルの使用に代わって，ある程度詳細な化学反応機構を用いた燃焼計算が用いられていくであろう。また，固体連成解析も次世代の重要なテーマである。壁面熱損失の取扱いはエンジン計算において非常に重要な要素であるのにもかかわらず，現状多くのシミュレーションにおいては，実験的に得られた温度で壁温を固定する等温壁の仮定が用いられており，その設定温度に壁面熱流束が大きく依存してしまっている。より精度高くエンジン熱効率を予測するためには，エンジン内の気液流れとエンジン構造部材内部の熱移動との連成解析により，壁面を通過する熱流束を求めるアプローチが必要である。以上ように，工学上実用的なシミュレーションには，より幅広い範囲の物理現象をより精度よくシミュレートすることが求められるようになり，取り扱う空間，時間スケールの範囲も拡大するため，シミュレーション規模は必然的に大きくなる。

一方で，工学上実用的なシミュレーションに用いるモデルをさらに高精度化し，その適用範囲を拡大するためにもシミュレーションは活用されるようになると考えられる。モデリングに必要なエッセンスを抽出することに焦点を絞った問題設定のもと，経験的な仮定が限り少なく，かつ，詳細な大規模シミュレーション（数値実験）を行うことにより，物理現象を理解し，モデリングに必要なデータを取得するという手法がモデル開発の有力な手段となってくるであろう。実燃料の燃焼を取り扱うことのできる巨大な反応スキームを用いた計算も実施可能となると考えられ，それらから得られる膨大な数値シミュレーション結果のデータマイニングには，**人工知能**（artificial intelligence，**AI**）技術の活用も有効である。

このように，今後さらに進むと思われる計算の大規模化に対応するためは，コンピュータの能力の向上と併せて計算手法の効率化，それによる計算の高速化が必要である。本章では以下に関連するいくつかについて説明する。

7.2 計算の高速化

設計に用いる実用的なシミュレーションにおいても，またモデリングのための詳細なシミュレーションにおいても，計算の高速化は恒常的な課題である。コンピュータの能力は向上しつづけているが，向上した分，それに合わせてユーザが求める計算規模も大きくなってきており，さらなる高速化を実現する計算アルゴリズムはつねに求められつづける。

今後のシミュレーションは並列計算が前提となるが，並列計算の高効率化，高速化には**ロードバランス平滑化**（load balancing）が重要なテーマの一つである。例えば，**図 7.1**（a）のようにエンジンを領域分割によって並列計算する場合を考える。ポート内の領域（①～⑤，⑩～⑫）では流動計算しか行わないのに対して，シリンダ内の領域（⑥～⑨）では，流動計算に加えて液燃料の微粒化・蒸発，点火，火炎伝播（化学反応）の計算を行う。したがって，後者に割り当てられたコンピュータの計算負荷は，前者に割り当てられたコンピュータの負荷よりもはるかに大きくなる。あるタイムステップで，それぞれ

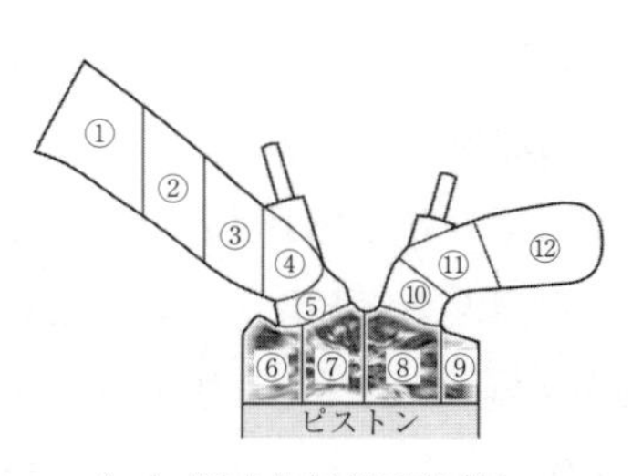

（a）領域分割並列計算

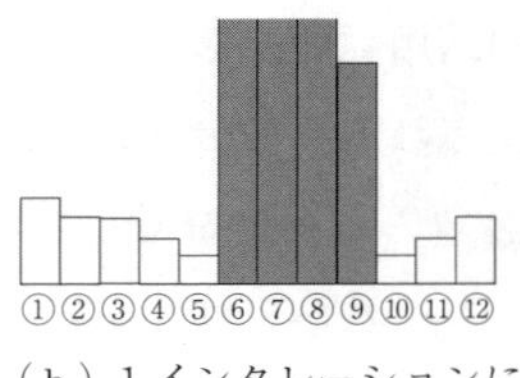

（b）1インタレーションに要した計算時間

負荷平滑化

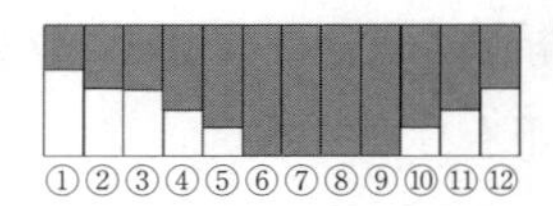

（c）負荷平滑後の計算時間

図 7.1　領域分割並列計算のロードバランス平滑化

のコンピュータが1イタレーションに要した計算時間が図（b）上であったとすると，8番目の領域に割り当てられたコンピュータが仕事を終えるまで，それ以外のコンピュータに同期待ち時間が発生し，その間コンピュータはアイドルすることになる。一方で，もし，負荷の高いコンピュータから負荷の低いコンピュータに作業を分散し，図（c）のような理想的な状態が実現されると，この例の場合には，並列計算の計算処理時間は約1/2となる。ただし，実際には，負荷分散および分散して得られた計算結果の集約のためにはコンピュータ間の通信やそれに付随する手続きが必要であり，負荷分散による並列計算の効率化は，計算処理時間の短縮と通信時間増加とのトレードオフによることに注意が必要である。

現在の並列化手法の主流は，分散メモリ間では **MPI**（message passing interface）を用いた**プロセス並列**（process parallel）を行い，共有メモリ内では openMP などを用いた**スレッド並列**（thread parallel）を行うハイブリッド並列計算である。プロセス間のロードバランス平滑化，スレッド間のロードバランスの平滑化の両方が必要となるが，特に分散メモリ間の通信が必要となるプロセス間のロードバランス平滑化においては，通信とのトレードオフに注意が必要である。並列化の方法としては領域分割だけではなく，サブモデルごと（流動，噴霧，火炎伝播など）の並列化などさまざま考えられるが，手法によらずロードバランスの平滑化は並列計算の効率化に必要である。ロードバランスの平滑化に加えて，通信を演算手続きの裏に隠ぺいできれば，さらに効率的な並列計算となる。

高速化のためには，アルゴリズムの改善による抜本的な演算量の削減，計算負荷の高い演算の処理回数削減といった基本的な工夫はもちろんのこと，各時代のコンピュータアーキテクチャに合わせたプログラミングも必要となる。例えば，近年**ディープラーニング**（deep learning）に用いられているGPUも，近い将来の有望なアーキテクチャの一つである。最近では，CPU用に記述されたプログラムソースコードにopenACCやopenMP（4.0以降）のディレクティブを追記することによりGPU対応化ができるようになってきており，GPU対応化への敷居は下がってきている。GPU利用の強みは，負荷の大きくない計算であればCPU計算におけるスレッド並列計算を大量のスレッド数で行えることといってよいので，従来のCPU計算において，スレッド並列計算のスケーラビリティが高いソフトであれば，GPUの活用により，大幅な処理速度向上が期待できる。

7.3　化学反応ソルバの大規模化，高速化

化学反応研究の進展により，実燃料の反応メカニズムを取り扱えるようになってきた。現在では数千もの化学種を含むガソリンやディーゼル燃料のサロゲート反応機構を自動的に生成することも可能である[1)]。また量子化学計算の発展により反応速度も詳細に求めることが可能となりつつある。しかしながら，そのような巨大な反応系を3次元CFDと組み合わせることは，計算負荷の点から当面不可能である。そこで，現実的な問題に適用するためには，**詳細反応簡略化**（reduction of detailed chemistry），化学反応計算における時間積分法の高速化の双方が必要である。

詳細反応簡略化においては，**感度解析**（sensitivity analysis），**反応系路解析**（reaction path analysis），**DRG**（directed relation graph）**法**[2] などを用いて寄与の小さい化学種，素反応を除去することにより skeletal mechanism と呼ばれる簡略反応機構の構築が試みられている。加えて，類似の化学種と反応をまとめる lumping[3] という技術を適用し，反応機構をより簡略化する試みも行われている。簡略化されたとはいえ，実問題における現象を再現するための反応機構は数十～数百の化学種を含み，CFD と組み合わせるという視点からは十分に大規模である。したがって，数値的アルゴリズムの改善による反応計算の高速化は必須な課題である。

反応性流体の CFD では，流動現象の時間スケールよりもはるかに小さい反化学応の時間スケールを扱う必要がある。そのため，化学反応項の時間積分を陽的に行う場合には時間刻みが非常に小さく制限される（**硬直性**，stiffness）。この問題を解決する一つの方法は，化学反応生成項の時間積分を陰的に行うことである。いま，化学反応生成項のみを取り扱うとすると，化学種 i の濃度 Q_i の時間発展方程式は

$$\frac{dQ_i}{dt}=\dot{\omega}_i, \quad i=1, 2, \cdots, N \tag{7.1}$$

となる。ここで，N は化学種の総数，$\dot{\omega}_i$ は化学種 i の反応生成項であり，ここではすべての化学種濃度の関数と考える。このとき，1 次精度の陰的時間積分は

$$\frac{Q_i^{n+1}-Q_i^{n}}{\Delta t}=\dot{\omega}_i^{n+1}\simeq\dot{\omega}_i^{n}+\sum_j\frac{\partial\dot{\omega}_i}{\partial Q_j}(Q_j^{n+1}-Q_j^{n}) \tag{7.2}$$

と離散化され，陰的時間積分は N 元の連立方程式を解くことに帰着する。行列形に書き下すと

$$
\begin{bmatrix}
1-\Delta t\dfrac{\partial\dot{\omega}_1}{\partial Q_1} & -\Delta t\dfrac{\partial\dot{\omega}_1}{\partial Q_2} & \cdots & -\Delta t\dfrac{\partial\dot{\omega}_1}{\partial Q_N} \\
-\Delta t\dfrac{\partial\dot{\omega}_2}{\partial Q_1} & 1-\Delta t\dfrac{\partial\dot{\omega}_2}{\partial Q_2} & & \vdots \\
 & & \ddots & \vdots \\
-\Delta t\dfrac{\partial\dot{\omega}_N}{\partial Q_1} & \cdots\cdots & & 1-\Delta t\dfrac{\partial\dot{\omega}_N}{\partial Q_N}
\end{bmatrix}
\begin{bmatrix}
Q_1{}^{n+1}-Q_1{}^{n} \\
Q_2{}^{n+1}-Q_2{}^{n} \\
\vdots \\
Q_N{}^{n+1}-Q_N{}^{n}
\end{bmatrix}
=
\begin{bmatrix}
\dot{\omega}_1{}^{n} \\
\dot{\omega}_2{}^{n} \\
\vdots \\
\dot{\omega}_N{}^{n}
\end{bmatrix}
\tag{7.3}
$$

となる。この陰的時間積分を高速に行うためには，$N\times N$の行列の反転を効率的に行うことが肝要であり，化学種数が比較的少ない場合には前処理により高速化された直接解法[4]が，数千を超えるような場合には，例えばKrylov部分空間法を用いた，反復解法[5]が有利といわれている。

陰解法の弱点の一つは，ヤコビアン（$\partial\dot{\omega}_i/\partial Q_j$）の数が$N^2$で自乗で増大するため，反応系が巨大になるとヤコビアン計算に膨大な時間が必要となり，時間刻みを大きく取れる利点が打ち消されてしまう点である。そこで，近年，陽解法の改善による高速化にも注目が集められている。

陽解法による時間積分の効率化には大別して2通りのアプローチがある。一つは**MTS**（multi-time scale）[6]に基づくアプローチ，一つは**QSSA**（quasi-steady-state approximation）[7),8]に基づくアプローチである。前者では，化学種を反応の特性時間に応じて動的にいくつかのグループに分類し，グループごとに適切な時間刻みを設定して時間積分を行うことにより，全体としての反応計算時間の短縮が図られる。CFDと組み合わせた計算においてもその効果が確認されている[9]。後者には，生成速度と反応特性時間を定数として扱い，解析的に次ステップの化学種濃度を求めるため，時間発展自体の安定性が高いという強みがある。しかし，その一方で保存則が保証されない（例えば，質量分率の総和が1とならない）という欠点があり，その誤差の蓄積によって計算が破綻する可能性がある。その問題を克服する手法としては，ラグランジュの未定乗数法により質量保存を拘束条件として課した**ERENA**（extended robustness-enhanced numerical algorithm）[10]があり，CFDとのカップリングにおいても成功を収めている。

反応系が巨大になると化学反応計算だけではなく，拡散係数の計算量も膨大となる。混合気中の拡散係数を二体拡散問題の組合せで比較的簡便に表現する方法（いわゆる mixture average）であっても，演算量が N^2 で増大するため，反応系が大きくなるにつれて拡散係数の演算が全体のうちの大きな割合を占めるようになる。この問題を緩和する手段として，**化学種バンドル法**（species bundling technique）[11] が提案されている。化学種バンドル法では，分子の大きさ（すなわち拡散速度）ごとに化学種をグループ分けし，同じグループ内の化学種の拡散係数を同一と近似することにより，輸送係数の計算量が大幅に削減することが可能である。

以上のほかにも，空間領域で反応計算をグループ化し演算量を削減する方法も実用計算では行われているが，ここでの紹介は割愛させていただく。

7.4　格子自動細分化

格子の効率的な配置も計算量削減，計算高速化には重要な要素である。近年，解像度が必要ない領域には粗い格子を用い，高い解像度が必要な領域のみ細かい格子を用いる**解適合格子細分化法**（adaptive mesh refinement，**AMR**）[12] が多くのシミュレーションに適用されている。エンジン計算では低リフト時のバルブ流れ，点火，火炎伝播開始時のプラグまわりの流れの捕獲などに高い解像度が必要となる。これらのタイミング，解像度を上げるべき領域，必要な解像度を自動的に判定し，格子を局所的に細分化できれば効率的な計算を実施することができる。

AMR では，細分化された格子ともとの格子との間でデータの補間，外挿，データ通信が必要となる。また，局所的細分化された領域では時間積分刻みが小さく制限されるうえにセル数が増加するため，並列計算のロードバランスが著しく悪化することもありうる。並列計算に AMR を適用する際には，ロードバランスおよびデータのやり取りにかかるコストについて考慮した細分化を行わないと，かえって計算効率を下げることもありうることに注意が必要である。並列計算のロードバランスを考慮したAMRとしては，領域分割されたブロックごとにAMRを施すblock AMR（**BAMR**）[12]が提案されている。細分化前後で，一つのブロックに含まれるセル数が変化しないため，ロードバランスを維持しやすいという利点がある。しかし，その一方で柔軟な細分化が難しいという欠点もある。低リフト時のバルブまわりへのBAMR適用例を**図7.2**に示す。

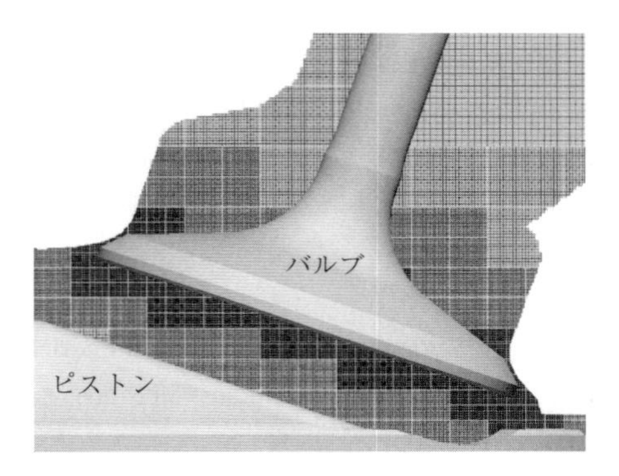

図7.2 低リフト時のバルブまわりへのBAMR適用例

AMRでは，細分化前後のセルサイズをスムーズに変化させる必要がある。急激な細分化は計算精度を落とすので，細分化時の格子サイズの変化は1/2までとすることが通常のようである。そのため，非常に高い解像度が要求される場合には段階的に細分化する必要があり，大規模な階層構造を持った格子を用いることになる。そのための効率的なデータ構造の管理も実用においては重要な技術といえる。

以上に述べた課題は，実際に役に立つ自動格子細分化に向けて今後解決すべき課題の一部であるが，実行時に起こりうる技術的課題を克服することにより，高精度で効率的な自動メッシュ細分化が並列計算において実現されることを期待する。

引用・参考文献

1 章

1)[†1] https://www.theicct.org/sites/default/files/NEDC_CO2_cars_Apr2018_updated.png

2) D. E. Winterbone, and R. J. Pearson：Theory of Engine Manifold Design, Wave Action Methods for IC Engines, Professional Engineering Publishing（2000）

3) D. E. Winterbone, and R. J. Pearson：Design Techniques for Engine Manifolds, Wave Action Methods for IC Engines, Professional Engineering Publishing（1999）

2 章

1) C. S. Peskin：The immersed boundary method, Acta Numerica, pp.479–517（2002）

2) R. Mittal, and G. Iaccarino：Immersed Boundary Methods, Annual Review of Fluid Mechanics, **37**, pp.239–261（2005）

3) J. Smagorinsky：General circulation experiments with the primitive equations, I, The basic experiment, Monthly Weather Review, **91**, pp.99–163（1962）

4) M. Germano, U. Piomelli, P. Moin, and W. H. Cabot：A dynamic subgrid-scale eddy viscosity model, Physics of Fluids, A, **3**, 1760（1991）

5)[†2] M. Germano：A Statistical Formulation of the Dynamic Model, Physics of Fluids, **8**, 2, pp.565–570（1996）

6) D. K. Lilly：A Proposed Modification of the Germano Subgrid-Scale Closure Method, Physics of Fluids, A, **4**, pp.633–635（1992）

7) F. Nicoud, and F. Ducros：Subgrid-Scale Stress Modelling Based on the Square of the Velocity Gradient Tensor, Flow, Turbulence and Combustion, **62**, 3, pp.183–200（1999）

8) B. E. Launder, and D. B. Spalding：The numerical computation of turbulence flows, Computer Methods in Applied Mechanics and Engineering, **3**, 2, pp.269–289（1974）

---

†1 本書に掲載される URL については，編集当時のものであり，変更される場合がある。
†2 論文誌の巻番号は**太字**，号番号は細字で表記する。

9) P. A. Durbin：On the k-ε stagnation point anomaly, International Journal of Heat and Fluid Flow, **17**, pp.89-90（1996）

10) B. E. Launder, and M. Kato：Modelling Flow-induced Oscillations in Turbulence Flow Around a Square Cylinder, ASME Fluid Engineering Conference（1993）

11) V. Yakhot, S. A. Orszag, S. Thangam, T. B. Gatski, and C. G. Speziale：Development of Turbulence Model for Shear Flows by a Double Expansion Technique, Physics of Fluids, A, **4**, 7, pp.1510-1520（1992）

12) T. H. Shih, W. W. Liou, A. Shabbir, A. Yang, and J. Zhu：A New k-ε Eddy Viscosity Model for High Reynolds Number Turbulent Flows, Model Development and Validation, Computers & Fluids., **24**, 3, pp.227-238（1995）

13) D. C. Wilcox：Formulation of the k-ω Turbulence Model Revisited, AIAA Journal, **46**, 11, pp.2823-2838（2008）

14) F. R. Menter, M. Kuntz, and R. Langtry（Eds.: K. Hanjalic, Y. Nagano, and M. Tummers）, Turbulence, Heat and Mass Transfer **4**, pp.625-632, Begell House, Inc.（2003）

15) T. Ishida, and K. Nakahashi：Immersed Boundary Method for Compressible Turbulence Flow Computations in Building-Cube. Method, AIAA paper, pp.2013-2451（2013）

16) 長島 忍：球面投影による多面体の内外判定方法，情報処理学会論文誌，**27**，7，pp.744-746（1986）

17) 日本機械学会：管路・ダクトの流体抵抗，日本機械学会（1978）

18) 金原 粲：流体力学－シンプルにすれば「流れ」がわかる－，実教出版（2009）

19) D. B. Spalding：A Single Formula for the Law of the Wall, Journal of Applied Mechanics, **28**, pp.455-457（1961）

20) T. Knopp, T. Alrutz, and D. Schwamborn：A Grid and Flow Adaptive Wall-function Method for RANS Turbulence Modelling, Journal of Computational Physics, **220**, pp.19-40（2006）

21) Z. Han, and R. D. Reitz：A Temperature Wall Function Formulation for Variable-density Turbulent Flows with Application to Engine Convective Heat Transfer Modeling, International Journal of Heat and Mass Transfer, **40**, 3, pp.613-625（1997）

22) K. Y. Huh, I-P, Chang, and J. K. Martin：A Comparison of Boundary Layer Treatments for Heat Transfer in IC Engines, SAE paper, No.900252（1990）

23) C. D. Rakopoulos, G. M. Kosmadakis, and E. G. Pariotis：Critical Evaluation of Current Heat Transfer Models Used in CFD In-cylinder Engine Simulations and

Establishment of a Comprehensive Wall-function Formulation, Applied Energy, **87**, 5, pp.1612-1630（2010）

24）C. D. Rakopoulos, G. M. Kosmadakis, A. M. Dimaratos, and E. G. Pariotis：Investigating the Effect of Crevice Flow on Internal Combustion Engines Using a New Simple Crevice Model Implemented in a CFD Code, Applied Energy, **88**, 1, pp.111-126（2011）

25）K. Nishiwaki：Modeling Engine Heat Transfer and Flame-Wall Interaction, Proc. of COMODIA98, pp.35-44（1998）

26）W. C. Reynolds：Computation of Turbulent Flows, Annual Review of Fluid Mechanics, **8**, pp.183-208（1976）

27）C. Plengsaard, and C. Rutland：Improved Engine Wall Models for Large Eddy Simulation（LES）, SAE paper, 2013-01-1097（2013）

28）Y. Harada, K. Uchida, T. Tanaka, K. Sato, Q. Zhu, H. Fujimoto, H. Yamashita, and M. Tanahashi：Wall Heat Transfer of Undeveloped Turbulence Flow in Internal Combustion Engines, Proc. of COMODIA 2017, A204（2017）

29）T. J. Craft, A. V. Gerasimov, H. Iacovides, and B. E. Launder：Progress in the generalization of wall-function treatments, International Journal of Heat and Fluid Flow, **23**, 2, pp.148-160（2002）

30）K. Suga, T. J. Craft, and H. Iacovides：An Analytical Wall-Function for Turbulent Flows and Heat Transfer over Rough Walls, International Journal of Heat and Fluid Flow, **27**, 5, pp.852-866（2006）

31）須賀一彦：RANS 乱流解析のための解析的壁関数モデルの進展，ながれ，**35**, pp.247-254（2016）

32）R. S. Amano, T. Hasegawa, and S. Shen：A Study of the Development of an Analytical Wall Function for LES, Proc. of ASME2014 4th FEDSM2014（2014）

33）桑田祐丞，須賀一彦：正方形角柱群内乱流の LES による体積平均乱流輸送方程式の考察，日本機械学会論文集 B 編，**79**，805，pp.1752-1763（2013）

34）Y. Kuwata, and K. Suga：Large Eddy Simulations of Pore-scale Turbulent Flows in Porous Media by the Lattice Boltzmann Method, International Journal of Heat and Fluid Flow, **55**, pp.143-157（2015）

35）M. Inagaki, H. Hattori, and Y. Nagano：A Mixed-Timescale SGS. Model for Thermal Field at Various Prandtl Numbers, International Journal of Heat and Fluid Flow, **34**, pp.47-61（2012）

36）M. S. Liou, and C. J. Steffen Jr.：A New Flux Splitting Scheme, Journal of Computational

Physics, **107**, pp.23-39 (1993)

37) E. Shima, and K. Kitamura：Parameter-Free Simple Low-Dissipation AUSM-Family Scheme for All Speeds, AIAA Journal, **49**, 8, pp.1693-1709 (2011)

38) S. Obayashi, and Y. Wada：Practical Formulation of a Positively Conservative Scheme, AIAA Journal, **32**, 5, pp.1093-1095 (1994)

39) P. L. Roe：Approximate Riemann Solvers, Parameter Vectors, and Difference Schemes, Journal of Computational Physics, **43**, 2, pp.357-372 (1981)

40) B. Einfeldt：On Godunov-Type Methods for Gas Dynamics, SIAM Journal of Numerical Analysis, **25**, 2, pp.294-318 (1988)

41) B. van Leer：Towards the Ultimate Conservative Difference Scheme. V. A second-order sequel to Godunov's method, Journal of Computational Physics, **32**, pp.101-136 (1979)

42) G. D. van Albada, B. van Leer, and W. W. Roberts Jr.：A Comparative Study of Computational Methods in Cosmic Gas Dynamics, Astronomy and Astrophysics, **108**, pp.76-84 (1982)

43) A. Jameson, W. Schmidt, and E. Turkel：Numerical Solution of the Euler Equations by Finite Volume Methods Using Runge Kutta Time Stepping Schemes, AIAA Paper 81-1259 (1981)

44) S. Yoon, and A. Jameson：Lower-Upper Symmetric-Gauss-Seidel Method for the Euler and Navier-Stokes Equations, AIAA Journal, **26**, pp.1025-1026 (1988)

45) J. M. Weiss, and W. A. Smith：Preconditioning Applied to Variable and Constant Density Flows, AIAA Journal., **33**, 11, pp.2050-2057 (1995)

46) 神長龍一，宮井大輝，安田章悟，武田寿人，桑原匠史，南部太介，溝渕泰寛：LES 版 HINOCA のエンジンポート定常流計算，第 28 回内燃機関シンポジウム講演予稿集 20178070 (2017)

47) A. C. Alkidas：Heat Transfer Characteristics of a Spark-Ignition Engine, Trans ASME, Journal of Heat Transfer, **102**, 2, pp.189-193 (1980)

48) A. A. Amsden, P. J. O'Rourke, and T. D. Butler：KIVA-II, A Computer Program for Chemically Reactive Flows with Sprays, Technical Report, LA-11560-MS, Los Alamos National Laboratory (1989)

49) A. A. Amsden：KIVA-3, A KIVA Program with Block-Structured Mesh for Complex Geometries, Technical Report, LA-12503-MS, Los Alamos National Laboratory (1993)

50) A. A. Amsden：KIVA-3V, A Block-Structured KIVA Program for Engines with

Vertical or Canted Valves, Technical Report, LA-13313-MS, Los Alamos National Laboratory（1997）
51）A. A. Amsden：KIVA-3V, Release 2, Improvements to KIVA-3V, Technical Report, LA-113608-MS, Los Alamos National Laboratory（1999）
52）D. J. Torres, and M. F. Trujillo：KIVA-4, An unstructured ALE code for compressible gas flow with sprays, Journal of Computational Physics, **219**, pp.943-975（2006）
53）C. W. Hirt, A. A. Amsden, and C. J. Cook：An Arbitrary Lagrangian-Eulerian Computing Method for All Flow Speeds, Journal of Computational Physics, **14**, pp.227-253（1974）
54）足立隆幸，周蓓霓，草鹿　仁，相澤哲哉：詳細な素反応過程を考慮した LES によるディーゼル噴霧燃焼の当量比分布と熱発生解析，自動車技術会学術講演会講演予稿集，20185284（2018）

3　章

1）G. M. Faeth：Evaporation and combustion of sprays, Progress in Energy and Combustion Science, **9**, pp.1-76（1983）
2）J. K. Dukowicz：A Particle-Fluid Numerical Method for Liquid Sprays, Journal of Computational Physics, **35**, 2, pp.229-253（1980）
3）F. A. Williams,（柘植俊一　監訳）：燃焼の理論，日刊工業新聞社（1987）
4）高木正英：燃料噴霧の数値シミュレーションモデル，日本マリンエンジニアリング学会誌，**44**，3，pp.387-392（2009）
5）A. B. Liu, D. Mather, and R. D. Reitz：Modelling the Effects of Drop Drag and Breakup on Fuel Sprays, SAE paper 930072（1993）
6）M. Takagi, and Y. Moriyoshi：Modelling of a hollow-cone spray at different ambient pressures, International Journal of Engine Research, **5**, 1, pp.39-52（2004）
7）P. J. O'Rourke, and A. Amsden：The Tab Method for Numerical Calculation of Spray Droplet Breakup, SAE Paper 872089（1987）
8）T. Shibata, Y. Zama, H. Kusano, and T. Furuhata：Ultra-high Speed PIV Measurement for Gasoline Spray Ejected from a Multiple Hole Direct Injection Injector, 18th International Symposium on Applications of Laser and Imaging Techniques to Fluid Mechanics, Lisbon, Portugal, July（2016）
9）T. Kanno, K. Ogiwara, Y. Zama, and T. Furuhata：Time-Resolved PIV Measurement of Gasoline Spray by Using Ultra-High Speed Camera, The 31th Int. Cong. on High-speed Imaging and Photonics, Osaka, Japan, November（2016）
10）河原伸幸，外村圭司，冨田栄二：DISI 用インジェクタにおけるノズル出口モデ

ルの構築，第24回微粒化シンポジウム，pp.103-108（2015）
11）日本液体微粒化学会編：アトマイゼーション・テクノロジー，森北出版（2001）
12）棚沢 泰：液体噴霧粒群の大きさの表しかた（その1）～（その3），機械の研究，**15**, 4, pp.505-511（1963），**15**, 6, pp.759-764（1963），**15**, 10, pp.1245-1250（1963）
13）M. A. Patterson, and R. D. Reitz：Modeling the effects of Fuel Spray Characteristics on Diesel Engine Combustion and Emission, SAE Paper 980131（1998）
14）J. C. Beale, and R. D. Reitz：Modeling Spray Atomization with the Kelvin-Helmholtz/Rayleigh-Taylor Hybrid Model, Atomization and Sprays, **9**, pp.623-650（1999）
15）Z. Dai, and G. M. Faeth：Temporal properties of secondary drop breakup in the multimode breakup regime, International Journal of Multiphase Flow, **27**, pp.217-236（2001）
16）J. Senda, T. Dan, S. Takagishi, T. Kanda, and H. Fujimoto：Spray characteristics of non-reacting diesel fuel spray by experiments and simulations with KIVA Ⅱ code, Proceedings of ICLASS, pp.149-156（1997）
17）P. J. O'Rourke, and F. V. Bracco：Modelling of Drop Interactions in Thick Sprays and a Comparison with Experiments, In Conference of Straiefied Charge Automotive Engines, No. C404/80, Institution of Mechanical Engineers, pp.101-116（1980）
18）P. R. Brazier-Smith, S. G. Jennings, and J. Latham：The interaction of falling water drops: coalescence, Proceedings of the Royal Society A, **326**, pp.393-408（1972）
19）D. B. Spalding：The Combustion of Liquid Fuels, Fourth Symposium（International）on Combustion, The Combustion Institute, Pittsburgh, Pennsylvania, pp.847-864（1953）
20）W. A. Sirignano：Fluid Dynamics and Transport of Droplets and Sprays, Cambridge University Press（1999）
21）G. L. Hubbard, V. E. Denny, and A. F. Mills：Droplet Evaporation: Effects of Transients and Variable Properties, International Journal of Heat and Mass Transfer, **18**, pp.1003-1008（1975）
22）R. B. Bird, W. E. Stewart, and E. N. Lightfoot：Transport Phenomena, Second Edition, John Wiley & Sons, Inc.（2002）
23）W. E. Ranz, and W. R. Marshall：Evaporation from Drops, Part I, Chemical Engineering Progress, **48**, 3, pp.141-146（1952）
24）加藤洋治：キャビテーション，pp.243-246，槇書店（1979）

25）須磨 誓，小泉睦男：減圧沸騰による液体の微粒化，日本機械学会論文集（第2部），**43**，376，pp.4608-4621（1977）

26）千田二郎，錦織 環，北條義之，塚本時弘，藤本 元：減圧沸騰噴霧の微粒化・蒸発過程のモデリング（第2報，微粒化と蒸発過程のモデル解析），日本機械学会論文集（B編），**60**，578，pp.3556-3562（1994）

27）L. E. Scriven：Dynamics of a Fluid Interface（Equation of Motion for Newtonian Surface Fluids），Chemical Engineering Science, **12**, 2, pp.98-108（1960）

28）川野大輔，石井 泰，鈴木央一，後藤雄一，小高松男，千田二郎：多成分燃料の減圧沸騰噴霧に関する数値解析，日本機械学会論文集（B編），**71**，710，pp.2545-2551（2005）

29）M. Adachi, V. G. McDonell, D. Tanaka, J. Senda, and H. Fujimoto：Characterization of Fuel Vapor Concentration inside a Flash Boiling Spray, SAE Paper, No. 970871（1997）

30）B. E. Poling, J. M. Prausnitz, and J. P. O'Connell：The Properties of Gases and Liquids 5th edition, Appendix A, A.1～A.60, Mc-Graw Hill（2001）

31）前掲書，chap.2, p.23, chap.7, p.7

32）前掲書，chap.4, pp.35-38

33）前掲書，chap.12, pp.3-8

34）前掲書，chap.9, pp.72-73

35）前掲書，chap.9, p.73

36）前掲書，chap.7, pp.9-11

37）R. C. リード，J. M. プラウズニッツ，T. K. シャーウッド，（平田光穂 監訳）：気体，液体の物性推算ハンドブック第3版，pp.213，マグロウヒル（1985）

38）前掲書，p.155

39）前掲書，pp.551-552

40）C. Bai, and A. D. Gosman：Development of Methodology for Spray Impingement Simulation, SAE paper 950283（1995）

41）J. D. Naber, and R. D. Reitz：Modeling Engine Spray/Wall Impingement, SAE paper 880107（1988）

42）L. H. J. Wachters, and N. A. J. Westerling：The heat transfer from a hot wall to impinging water drops in the spheroidal state, Chemical Engineering Science, **21**, pp.1047-1056（1966）

43）J. Senda, T. Kanda, M. Al-Roub, P. V. Farrell, T. Fukami, and H. Fujimoto：Modeling Spray Impingement Considering Fuel Film Formation on the Wall, SAE Paper,

970047（1997）

44）M. Al-Roub, P. V. Farrell, and J. Senda：Near Wall Interaction in Spray Impingement, SAE Paper, No.960863（1996）

45）G. E. Cossali, A. Coghe, and M. Marengo：The Impact of a Single Drop on a Wetted Solid Surface, Experiments in Fluids, **22**, 6, pp.463-472（1997）

46）C. Mundo, M. Sommerfeld, and C. Tropea：Droplet-Wall Collisions: Experimental Studies of the Deformation and Breakup Process, International Journal of Multiphase Flow, **21**, 2, pp.151-173（1995）

47）A. L. Yarin, and D. A. Weiss：Impact of Drops on Solid Surfaces: Self-similar Capillary Waves, and Splashing as a New Type of Kinematic Discontinuity, Journal of Fluid Mechanics, **283**, pp.141-173（1995）

48）D. Kalantari, and C. Tropea：Spray Impact onto Flat and Rigid Walls: Empirical Characterization and Modeling, International Journal of Multiphase Flow, **33**, 5, pp.525-544（2007）

49）宇都宮敦司，大西昌紀，千田二郎，藤本 元：ガソリン噴霧における壁面衝突燃料の挙動解析，日本機械学会論文集（B 編），**65**，629，pp.397-402（1999）

50）P. J. O'Rourke, and A. A. Amsden：A Particle Numerical Model for Wall Film Dynamics in Port-Injected Engines, SAE Paper, No. 961961（1996）

51）川内智詞，高木正英：ガソリン噴霧及びディーゼル噴霧における分裂モデルの適用性に関する検討，自動車技術会学術講演会予稿集 20180513（2018）

52）川内智詞，高木正英，井手口悟士，周蓓霓，草鹿 仁：ガソリン噴霧シミュレーションにおける微粒化特性と混合気形成の関係，自動車技術会学術講演会予稿集 20186138（2018）

53）H. Ghassemi, S. W. Baek, and Q. S. Khan：Experimental Study on Binary Droplet Evaporation at Elevated Pressures and Temperatures, Combustion Science and Technology, **178**, pp.1031-1053（2006）

54）Q. Jiao, and R. D. Reitz：Modeling Soot Emissions from Wall Films in a Direct-injection Spark-Ignition Engine, International Journal of Engine Research, **16**, 8, pp.994-1013（2014）

55）橋本 淳，南野由登，高橋大樹，田上公俊，森吉泰生：直噴ガソリンエンジン内の燃料付着に起因するすす生成の数値解析，自動車技術会論文集，**45**，5，pp.787-792（2014）

56）窪山達也，森吉泰生，橋本 淳：直噴ガソリン機関の燃料噴霧衝突壁面における熱流束の測定，第 24 回微粒化シンポジウム講演論文集，pp.94-97（2015）

57) F. Schulz, and J. Schmidt：Investigation of Fuel Wall Films Using Laser-Induced Fluorescence, DIPSI Workshop 2012 on Droplet Impact Phenomena & Spray Investigation, pp.39-44（2012）

4 章

1) 白石泰介，寺地 淳，森吉康生：スパーク放電チャンネル形成に関する点火環境および放電波形特性の影響解析，自動車技術会論文集，**46**，2，pp.283-288（2015）
2) C. C. Huang, S. S. Shy, C. C. Liu, and Y. Y Yan：A transition on minum ignition energy for lean turbulent methane combustion in flamelet and distributed regimes, Proceedings of the Combustion Institute, **31**, pp.1401-1409（2007）
3) L. Fan, G. Li, Z. Han, and R. D Reitz：Modeling Fuel Preparation and Stratified Combustion in a Gasoline Direct Injection Engine, SAE Paper 1999-01-0175（1999）
4) JM. Duclos, and O. Colin：Arc and Kernel Tracking Ignition Model for 3D Spark-Ignition engine calculations, the proceedings of COMODIA 2001, pp.343-350（2001）
5) R. Dahms, T. D. Fansler, M. C. Drake, T.-W. Kuo, A. M. Lippert, and N. Peters：Modeling ignition phenomena in spray-guided spark-ignited engines, Proceedings of the Combustion Institute 32, pp.2743-2750（2009）
6) L. Cornolti, T. Lucchini, G. Montenegro, and G. D'Errico：A comprehensive Lagrangian Flame-Kernel Model to Predict Ignition in SI engines, Int. Journal of Computer Mathematics, **91**, 1, pp.157-174（2013）
7) 堀　司：火花点火機関における放電経路伸長と再放電のモデリング，自動車技術会論文集，**48**，3，pp.641-647（2017）
8) 堀　司，溝渕泰寛：火花点火エンジンにおける放電経路伸長を考慮した点火モデルの開発，第49回流体力学講演会／第35回航空宇宙数値シミュレーション技術シンポジウム講演論文集（2017）
9) J. D. Cobine：Gaseous Conductors Theory and Engineering Application, Dover Publications（1958）
10) J. Kim, and R. W. Anderson：Spark Anemometry of Bulk Gas Velocity at the Plug Gap of a Fireing Engine, SAE paper 952459, pp.187-197（1995）
11) R. Herwerg, and R. R. Maly：A Fundamental Model for Flame Kernel Formation in Spark Ignition Engines, SAE paper 922243, pp.1-30（1992）
12) Ö. L. Gülder：Correlations of Laminar Combustion Data for Alternative Spark Ignition Engine, Fuels, SAE paper 841000, pp.1-23（1984）
13) 野中史彦：千葉大学人工システム科学専攻 森吉研究室 修士論文（2015）

14）堀　司：火炎核から火炎伝播へ至る成長過程のモデリング，第56回燃焼シンポジウム講演論文集（2018）
15）Z. Chen, and Y. Ju：Theoretical analysis of the evolution from ignition kernel to flame ball and planar flame, Combustion Theory and Modeling, **11**, 3, pp.427-453（2007）
16）B. Lewis, and G. von Elbe：Combustion, Flames and Explosions of Gases, Third Edition, Academic Press, pp.345（1987）
17）小林泰治，石川裕睦，吉村隆之，中谷辰爾，津江光洋：乱流場における希薄プロパン/空気読混合気の火花点火過程に及ぼす放電特性の影響，第28回内燃機関シンポジウム講演論文集，96，pp.1-6（2017）
18）D. T. Pratt, and J. D. Wormeck：CREK, Combustion Reaction Equilibrium and Kinetics in Laminar and Turbulent Flows, Report TEL-76-1, Department of Mechanical Engineering, Washington State University, Pullman, Wash., USA（1976）
19）A R. J. Kee, J. A. Miller, and T. H. Jefferson：A general-purpose, problem-independent, transportable, FORTRAN chemical kinetics code package, Sandia Report, SAND80-8003（1980）
20）A R. J. Kee, F. M. Rupley, and J. A. Miller：Chemkin-II：A Fortran Chemical Kinetics Package for the Analysis of Gas-Phase Chemical Kinetics, Sandia Report, SAND89-8009B（1995）
21）http://www.f.waseda.jp/jin.kusaka/simulation.html（available from 2018）

5　章

1）K. Nakata, S. Nogawa, D. Takashi, Y. Yoshihara, A. Kumagai, and T. Suzuki：Engine Technologies for Achieving 45% Thermal Efficiency of S. I. Engine, SAE International Journal of Engines, **9**, 1, pp.179-192（2016）
2）窪山達也，鐘ヶ江優，森吉泰生，金子　誠：過給リーンバーンガソリン機関の希薄限界における燃焼解析，自動車技術会論文集，**47**，2，pp.351-355（2016）
3）横森　剛，松田昌祥，飯田訓正，浦田泰弘，横尾　望，中田浩一：高効率ガソリンエンジンのためのスーパーリーンバーン研究，自動車技術会2016年春季大会学術講演会予稿集，No.59-16S，pp.1413-1418（2016）
4）D. Jung, K. Sasaki, K. Sugata, M. Matsuda, T. Yokomori, and N. Iida：Combined Effects of Spark Discharge Pattern and Tumble Level on Cycle-to-Cycle Variations of Combustion at Lean Limits of SI Engine Operation, SAE Technical Paper 2017-

01-0677（2017）

5）M. Tanahashi, S. Murakami, G. Choi, Y. Fukuchi, and T. Miyauchi：Simultaneous CH-OH PLIF and stereoscopic PIV measurements of turbulent premixed flames, Proceedings of the Combustion Institute, **30**, 1, pp.1665-1672（2005）

6）J. Kerl, C. Lawn, and F. Beyrau：Three-dimensional flame displacement speed and flame front curvature measurements using quad-plane PIV, Combustion and Flame, **160**, 12, pp.2757-2769（2013）

7）P. J. Trunk, I. Boxx, C. Heeger, W. Meier, B. Böhm, and A. Dreizler：Premixed flame propagation in turbulent flow by means of stereoscopic PIV and dual-plane OH-PLIF at sustained kHz repetition rates, Proceedings of the Combustion Institute, **34**, 2, pp.3565-3572（2013）

8）店橋　護，名田　譲，宮内敏雄：乱流火炎の秩序構造，ながれ，**23**，pp.375-384（2004）

9）Y. Shim, S. Tanaka, M. Tanahashi, and T. Miyauchi：Local structure and fractal characteristics of H_2-air turbulent premixed flame, Proceedings of the Combustion Institute, **33**, 1, pp.1455-1462（2011）

10）F. Marble, and J. E. Broadwell：The Coherent Flame Model for Turbulent Chemical Reactions, Project Squid, Technical Report, TRW-9-PU（1997）

11）A. R. Kerstein, W. T. Ashurst, and F. A. Williams：Field equation for interface propagation in an unsteady homogeneous flow field, Physical Review A, **37**, 7, pp.2728-2731（1988）

12）A. Teraji, T. Tsuda, T. Noda, M. Kubo, and T. Itoh：Development of a Novel Flame Propagation Model（UCFM: Universal Coherent Flamelet Model）for SI Engines and Its Application to Knocking Prediction, SAE Technical Paper 2005-01-0199（2005）

13）Z. Tan, and R. Reitz：Modeling Ignition and Combustion in Spark-ignition Engines Using a Level Set Method, SAE Technical Paper 2003-01-0722（2003）

14）R. Dahms, M. Drake, R. Grover, A. Solomon, and T. Fansler：Detailed Simulations of Stratified Ignition and Combustion Processes in a Spray-Guided Gasoline Engine using the SparkCIMM/G-Equation Modeling Framework, SAE International Journal of Engines, **5**, 2, pp.141-161（2012）

15）F. A. Williams：Recent Advances in Theoretical Descriptions of Turbulent Diffusion Flames. In: Murthy S. N. B.（Eds.）Turbulent Mixing in Nonreactive and Reactive Flows., Springer, Boston, MA（1975）

16）F. A. Williams：Combustion Theory. 2nd Edition, Benjamin Cummings, California

（1985）
17）N. Peters：Turbulent Combustion, Cambridge University Press（2000）
18）A. J. Aspden, M. S. Day, and J. B. Bell：Turbulence-flame interactions in lean premixed hydrogen: transition to the distributed burning regime, Journal of Fluid Mechanics, **680**, pp.287-320（2011）
19）H. Pitsch：A G-equation formulation for large-eddy simulation of premixed turbulent combustion, Annual Research Briefs-2002, Center for Turbulence Research, Stanford, CA, pp.3-14（2002）
20）M. Sussman, P. Smereka, and S. Osher：A Level Set Approach for Computing Solutions to Incompressible Two-Phase Flow, Journal of Computer Physics, **114**, 1, pp.146-159（1994）
21）D. L. Chopp：Computing Minimal Surfaces via Level Set Curvature Flow, Journal of Computer Physics, **106**, pp.77-91（1993）
22）R. J. Kee, F. M. Rupley, and J. A. Miller：Chemkin-II：A Fortran Chemical Kinetics Package for the Analysis of Gas-Phase Chemical Kinetics, Sandia Report, SAND89-8009（1995）
23）CHEMKIN Pro 15151, ANSYS Reaction Design：San Diego（2016）
24）三好 明，酒井康行：ガソリンサロゲート詳細反応機構の構築，自動車技術会論文集，**48**，5，pp.1021-1026（2017）
25）SIP 革新的燃焼技術ガソリンチームホームページ（2018 年 8 月 10 日現在）
http://sip.st.keio.ac.jp/
26）X. Gou, J. A. Miller, W. Sun, and Y. Ju（2011）
http://engine.princeton.edu
27）N. Peters：The turbulent burning velocity for large-scale and small scale turbulence, Journal of Fluid Mechanics, **384**, pp.107-132（1999）
28）寺地 淳，グルパザムアナンド：ガソリン火花点火機関のリッチ混合気場におけるルイス数効果を考慮した火炎伝播モデルの開発，日本機械学会論文集（B 編），**77**，783，pp.2210-2218（2011）
29）M. Metghalchi, and C. Keck：Burning velocities of mixtures of air with methanol, isooctane, and indolene at high pressure and temperature, Combustion and Flame, **48**, pp.191-210（1982）
30）Ö. Gülder：Correlations of Laminar Combustion Data for Alternative S. I. Engine Fuels, SAE Technical Paper 841000（1984）
31）G. Damköhler：The effect of turbulence on the combustion rate in gas compounds,

Zeitschrift für Elektrochemie und Angew. Phys. Chemie, **46**, 11, pp.601-626（1940）

32）S. S. Shy, W. J. Lin, and J. C. Wei：An experimental correlation of turbulent burning velocities for premixed turbulent methane-air combustion, Proceedings of the Royal Society A, **456**（2000）

33）店橋 護，塩飽展弘，宮内敏雄：乱流予混合火炎の階層構造に基づく SGS 燃焼モデルの構築，京都大学数理解析研究所，数理解析研究所講究録，**1496**，pp.96-102（2006）

34）D. Bradley：How fast can we burn?, Twenty-Fourth Symposium（International）on Combustion, The Combustion Imstitute, pp.247-262（1992）

35）H. Kosaka, Y. Nomura, M. Nagaoka, M. Inagaki, and M. Kubota：A fractal-based flame propagation model for large eddy simulation, International Journal of Engine Research, **12**, 393-401（2010）

36）I. Yoshikawa, Y. Shim, Y. Nada, M. Tanahashi, and T. Miyauchi：A dynamic SGS combustion model based on fractal characteristics of turbulent premixed flames, Proceeding of the Combustion Institute, **34**, pp.1373-1381（2013）

37）L. Duchamp, and H. Pitsch：A level-set approach to large eddy simulation of premixed turbulent combustion, Annual Research Briefs-2000, Center for Turbulence Research, Stanford, CA, pp.105-115（2000）

38）L. Duchamp, and H. Pitsch：Progress in large-eddy simulation of premixed and partially-premixed turbulent combustion, Annual Research Briefs-2001, Center for Turbulence Research, Stanford, CA, pp.97- 107（2001）

39）K. Hiraoka, Y. Minamoto, M. Shimura, Y. Naka, N. Fukushima, and M. Tanahashi：A Fractal Dynamic SGS Combustion Model for Large Eddy Simulation of Turbulent Premixed Flames, Combustion Science and Technology, **188**, 9, pp.1472-1495（2016）

40）力武 翔，名田 譲，木戸口義行，店橋 護：双曲線関数を用いた層流予混合火炎の火炎特性の予測，第 55 回燃焼シンポジウム講演論文集，D134，pp.108-109（2017）

41）J. Smagorinsky：General Circulation Experiments with the Primitive Equations, I, The Basic Experiments, Monthly Weather Review, **91**, 3, pp.99-164（1963）

42）H. Pitsch, and L. Duchamp：Large-eddy simulation of premixed turbulent combustion using a level set approach, Proceedings of the Combustion Institute, **29**, pp.2001-2008（2002）

43）O. Colin, F. Ducros, D. Veynante, and T. Poinsot：A thickened flame model for large eddy simulations of turbulent premixed combustion, Physics of Fluids, **12**, 7, pp.1843-1863（2000）

44）F. Charlette, C. Meneveau, and D. Veynante：A power-law flame wrinkling model for LES of premixed turbulent combustion Part I, non-dynamic formulation and initial tests, Combustion and Flame, **131**, 1-2, pp.159-180（2002）

45）P. Flohr, and H. Pitsch：A turbulent flame speed closure model for LES of industrial burner flows, Proceedings of the Summer Program 2000, Center of Turbulence Research, Stanford University, pp.169-179（2000）

46）神長隆史，喜久里陽，周蓓霓，森井雄飛，山田健人，高林 徹，草鹿 仁，安田章悟，八百寛樹，菱田 学，南部太介，溝渕泰寛，松尾裕一：火花点火ガソリンエンジンにおける燃焼のサイクル間変動のLES解析，自動車技術会論文集，**50**，1，pp.19-24（2019）

47）堀 司：火花点火機関における放電経路伸長と再放電のモデリング，自動車技術会論文集，**48**，3，pp.641-647（2017）

48）Z. Han, and R. D. Reitz：A temperature wall function formulation for variable-density turbulent flows with application to engine convective heat transfer modeling, International Journal of Heat and Mass Transfer, **40**, 3, pp.613-625（1997）

49）A. Hayakawa, Y. Miki, Y. Nagano, and T. Kitagawa：Analysis of Turbulent Burning Velocity of Spherically Propagating Premixed Flame with Effective Turbulence Intensity, Journal of Thermal Science and Technology, **7**, 4, pp.507-521（2012）

50）早川晃弘，三木由希人，久保俊彦，永野幸秀，北川敏明：球状伝播予混合乱流火炎の燃焼速度および火炎面形状の有効乱れ強さによる変化，日本燃焼学会誌，**55**，172，pp.202-209（2013）

51）保木本聖，窪山達也，森吉泰生，孕石三太，渡辺敬弘，飯田 実：高速PIV計測による低負荷時における燃焼サイクル変動要因の検討，第28回内燃機関シンポジウム 講演論文集，**66**，20178033（2017）

52）Y. Hao, and Z. Chen.：End-gas autoignition and detonation development in a closed chamber, Combustion and Flame, **162**, 11 pp.4102-4111（2015）

53）H. Terashima, and M. Koshi：Mechanisms of strong pressure wave generation in end-gas autoignition during knocking combustion, Combustion and Flame, **162**, 5, pp.1944-1956（2015）

54）J. C. Livengood, and P. C. Wu.：Correlation of autoignition phenomena in internal combustion engines and rapid compression machines, Symposium（international）on combustion, **5**, 1, Elsevier（1955）

55）H. Jasak：Error Analysis and Estimation for the Finite Volume Method with

Applications to Fluid Flows, Ph.D. thesis, Imperial College, University of London (1996)

56) 川崎浩司，板谷太基，野中哲也：京コンピュータを用いた名古屋港外郭施設の耐津波性に関する3次元数値解析，土木学会論文集B2（海岸工学），**71**，2，pp.1057-1062（2015）

57) H. Jasak, H. G. Weller, and N. Nordin：In-Cylinder CFD Simulation using a C++ Object-Oriented Toolkit, SAE 2004-01-0110, pp.1-11（2004）

58) 堀　司：OpenFOAMによるディーゼルエンジン燃焼の数値解析，第358回講習会「実務者のための流体解析技術の基礎と応用（各種シミュレーション技術の適用事例紹介付き）」（2018年10月31日）

6　章

1) 秋濱一弘：粒子状物質（PM）；自動車排出ガス規制とPM生成モデリングの必要性―直噴ガソリンエンジン/乗用車を中心に―，日本燃焼学会誌，**59**，187，pp.49-54（2017）

2) 秋濱一弘：ϕ-Tマップとエンジン燃焼コンセプトの接点，日本燃焼学会誌，**56**，178，pp.291-297（2014）

3) K. Akihama, Y. Takatori, K. Inagaki, S. Sasaki, and A. M. Dean：Mechanism of the Smokeless Rich Diesel Combustion by Reducing Temperature, SAE Paper 2001-01-0655（2001）

4) 稲垣和久，秋浜一弘：数値シミュレーションを用いたディーゼル機関無煙低温燃焼法のメカニズム解析，日本燃焼学会誌，**46**，136，pp.82-89（2004）

5) 森吉泰生，橋本　淳，小林佳弘：ガソリンエンジンにおける粒子状物質の生成，日本燃焼学会誌，**56**，178，pp.298-307（2014）

6) A. Matsugi, and A. Miyoshi：Modeling of two-and three-ring aromatics formation in the pyrolysis of toluene, Proceedings of the Combustion Institute, **34**, pp.269-277（2013）

7) B. Shukla, A. Miyoshi, and M. Koshi：Chemical Kinetic Mechanism of Polycyclic Aromatic Hydrocarbon Growth and Soot Formation，日本燃焼学会誌，**50**，151，pp.8-18（2008）

8) 三好　明：燃焼からのPAHとすす粒子生成の化学反応（1），日本燃焼学会誌，**59**，187，pp.55-60（2017）

9) 三好　明：燃焼からのPAHとすす粒子生成の化学反応（2），日本燃焼学会誌，**59**，188，pp.102-108（2017）

10) F. Gelbard, and J. H. Seinfeld：The general dynamic equation for aerosols. Theory and application to aerosol formation and growth, Journal of Colloid and Interface Science, **68**, pp.363-382（1979）
11) 藤本敏行，空閑良壽：ビン法およびモーメント法によるエアロゾルの動力学と輸送のモデル化，エアロゾル研究，**25**，4，pp.309-314（2010）
12) エアロゾルペディア
https://sites.google.com/site/aerosolpedia/yong-yurisuto/shu-zhishimyureshon/2（2018年8月13日現在）
13) C. Saggese, S. Ferrario, J. Camacho, A. Cuoci, A. Frassoldati, E. Ranzi, H. Wang, and T. Faravelli：Kinetic modeling of particle size distribution of soot in a premixed burner-stabilized stagnation ethylene flame, Combustion and Flame, **162**, pp.3356-3369（2015）
14) S. Yang, and M. E. Mueller：A Multi-Moment Sectional Method（MMSM）for tracking the soot number density function, Proceedings of the Combustion Institute, **37**, 1, pp.1041-1048（2019）
15) M. Frenclach, and H. Wang：in Soot Formation in Combustion：Mechanisms and Models, H. Bockhorn（Eds.）, Springer-Verlag, Berlin, pp.165-192（1994）
16) M. Frenklach：Dynamics of discrete distribution for Smoluchowski coagulation model, Journal of Colloid and Interface Science, **108**, pp.237-242（1985）
17) H. Wang：Formation of nascent soot and other condensed-phase materials in flames, Proceeings of the Combustion Institute, **33**, pp.41-67（2011）
18) M. L. Botero, E. M. Adkins, S. Gonzalez-Calera, H. Miller, and M. Kraft：PAH structure analysis of soot in a non-premixed flame using High-Resolution Transmission Electron Microscopy and Optical Band Gap Analysis, Combustion and Flame, **164**, pp.250-258（2016）
19) D. Chen, J. Akroyd, S. Mosbach, D. Opalka, and M. Kraft：Solid-liquid transitions in homogenous ovalene, hexabenzocoronene and circumcoronene clusters: A molecular dynamics study, Combustion and Flame, **162**, pp.486-495（2015）
20) Y. Z. An, Y. Q. Pei, J. Qin, H. Zhao, S. P. Teng, B. Li, and X. Li：Development of a PAH（polycyclic aromatic hydrocarbon）formation model for gasoline surrogates and its application for GDI（gasoline direct injection）engine CFD（computational fluid dynamics）simulation, Energy, **94**, pp.367-379（2016）
21) T. Ishiguro, Y. Takatori, and K. Akihama：Microstructure of diesel soot particles probed by electron microscopy：First observation of inner core and outer shell,

Combustion and Flame, **108**, pp.231-234（1997）

22）T. S. Totton, D. Chakrabarti, A. J. Misquitta, M. Sander, D. J. Wales, and M. Kraft：Modelling the internal structure of nascent soot particles, Combustion and Flame, **157**, pp.909-914（2010）

23）Y. Wang, A. Raj, and S. H. Chung：Soot modeling of counterflow diffusion flames of ethylene-based binary mixture fuels, Combustion and Flame, **162**, pp.586-596（2015）

24）A. Raj, M. Sander, V. Janardhanan, and M. Kraft：A study on the coagulation of polycyclic aromatic hydrocarbon clusters to determine their collision efficiency, Combustion and Flame, **157**, pp.523-534（2010）

25）畠山 望，稲葉賢二，佐藤絵美，石澤由紀江，佐瀬 舞，P. Bonnaud，三浦隆治，鈴木 愛，宮本直人，橋本 淳，秋濱一弘，宮本 明：マルチスケール・マルチフィジックス計算化学による煤生成シミュレーション，第26回内燃機関シンポジウム講演論文集，95（2015）

26）C. A. Schuetz, and M. Frenklach：Nucleation of soot: Molecular dynamics simulations of pyrene dimerization, Proceedings of the Combustion Institute, **29**, pp.2307-2314（2002）

27）A. Kazakov, and M. Frenklach：Dynamic modeling of soot particle coagulation and aggregation: Implementation with the method of moments and application to high-pressure laminar premixed flames, Combustion and Flame, **114**, pp.484-501（1998）

28）J. Appel, and H. Bockhorn：Kinetic modeling of soot formation with detailed chemistry and physics: laminar premixed flames of C2 hydrocarbons, Combustion and Flame, **121**, pp.122-136（2000）

29）A. Kazakov, H. Wang, and M. Frenklach：Detailed modeling of soot formation in laminar premixed ethylene flames at a pressure of 10 bar, Combustion and Flame, **100**, pp.111-120（1995）

30）F. Tao, I. Valeri, V. I. Golovitchev, and J. Chomiak：A phenomenological model for the prediction of soot formation in diesel spray combustion, Combustion and Flame, **136**, pp.270-282（2004）

31）M. B. Colket, and R. J. Hall：in Soot Formation in Combustion: Mechanisms and Models, H. Bockhorn（Eds.）, Springer-Verlag, Berlin, pp.442-470（1994）

32）K. G. Neoh, J. B. Howard, and A. F. Sarofim：in Particulate Carbon: Formation During Combustion, Plenum Press, New York, p.261（1981）

33）ANSYS Chemkin-Pro, ANSYS, Inc., San Diego（2018）

34) M. Balthasar, and M. Frenklach：Detailed kinetic modeling of soot aggregate formation in laminar premixed flames, Combustion and Flame, **140**, pp.130-145 (2005)

35) A. Raj, I. D. C. Prada, A. A. Amer, and S. H. Chung：A reaction mechanism for gasoline surrogate fuels for large polycyclic aromatic hydrocarbons, Combustion and Flame, **159**, pp.500-515 (2012)

36) C. Marchal, J. L. Delfau, C. Vovelle, G. Moreac, C. Mounam-Rousselle, and F. Mauss：Modelling of aromatics and soot formation from large fuel molecules, Proceedings of the Combustion Institute, **32**, pp.753-759 (2009)

37) Y. Wang, A. Raj, and S. H. Chung：Soot modeling of counterflow diffusion flames of ethylene-based binary mixture fuels, Combustion and Flame, **162**, pp.586-596 (2015)

38) S. A. Skeen, H. A. Michelsen, K. R. Wilson, D. M. Popolan, A. Violi, and N. Hansen：Near-threshold photoionization mass spectra of combustion-generated high-molecular-weight soot precursors, Journal of Aerosol Science, **58**, pp.86-102 (2013)

39) The CRECK Modeling Group
http://creckmodeling.chem.polimi.it/
(2018年8月13日現在)

40) 門脇直哉，岩田和也，今村 宰，橋本 淳，石井一洋，秋濱一弘：詳細反応モデルおよび簡略化反応モデルによるガソリンサロゲート燃料のすす粒子生成計算，第27回日本エネルギー学会大会，講演論文集 (2018)

41) 田中万里子，永田勇気，石井一洋，小橋好充：反射衝撃波背後におけるガソリンサロゲート燃料の煤生成に及ぼす当量比の影響，第55回燃焼シンポジウム講演論文集，pp.48-49 (2017)

42) 由井寛久，生井裕樹，岩田和也，今村 宰，橋本 淳，秋濱一弘：すす粒子生成モデルにおける表面反応および核形成反応がすす生成特性に及ぼす影響，自動車技術会論文集，**48**，6，pp.1207-1212 (2017)

43) 秋濱一弘，由井寛久，生井裕樹，岩田和也，今村 宰，石井一洋，橋本 淳：ガソリンサロゲート燃料のすす粒子生成モデルの検討，自動車技術論文集，**49**，6，pp.1132-1137 (2018)

44) 橋本 淳，足立久也，伊東朋晃，髙橋美沙紀，田上公俊：Toluene Reference Fuel火炎における芳香族炭化水素の生成特性，自動車技術会論文集，**48**，6，pp.1201-1206 (2017)

45) 由井寛久，高月基博，生井裕樹，今村 宰，橋本 淳，秋濱一弘：アセチレン表面

付加反応がすす生成量に及ぼす影響，第27回内燃機関シンポジウム講演論文集，講演番号64（2016）

46) 生井裕樹，由井寛久，岩田和也，今村 宰，小橋好充，橋本 淳，石井一洋，秋濱一弘：ガソリンサロゲート燃料のすす粒子生成モデルに関する研究，第55回燃焼シンポジウム講演論文集，pp.38-39（2017）

47) S. Park, Y. Wang, S. H. Chung, and S. M. Sarathy：Compositional effects on PAH and soot formation in counterflow diffusion flames of gasoline surrogate fuels, Combustion and Flame, **178**, pp.46-60（2017）

7 章

1) A. Miyoshi：Development of an Auto-generation System for Detailed Kinetic Model of Combustion, Transactions of Society of Automotive Engineers of Japan, **36**, pp.35-40（2005）

2) T. Lu, and C. K. Law：Linear Time Reduction of Large Kinetic Mechanisms with Directed Relation Graph: n-Heptane and iso-octane , Combust. Flame, **144**, 1-2, pp.24-36（2006）

3) T. Lu, and C. K. Law：Diffusion Coefficient Reduction Through Species Bundling, Combust. Flame, **148**, pp.117-126（2007）

4) F. Perini, E. Galligani, and R. D. Reitz：An Analytical Jacobian Approach to Sparse Reaction Kinetics for Computationally Efficient Combustion Modelling with Large Reaction Mechanisms, Energy and Fuels, **26**, 8, pp.4804-4822（2012）

5) P. N. Brown, A. C. Hindmarsh, and L. R. Petzold：Using Krylov Methods in the Solution of Large-scale Differential-algebraic Systems, SIAM Journal on Scientific Computing, **15**, 6, pp.1467-1488（1994）

6) X. Gou, W. Sun, Z. Chen, and Y. Ju：A Dynamic Multi-timescale Method for Combustion Modeling with Detailed and Reduced Chemical Kinetic Mechanisms, Combust. Flame, **157**, 6, pp.1111-1121（2010）

7) L. O. Jay, A. Sandu, F. A. Potra, and G. R. Carmichael：Improved Quasi-Steady-State-Approximation Methods for Atmospheric Chemistry Integration, SIAM Journal on Scientific Computing, **18**, 1, pp.182-202（1997）

8) D. R. Mott, E. S. Oran, and B. van Leer：A quasi-steady-state solver for the stiff ordinary differential equations of reaction kinetics, Journal of Computational Physics, **164**, pp.407-428（2000）

9) 寺島洋史，越 光男：大規模詳細反応機構を考慮した圧縮性燃焼流シミュレーションを可能とする高速・高効率な数値解析手法の開発とその評価，日本燃焼学会誌，**55**，174，pp.411-421（2013）

10）Y. Morii, H. Terashima, M. Koshi, T. Shimizu, and E. Shima：ERENA: A fast and robust Jacobian-free integration method for ordinary differential equations of chemical kinetics., Journal of Computational Physics, **322**, pp.547-558（2016）

11）M. J. Berger, and P. J. Colella：Local adaptive mesh refinement for shock hydrodyamics, Journal of Computational Physics, **82**, 1, pp.64-84（1989）

12）Y. Matsuo, T. Kuwabara, and I. Nakamori：A parallel structured adaptive mesh refinement approach for complex turbulent shear flows, Journal of Fluid Science and Technology, **7**, pp.345-357（2012）

索　　　引

【ね】

【は】

【ひ】

【ふ】

【へ】

【ほ】

【ま】

【み】

【も】

【ゆ】

【よ】

【ら】

【り】

【F】

【G】

【H】

【I】

【K】

【L】

【M】

【N】

【O】

【P】

【Q】

【R】

【S】

【T】

【U】

【V】

【W】

【Z】

【数字】

—— 監修者・編著者略歴 ——

金子　成彦（かねこ　しげひこ）
1976 年　東京大学工学部機械工学科卒業
1978 年　東京大学大学院工学系研究科修士課程修了（舶用機械工学専攻）
1981 年　東京大学大学院工学系研究科博士課程修了（舶用機械工学専攻）
　　　　工学博士
1981 年　東京大学講師
1982 年　東京大学助教授
1985
～86 年　マギル大学（カナダ）客員助教授
2003 年　東京大学大学院教授
2019 年　東京大学名誉教授
2019 年　早稲田大学教授
　　　　現在に至る

草鹿　仁（くさか　じん）
1991 年　早稲田大学理工学部機械工学科卒業
1993 年　早稲田大学大学院理工学研究科修士課程修了（機械工学専攻）
1995 年　早稲田大学助手
1997 年　早稲田大学大学院理工学研究科後期博士課程修了（機械工学専攻）
1999 年　早稲田大学専任講師
2001 年　早稲田大学助教授
2005
～06 年　チャルマーズ工科大学（スウェーデン）訪問研究員
2008 年　早稲田大学教授
　　　　現在に至る

基礎からわかる　自動車エンジンのシミュレーション
Simulation for Automotive Engines

2019 年 7 月 17 日　初版第 1 刷発行　★

検印省略

監修者	金子　成彦
編著者	草鹿　仁
著者	高林　徹
	溝渕　泰寛
	南部　太介
	尾形　陽一
	高木　正英
	川内　智詞
	小橋　好充
	周　蓓霓
	堀　司
	神長　隆史
	森井　雄飛
	橋本　淳
発行者	株式会社　コロナ社
	代表者　牛来真也
印刷所	新日本印刷株式会社
製本所	有限会社　愛千製本所

112-0011　東京都文京区千石 4-46-10
発行所　株式会社　**コロナ社**
CORONA PUBLISHING CO., LTD.
Tokyo Japan
振替 00140-8-14844・電話（03）3941-3131（代）
ホームページ　http://www.coronasha.co.jp

ISBN 978-4-339-04660-1　C3053　Printed in Japan　（柏原）